进化深度学习

[加] 迈克尔·兰哈姆(Micheal Lanham)　著

殷海英　　　　　　　　　　译

U0286047

清华大学出版社

北　京

北京市版权局著作权合同登记号 图字：01-2024-0877

Micheal Lanham
Evolutionary Deep Learning: Genetic algorithms and neural networks
EISBN: 9781617299520

Original English language edition published by Manning Publications, USA © 2022 by Manning Publications. Simplified Chinese-language edition copyright © 2024 by Tsinghua University Press Limited. All rights reserved.

图书在版编目(CIP)数据

进化深度学习 / (加) 迈克尔·兰哈姆(Micheal Lanham) 著；殷海英译. —北京：清华大学出版社，2024.4

书名原文：Evolutionary Deep Learning: Genetic algorithms and neural networks

ISBN 978-7-302-65821-4

I. ①进…　II. ①迈…②殷…　III. ①机器学习　IV. ①TP181

中国国家版本馆 CIP 数据核字(2024)第 054428 号

责任编辑：王　军
装帧设计：孔祥峰
责任校对：成凤进
责任印制：沈　露

出版发行：清华大学出版社
　　　　　网　　　址：https://www.tup.com.cn，https://www.wqxuetang.com
　　　　　地　　　址：北京清华大学学研大厦 A 座　　　　邮　　编：100084
　　　　　社 总 机：010-83470000　　　　　　　　　邮　　购：010-62786544
　　　　　投稿与读者服务：010-62776969，c-service@tup.tsinghua.edu.cn
　　　　　质 量 反 馈：010-62772015，zhiliang@tup.tsinghua.edu.cn
印 装 者：定州启航印刷有限公司
经　　销：全国新华书店
开　　本：170mm×240mm　　印　　张：21.25　　字　　数：428 千字
版　　次：2024 年 4 月第 1 版　　印　　次：2024 年 4 月第 1 次印刷
定　　价：98.00 元

产品编号：106042-01

我想把这本书献给我的母亲莎朗·兰哈姆。她在我很小的时候就教会我如何超越常规思维，相信自己。

译 者 序

在2013年的秋季,我正式在目前我服务的大学开始讲授数据科学和人工智能的课程。回想过去的10年,在那些初级和中级的机器学习课程中,学生在完成课程的学习之后,经常问我如下这些问题,不知道阅读本书的你,是否也会有这样的困扰。首先就是关于特征的学习,在传统的机器学习过程中,特征需要人工提取,而在特征提取的过程中,如果不能达到最优,那么最后得到的模型性能也很难令人满意。其次,传统的机器学习技术可以很轻松地处理结构化数据,但像图片、视频或语音这种非结构化数据,传统的机器学习技术很难提取有效的特征。还有同学会说,在传统的机器学习中,需要大量的样本数据来进行特征提取,这对数据准备带来了不小的挑战。同时,传统机器学习技术很难处理高维稀疏数据、模型泛化能力差以及无法对时间序列进行建模,这些都影响机器学习技术在生产中的应用。

"是时候看一些高级的内容啦!"出于自己的私心,期待学生在下学期还选我的其他课程,我通常都会在初级人工智能课程结束时,为学生演示一些深度学习或深度进化学习的小例子,让他们看到如何通过简单的深度进化学习代码就可以轻松地处理语音、图像和视频,以及深度进化学习在机器视觉、自然语言处理等方面所取得的成果。

确实,如今深度进化学习在目标检测、语义分隔等方面有着广泛的应用,比如自动驾驶中的物体检测、医学图像分析等。还有我们常用的机器翻译,也使用了大量的深度进化学习技术,比如大家所熟知的谷歌翻译引擎,Siri 智能助手等。大家每天使用的在线购物网站、音视频网站中的推荐系统,都离不开深度进化学习技术。还有大家每天观看的短视频,那些听起来非常流畅又非常熟悉的解说配音,也是通过深度进化学习技术实现的更加自然的语音合成。大家之前就听说过的股市预测、疾病发生趋势等与预测相关的应用场景,深度进化学习都有非常出色的表现。

《进化深度学习》已经被我推荐给选修人工智能高级课程的本科生以及人工智能方向的硕士研究生。本书共12章,由三部分组成。第Ⅰ部分:入门。如果你对模拟和进化或遗传计算不熟悉,请务必阅读整个部分。这部分也是一个很有帮助的复习,并演示了几个有趣的应用程序。第Ⅱ部分:优化深度学习。如果你确实需要优化神经进化或对深度学习系统进行超参数调整,请阅读本部分或其中的特定章节。第Ⅲ部分:高级应用。本部分分为三个子部分:进化生成建模(第8章和第9章)、NEAT(第10章和第 11 章)及本能学习(第 12 章)。可以独立阅读每个子部分。相信通过阅读本书，你一定能在人工智能和机器学习领域迈上更高的台阶。

　　最后，我要由衷地感谢清华大学出版社的王军老师。感谢他为我出版了多种关于机器学习、人工智能、云计算和高性能计算的书籍和译作。他提供了一种新的方式，让我能够与大家分享我的知识和经验。他的支持和帮助使我能够将这些书籍带给读者，并希望这些书籍能对读者在相关领域的学习和工作有所帮助。

殷海英

埃尔赛贡多，加利福尼亚州

关于作者

Micheal Lanham 是一位经验丰富的软件和技术创新者,拥有25 年的工作经验。他作为研发工程师,在游戏、图形、网络、桌面、工程、人工智能、地理信息系统(GIS)和机器学习等领域开发了各种软件应用程序。在他的职业生涯中,Micheal 在游戏开发中使用神经网络和进化算法。他将自身的技能和经验运用于 GIS和大数据/企业架构师工作中,为各种工程和业务方面的应用增强游戏化元素。自2016 年底以来,Micheal 一直是一位热衷于分享知识的作者和演讲者。目前,他已完成多种关于增强现实、声音设计、机器学习和人工智能的书籍。他在人工智能和软件开发的许多领域都有所涉猎,但目前专注于生成式建模、强化学习和机器学习运维。Micheal 与家人居住在加拿大的卡尔加里,目前从事 AI、机器学习运维和工程软件开发的写作、教学和演讲工作。

致　谢

我要感谢开源社区，特别是以下项目：

- Python 中的分布进化算法(Distribution Evolutionary Algorithms in Python，DEAP)
  ——https://github.com/DEAP/deap。
- Python 中的基因表达式编程框架(Gene Expression Programming Framework in
  Python，GEPPY)——https://github.com/ShuhuaGao/geppy。
- Python 中的增强拓扑的神经进化(NeuroEvolution of Argumenting Topologies in
  Python，NEAT Python)——https://github.com/CodeReclaimers/ neat-python。
- OpenAI Gym——https://github.com/openai/gym。
- Keras/TensorFlow——https://github.com/tensorflow/tensorflow。
- PyTorch——https://github.com/pytorch/pytorch。

如果没有其他人不知疲倦地花费精力和时间开发和维护这些存储库，就不可能有本书的出版。这些也是所有对提高 EA 或 DL 技能感兴趣的人的优秀资源。

特别感谢我的家人一直以来对我写作、教学和演讲的支持。他们总是阅读我的文章或其他资料，并给我提出宝贵的意见。

非常感谢 Manning 出版社的编辑和制作团队，帮助我完成了本书。

感谢所有的审阅者：Al Krinker、Alexey Vyskubov、Bhagvan Kommadi、David Paccoud、Dinesh Ghanta、Domingo Salazar、Howard Bandy、Edmund Ronald、Erik Sapper、Guillaume Alleon、Jasmine Alkin、Jesús Antonino Juárez Guerrero、John Williams、Jose San Leandro、Juan J. Durillo、Kali Kaneko、Maria Ana、Maxim Volgin、Nick Decroos、Ninoslav Čerkez、Oliver Korten、Or Golan、Raj Kumar、Ricardo Di Pasquale、Riccardo Marotti、Sergio Govoni、Sadhana G、Simone Sguazza、Shivakumar Swaminathan、Szymon Harabasz 和 Thomas Heiman。他们提出了许多有益的建议，并完善了本书中的许多内容。

前　　言

25 年前，当我开始从事机器学习和人工智能的工作时，有两项主导技术被认为是未来的重要发展方向。这两项技术在解决复杂问题方面都显示出了巨大的潜力，并且在计算上是等效的。这两项技术分别是进化算法和神经网络(深度学习)。

在接下来的几十年里，我目睹了进化算法的急剧衰落和深度学习的爆炸性增长。这场斗争的结果是由计算效率决定的，深度学习也展示了许多新颖的应用。另一方面，在大多数情况下，进化和遗传算法的知识与应用已经逐渐减少到成为附注或脚注的程度。

我写本书的目的是展示进化和遗传算法可以为深度学习系统提供收益的能力。这些收益在深度学习进入自动机器学习时代尤为重要，在这个时代，自动化大规模模型开发正逐渐成为主流。

我也相信，我们对通用人工智能和智能体的探索可以从进化的角度得到帮助。毕竟，进化是自然界用来形成我们智慧的工具。那么，为什么它不能改进人工智能呢？我猜想，可能是我们太急躁和傲慢了，认为人类可以独自解决这个问题。

通过本书，我希望将进化方法作为超越常规思维的一种方式，展示其在深度学习中的强大力量。我希望本书以有趣和创新的方式展示进化方法的基础知识，同时涉及进化深度学习网络(即 NEAT)和本能学习等先进领域。本能学习是我对我们应该如何更多地关注生物生命是如何进化的，并在寻找更智能的人工网络时反映出这些相同的特征的看法。

关 于 本 书

本书介绍了进化算法和遗传算法，从解决有趣的机器学习问题到将其中的概念与深度学习相结合。本书的开始部分介绍了 Python 中的模拟以及进化算法与遗传算法的概念。随着介绍的深入，重点转向展示它们在深度学习中的应用和价值。

本书读者对象

本书读者应该具备扎实的 Python 编程背景，并理解核心的机器学习和数据科学概念。在后面的内容中，深度学习的背景知识对理解概念至关重要。

本书组织结构：路线图

本书分为三个部分：入门、优化深度学习和高级应用。在第 I 部分，将介绍模拟、进化、遗传和其他算法的基础知识。以此为基础，继续展示进化和深度学习中遗传搜索的各种应用。最后，将介绍生成式建模、强化学习和广义人工智能的高级应用。下面是每章的概要。

第 I 部分：入门
- 第 1 章介绍了将进化算法与深度学习相结合的概念。
- 第 2 章提供了关于计算模拟的基本介绍，并介绍了如何利用进化进行计算。
- 第 3 章介绍了遗传算法的概念和 DEAP 框架的使用。
- 第 4 章介绍了遗传和进化算法的一些有趣应用，从推销员出差问题到生成 EvoLisa 的图像。

第 II 部分：优化深度学习
- 第 5 章演示了几种使用遗传算法或进化算法优化深度学习系统超参数的方法。
- 第 6 章介绍了使用神经进化研究深度学习系统的网络架构优化。
- 第 7 章着眼于使用进化优化卷积神经网络架构的高级应用。

第III部分：高级应用

- 第 8 章介绍或回顾了使用自编码器进行生成式模型的基础知识，然后展示了进化如何发展出进化自编码器。

- 第 9 章继续第 8 章的内容，介绍或回顾了生成式对抗网络，以及如何通过进化来优化它。

- 第 10 章介绍了 NEAT，并讨论了如何将其应用于各种基准应用。

- 第 11 章讨论了强化学习和深度强化学习的基础知识，然后展示了如何利用 NEAT 解决 OpenAI Gym 上的一些困难问题。

- 第 12 章展望了进化在机器学习中的未来，并探讨了它如何为广义人工智能提供见解。

关于代码

本书中的所有代码都是使用 Google Colab notebook 编写的，并可在作者的 GitHub 存储库中找到：https://github.com/cxbxmxcx/EvolutionaryDeepLearning。要运行代码，只需要在浏览器中导航到 GitHub 存储库，并找到相关的代码示例。所有代码示例的名称都以章节编号为前缀，然后是示例编号，如 EDL_2_2_Simulating_Life.ipynb。然后，只需要点击 Google Colab 标识即可在 Colab 中启动 notebook。任何依赖项都将在 Colab 上预先安装或作为 notebook 的一部分进行安装。

在许多情况下，原始源代码已经进行了重新格式化：添加了换行符并重新调整了缩进，以适应书中可用的版面空间。在极少数情况下，即使这样仍然不够，代码清单中也会包含行延续标记(➡)。此外，在文本中描述代码时，源代码中的注释通常会被删除。在许多代码清单中都提供代码注释，用来突出显示重要概念。

可以扫描封底二维码下载本书源代码。

目　　录

第I部分

入 门

进化算法和遗传算法已经存在了几十年。就计算能力而言，进化方法在机器学习领域远不如深度学习强大。然而，进化方法可以提供独特的工具，辅助解决各种优化问题，从超参数调整到网络架构。但在讨论这些模式之前，需要先介绍进化算法和遗传算法。

在第1章中，介绍了使用进化方法优化深度学习系统的概念。由于本书涵盖的深度学习优化方法属于自动化机器学习范畴，因此还介绍了结合进化的 AutoML(自动机器学习)方法。

在第2章中，介绍了康威的《生命游戏》(*Conway's Game of Life*)中的生命模拟，使用一个简单的场景，并通过遗传算法进行进化。接下来，在第3章中，介绍了不同形式的遗传算法，使用 Python 中的分布式遗传算法库 DEAP。最后，在第4章中，通过介绍其他多样化的进化方法，为本书的第I部分做了总结。

第 *1* 章

进化深度学习简介

深度学习(Deep Learning，DL)已成为人工智能(Artificial Intelligence，AI)和机器学习(Machine Learning，ML)迅猛发展中普遍采用的技术。它从一开始被认为是伪科学(参见 Terrence J. Sejnowski 于 2018 年在 MIT Press 出版的 *The Deep Learning Revolution*)，发展到在从乳腺癌诊断到自动驾驶等各个主流应用领域都得到了广泛应用。虽然很多人认为它是一种未来的技术，但也有人更加务实和实际地看待其不断增长的复杂性和对数据的渴求。

随着深度学习变得越来越复杂，我们不断地往它里面输入越来越多的数据，希望在某个特定的领域能够获得一些重大的启示。遗憾的是，这种情况很少发生，而且经常会得到糟糕的模型、差的结果，以及面对愤怒的老板。这个问题将一直持续下去，直到我们为深度学习系统开发出高效的处理流程。

构建有效和健壮的深度学习系统的过程与构建任何其他机器学习或数据科学项目的过程相似。虽然某些阶段所需要的资源和复杂性可能有所不同，但所有步骤都是一样的。相对新的深度学习领域通常缺乏一个可以帮助你自动化完成一些过程的工具箱。

进化深度学习(Evolutionary Deep Learning，EDL)就是这样一个工具箱或一组模式和实践，可以帮助你自动开发深度学习系统。本书使用的 EDL 一词涵盖了广泛的进化计算方法和模式，应用于深度学习系统的各个方面，贯穿整个机器学习过程。

1.1　什么是进化深度学习

进化深度学习(EDL)是将进化算法与深度学习相结合的一组技术的总称。这些方法可用于优化深度学习系统，从数据收集到验证等各个方面。EDL 并不是新概念，将进化方法与深度学习相结合的工具已经有很多名字，包括 Deep Neural Evolution、Evolutionary Neural AutoML、Neuroevolution、Evolutionary AI 等。

EDL 是人工智能的两个独特子领域：进化计算(Evolutionary Computation，EC)和将深度学习应用于自动化和改进模型的应用。进化计算是一种方法，通过模拟生物或自然过程来解决复杂问题。这可以在深度学习之上应用，以实现自动化和优化解决方案，同时也有潜力发现新的策略和架构。

我们在 EDL 中涵盖的广泛方法并不新颖，它已经存在了 20 多年。虽然很多研究表明这些方法在自动调整深度学习模型方面非常成功，但在人工智能领域炒作的各种更前沿、更精心设计的例子的背后，它获得了相对较少的重视。

然而，对于现在接触深度学习的许多人来说，构建稳健、高性能的模型令人望而生畏，充满了挑战。其中许多挑战要求对所选择的深度学习框架的所有选项和特点有前沿而深入的了解，以便理解模型可能仅仅是错误拟合的情况。EDL 作为一种自动机器学习(AutoML)解决方案，旨在解决从业者(无论是经验丰富的人还是新手)将面临的大部分问题。

EDL 的目的是提供更好的机制和工具集，以便为构建深度学习解决方案提供优化和自动化机器学习能力。进化方法是一种优秀的、相对简单的机制，可以提供广泛的优化工具，并可应用于深度学习。虽然进化技术有可能自动化构建更先进的人工智能，但这并不是 EDL 或本书的写作目的。

相反，我们专注于使用进化技术构建更优化的网络。在此之前，将介绍操作并讨论使用进化计算和进化算法深入了解基本概念。下面开始简要介绍进化和进化过程。

进化计算简介

进化计算是人工智能的一个子领域，它使用生物和自然启发的过程解决复杂问题。用"进化"一词描述这类算法，是因为许多算法以自然选择理论为基础。

自然选择理论是由查尔斯·达尔文在他的著作《物种起源》(John Murray Press，

1859)中提出的，它定义了地球上生命的进化过程。该理论描述了强壮和适应环境的生命将继续生存和繁衍，而虚弱或适应能力不足的生命将死亡并灭绝。大约 1837 年，达尔文在环绕南美洲的 "HMS Beagle" 号船上作为一名博物学家进行自己的研究，发展了这一理论。作为一名虔诚的宗教信徒，达尔文在发表这部著名作品之前，与他的研究结果进行了长达 22 年的斗争。

基于达尔文的理论，进化计算的基石是模拟一个个体或一群个体在系统中寻找最优解。其目的是通过允许个体的变化，演化出能在这样的人工环境中存活和繁衍的个体。个体的变化机制会因进化计算方法而异，但在所有情况下，都需要一个机制来量化个体的生存状况。

用来量化个体生存或繁衍能力的术语称为适应度(fitness)。适应度是进化计算中通用的术语，用于定义个体在环境中的生存或表现能力。适应度可以用多种方式衡量，但在所有情况下，它是决定个体或个体群体解决问题的效率的重要因素。

自然选择和适应度的概念被用作多种计算方法的基石，这些方法旨在或浅或深地模拟生物繁殖的过程。其中一些方法甚至模拟了细胞中发生的染色体分裂和 DNA 共享的遗传有丝分裂过程。以下是当前一些值得注意的进化计算算法。

- 人工生命(Artificial Life)：从康威的《生命游戏》和冯·诺依曼细胞自动机开始，这些过程使用智能体(agents)模拟了生命本身的人工过程。在该算法中，智能体经常根据其与其他智能体或环境的接近程度来移动、流动、生存或死亡。虽然智能体模拟通常用于模仿真实世界，但也可以用于优化过程。

- 差分进化(Differential Evolution)：一种将差分计算与进化算法相结合来优化搜索的过程。这种技术通常会与另一种进化计算方法分层，如人工生命。在该算法中，智能体通过获取向量差异并将其重新应用于种群来进化或改变。

- 进化算法(Evolutionary Algorithms)：一种更广泛的进化计算方法，以自然选择的形式将进化应用于问题。这些方法通常专注于模拟个体群体。

- 进化编程(Evolutionary Programming)：进化算法的一种特殊形式，它使用代码创建算法。在该算法中，个体用一段代码表示，通过运行代码生成的最优值来度量其适应度。有多种实现进化编程的方法。而在很多情况下会使用更具体的方法，如基因表达。

- 遗传算法(Genetic Algorithm)：这种算法使用了我们在生物体中看到的低水平细胞有丝分裂，允许遗传特征传递给后代。遗传算法是通过将个体的特征编码到基因序列中来模拟这一过程，其中任意基因序列可以像 0 或 1 序列一样简单，评估某种适应度指标。该适应度用于模拟生物选择过程和双亲个体的交配，以产生新的组合后代。

- 遗传编程(Genetic Programming)：该算法使用遗传算法构建编程代码。在遗传算法中，个体的特征较为通用，但在遗传编程中，一个特征或基因可以代表任意数量的函数或其他代码逻辑。遗传编程是一种专门的技术，可以开发新的算法代码。例如，可以使用遗传编程编写智能体模拟代码，用于解决迷宫问题或创建图像。

- 基因表达编程(Gene Expression Programming，GEP)：该算法是对遗传编程的进一步扩展，用于开发代码或数学函数。在遗传编程中，代码被抽象为高级函数，而在基因表达编程中，目的是开发具体的数学方程。基因表达编程与遗传编程的一个关键区别是使用表达式树来表示函数。在遗传编程中，表达式树表示代码，而在基因表达编程中，表达式树表示数学表达式树。这样做的好处是代码将根据放置位置遵循明确定义的运算顺序。

- 粒子群优化(Particle Swarm Optimization，PSO)：它属于人工生命的一个子集，模拟了人工制造且具有一定智能的粒子。在该算法中，评估每个粒子的适应度，并选择最优粒子作为其他粒子聚集的焦点。

- 群体智能(Swarm Intelligence)：这是一种模拟昆虫或鸟类群体行为的搜索方法，用于寻找优化问题的峰值。它与粒子群优化非常相似，但实现方式因适应度评估而异。

图 1-1 展示了本书中用于应用 EDL 的一系列进化计算方法的层次结构。还有其他几种进化计算方法可以用来改进深度学习模型，但作为介绍，将重点介绍图中的基本方法，着重于生命模拟和遗传模拟领域。

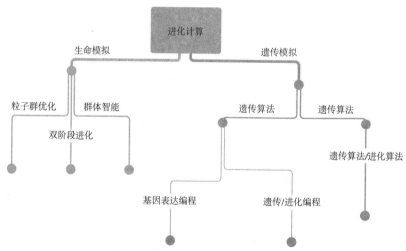

图 1-1　用于应用 EDL 的进化计算子集

生命模拟是进化计算的一个具体子集，采用模拟在自然界中观察到的自然过程的方法，如粒子或鸟群的聚集方式。另一方面，遗传模拟则模拟了我们在生物生命中观察到的细胞有丝分裂过程。更具体地说，它模拟了有机体在进化过程中基因和染色体的遗传传递过程。

1.2 EDL 的缘由和应用领域

EDL 既是一个概念，也是一套用于深度学习优化的工具和技术。在概念上，EDL 是利用进化计算对深度学习网络进行优化的模式和实践。然而，它也提供了一套可以叠加在深度学习之上甚至作为深度学习的替代方法的工具。

使用 EDL 的原因和应用范围不仅取决于你在深度学习方面的专业水平，还取决于需求所达到的范围。这并不意味着深度学习的初学者不能从使用 EDL 中受益。事实上，本书探讨了许多神经网络的微妙之处，这些微妙之处通过 EDL 被暴露出来，并且对所有从业者都有帮助。

关于 EDL 的应用范围，答案很简单：无处不在。它可以用于基本的超参数优化，寻找非连续解的神经权重搜索，平衡生成对抗网络中的对抗网络，甚至替代深度强化学习。你确实可以将本书介绍的技术应用于任何深度学习系统。

回答为什么使用 EDL 的问题归结为必要性。进化方法为所有深度学习系统提供了进一步优化或增强解决方案的选择。然而，EDL 在计算上要求较高，可能不适用于那些简单的系统。然而，对于复杂或新颖的问题，进化方法为所有深度学习从业者提供了新的解决方案。

1.3 深度学习优化的需求

深度学习是一项强大而又相对较新且常常被误解的技术，它有许多优点，也有一些缺点。其中一个缺点是需要理解和优化模型。这个过程可能需要数小时的数据注释或模型超参数调整。

在几乎所有情况下，都不能直接使用未经优化的模型，通常需要优化深度学习系统的各个方面，从调整学习率到选择激活函数。优化网络模型通常成为主要任务，如果手动进行，可能需要花费大量的时间和精力。

优化深度学习网络可以涵盖多种因素。除了通常的超参数调整外，还需要关注网络架构本身。

优化网络架构

随着网络层数的增加或节点类型的增多，网络变得更加复杂，这直接影响损失/误差如何通过网络进行反向传播。图 1-2 展示了当深度学习系统变得更加复杂和庞大时最常遇到的问题。

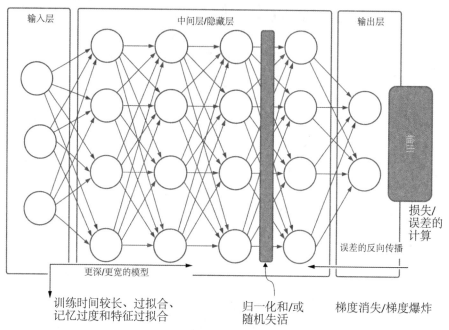

图1-2　在扩展深度学习系统时常见的问题

在更大的网络中，损失量需要被分解成越来越小的组件，最终趋近于零。当这些损失组件或梯度趋近于零时，称为梯度消失(vanishing gradient)问题，这通常与深度网络相关。相反，这些组件也可能通过连续的层传递，使输入信号被放大。这导致梯度组件变得很大，称为梯度爆炸(exploding gradient)。

可以使用各种技术解决这两个梯度问题，比如对输入数据进行归一化处理，以及在网络的各个层中使用特殊类型的层函数，如图 1-2 所示的归一化和随机失活。这些技术增加了计算复杂性和对网络的要求，可能会过度平滑数据中重要和独特的特征。因此，为了获得良好的网络性能，需要更大、更多样化的训练数据集。

归一化可以解决深度网络的梯度消失和梯度爆炸问题，但随着模型的增长，会出现其他问题。例如，随着模型的增长，模型处理更大的输入集和图像的能力增强。然而，这可能会引起一个被称为网络记忆化的副作用，尤其是当输入的训练集太小时。发生这种情况是因为网络非常庞大，它可能开始记住输入块的集合，甚至整个图像或文本集合。

你可能听说过一些尖端的深度学习模型，比如来自 OpenAI 的自然语言处理器 GPT-3，它们在一定程度上受到记忆过度的影响。即使将代表多种形式文本的数十亿个文档输入这样的模型中，这个问题仍然存在。即使在如此多样化和庞大的训练数据集下，像 GPT-3 这样的模型也被发现会重播整个段落的记忆文本。这个"问题"可能是一个数据库的有效特征，但对于深度学习模型却不适合。

针对记忆过度问题已经开发出了一种称为随机失活(dropout)的解决方法，通过该方法，在每次训练过程中，网络层中一定比例的节点可能会被停用。通过在每次训练过程中打开和关闭节点，可以创建一个更加通用的网络。然而，这样做的代价是需要将网络的规模增加 100%～200%。

除了这些问题之外，将更多层添加到深度网络中会增加更多的权重，这些权重需要在数十亿甚至数万亿次迭代中进行逐个训练。训练这样的模型需要指数级增长的计算能力，而现在只有那些能够承担高昂成本的组织或公司才能开发出顶尖的模型。

许多人认为，对于大多数深度学习从业者来说，更宽更深的网络发展趋势很快会达到一个瓶颈，将任何未来的尖端发展留给像谷歌 DeepMind 这样的人工智能巨头。因此，简单的解决方案是寻找可以简化这些大型网络开发的替代方法。这就是我们重新将进化计算应用于深度学习，以优化网络架构和/或权重的原因。

幸运的是，EDL 提供了多种潜在的方法，可以自动优化网络的大小和形式，以解决本书将讨论的各种问题。自动优化是 EDL 的核心，本书中的许多练习将重点展示这些技术。

由于进化算法提供了多种优化模式，可以解决多种问题，因此 EDL 可以在机器学习开发过程的各个方面发挥作用。这些方面包括调整模型超参数以适应数据或特征工程、模型验证、模型选择和架构选择等。

1.4　用自动化机器学习实现自动优化

EDL 提供了一套工具，可以帮助自动优化深度学习系统，以获得更强健的模型。因此，它应被视为一种 AutoML(自动机器学习)工具。许多商业化的 AutoML 平台，如 Google AutoML，使用各种进化方法开发模型。

在继续之前，还需要讨论自动化机器学习(Automated Machine Learning，AML)和 AutoML 这些术语的命名或误用。本书会交替使用 AML 和 AutoML，它们通常被认为是相同的，对于我们的目的来说也是如此。然而，在某种程度上，AML 和 AutoML 可能被认为是不同的，前者通常用来描述产生优化模型的黑盒系统。

自动化优化和开发任何人工智能/机器学习模型被认为是所有研发项目开发过程

中的下一步。这是超越研究和开发的进化阶段，将模型构建过程形式化，使从业者能够将模型推向全面的商业化和产品化。

什么是自动化机器学习

自动化机器学习(AML)或 AutoML 是用于自动化和增强人工智能/机器学习构建的工具或一组工具。它不是一种具体的技术，而是一系列方法和策略的集合，进化算法或进化优化方法被视为其中的一个子集。它是一个可以在整个人工智能/机器学习工作流程中使用的工具，如图 1-3 所示。

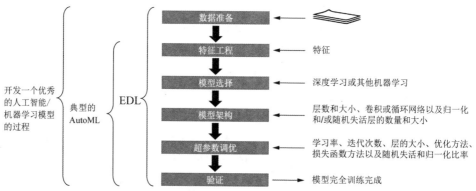

图 1-3 使用 AutoML 和/或 EDL 开发良好的人工智能/机器学习模型的步骤

AutoML 工具

以下是提供 AutoML 的工具和平台列表。

- DataRobot: 作为 AutoML 的第一个平台和起点，DataRobot 提供了一组不同的工具来自动构建模型。
- Google Cloud AutoML: 这个流行且强大的平台来自当前人工智能领域的主要参与者。这个平台处理各种各样的数据，从图像到结构化数据。
- Amazon SageMaker AutoPilot: 这个强大的平台对于依赖结构化数据的开发模型自动化很有用。
- H2O AutoML: 该工具提供了各种用于自动化机器学习工作流程的功能。
- Azure Machine Learning: 该平台提供了对各种形式数据进行模型调整的自动化过程。
- AutoKeras: 这个优秀的工具提供了网络架构的自动化开发。
- AutoTorch: 该工具提供了自动化的架构搜索。

在本列表范围之外，还有许多其他工具和平台可供使用。

图 1-3 描述了用于构建一个能够自信地推断新数据的良好模型的典型人工智能/机

器学习工作流程。这个工作流程通常由各种人工智能/机器学习的从业者手动完成，但也有自动化所有步骤的各种尝试。以下是对每个步骤的更详细总结，包括它们如何通过 AML 进行自动化。

- 数据准备：为人工智能/机器学习训练准备数据耗时且昂贵。通常，准备数据并自动化这个任务可以显著提高用于优化复杂模型的数据工作流程的性能。AutoML 在线服务通常假设用户已经准备并清洗了数据，这是大多数机器学习模型所需要的。通过进化方法，有几种方法可以自动化数据的准备工作，虽然这个任务不是 EDL 特有的，但将在后面的章节中介绍。

- 特征工程：这是利用先前的领域知识从数据中提取相关特征的过程，专家根据他们的直觉和经验选择相关特征。由于领域专家的成本高且有主观意见，因此自动化该任务可以降低成本并提高标准化程度。根据 AutoML 工具的不同，特征工程可能会包含在这个过程中。

- 模型选择：随着人工智能/机器学习的发展，已经创建了数百种能够解决相似问题的模型。通常情况下，数据科学家会花费几天甚至几周的时间来选择一组模型进行进一步评估。自动化该过程可以加快模型的开发，并帮助数据科学家确认他们正在使用正确的模型。一个好的 AutoML 工具可以从数十种甚至数百种模型中进行选择，包括深度学习变体或模型集成。

- 模型架构：根据人工智能/机器学习和深度学习的领域不同，定义正确的模型架构通常非常关键。以自动化的方式正确地完成这一步骤可以节省大量调整架构和重新运行模型所需要的时间。根据具体实现，一些 AutoML 系统的模型架构可能会有所不同，但通常是一些众所周知的变体。

- 超参数优化：微调模型超参数的过程可能耗时且容易出错。为了克服这些问题，许多从业者依赖于直觉和以往的经验。尽管这在过去是可行的，但随着模型越来越复杂，这个任务变得难以承受。通过自动化超参数调优，不仅可以减轻建模者的工作负担，还可以发现模型选择或架构中的潜在缺陷。

- 验证集选择：有许多选项可以评估模型的性能，从决定用多少数据进行训练和测试，到可视化模型的输出性能。对模型的验证进行自动化提供了一种强大的方式，可以在数据发生变化时重新评估模型的性能，并使模型在长期更具可解释性。对于在线的 AutoML 服务而言，这是一个关键的优势，也是使用这类工具的一个有力理由。

典型的 AML/AutoML 工作流程通常只试图解决特征工程步骤及其后续步骤，该过程通常以迭代方式完成，可以是单个步骤或多个步骤的组合。有些步骤，如超参数调优，是针对具体模型类型的，对于深度学习而言，可能需要大量的时间来优化模型。

尽管这种新型商业化 AutoML 服务能够成功地处理各种类型和形式的数据，但生成的模型缺乏创新性且成本较高。为了完成 AutoML 构建调优模型所需要的所有任务，需要大量的计算能力。而所开发的模型实质上是前代基准模型的重构，往往缺乏新颖的优化见解。

那些想要在预算有限的情况下获得更具创新性的自动化模型的人工智能/机器学习从业者常常会转向开发自己的 AutoML 解决方案，而 EDL 则是一个主要选择。正如本书后面所述，进化方法可以提供各种解决方案，用于自动构建并优化深度学习模型、超参数、特征工程和网络架构。

1.5　进化深度学习的应用

既然理解了为什么需要将进化计算和深度学习结合到 AutoML 解决方案中，那么可以继续讨论如何实现。也就是说，我们如何将遗传算法等方法应用于深度学习，以改进人工智能解决方案的工作方式？有无数种可能可以将进化计算与深度学习合并，但在本书，我们将坚持一些基本的实用策略。

了解这些策略将使你能够修改现有的深度学习网络或创建自己的进化计算/深度学习组合模型。这将让你能够更快地创建先进的优化网络并使用更少的资源，使你能够选择策略，甚至随着经验的积累，开发新的策略。

为了实现这些崇高的目标，我们将从基础开始探索深度学习和进化计算的基本原理。我们将构建基本模型来解决这两个子领域的问题，然后在后面的章节中，将探讨如何将它们结合起来以提高性能和自动化水平。

进化计算可以以多种形式应用于深度学习，涵盖了多种自动化策略，这些策略可以包含在 AutoML 中。图 1-4 展示了可以应用于深度学习的各种进化计算或 EDL 子集，以及它们在人工智能/机器学习模型开发工作流程中的应用位置。

1.5.1　模型选择：权重搜索

如前所述，选择的基础模型和层类型通常由要解决的问题的类型决定。在大多数情况下，可以快速手动完成模型选择的优化。然而，模型选择不仅涉及选择层类型，还包括选择优化形式、初始权重和用于训练模型的损失函数。

通过优化模型的层类型、优化机制甚至损失函数形式，可以使网络更加稳健，更有效地学习。我们将看到一些示例，对初始模型权重、优化类型和损失指标进行调整，以适应各种问题。

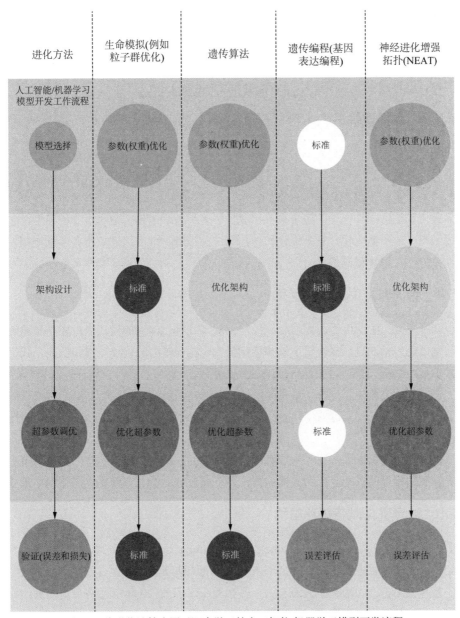

图 1-4 将进化计算应用于深度学习的人工智能/机器学习模型开发流程

1.5.2 模型架构：架构优化

在构建深度学习网络时，往往会过度设计模型或者增加模型中的节点和层数。然后随着时间的推移，会对网络进行缩减，使其在解决问题时更加优化。在许多情况下，网络过大可能导致输入数据的记忆过度，从而造成过拟合。相反，对于学习数据的种类和数量过小的网络，通常会导致欠拟合。

为了解决过拟合和欠拟合问题，可以应用遗传算法来自动精简网络至其最低形态。这不仅提高了模型性能并限制了过拟合或欠拟合问题，还通过减小网络大小来缩短训练时间。这种技术在优化较大、较深的网络时效果很好。

1.5.3 超参数调优

超参数调优是我们在人工智能和机器学习中进行的一个过程，通过调整定义模型的各种控制变量来优化模型。在深度学习中，参数用于表示模型的权重。我们通过将这些控制变量称为超参数来区分它们。

进化算法为添加自动的超参数优化提供了多种替代措施，适用于各种模型，包括深度学习。粒子群优化、差分进化和遗传算法都被成功地应用过。将在多种框架下探索这些方法，以评估其性能。

1.5.4 验证和损失函数的优化

在开发强大的深度学习模型时，经常依赖于几种已建立的模式来生成高质量的网络。这可能包括通过反复检查训练和测试损失来验证模型的训练效果和性能。我们希望确保这两个损失指标之间没有出现过大的差异。

在典型的监督学习训练场景中，经常会使用与标签比较相符的已建立的指标标准。随着更先进的生成式深度学习场景的出现，可以优化损失函数的形式甚至验证指标标准。

像自动编码器、嵌入层和生成对抗网络这样的网络架构提供了使用组合决策进行损失和模型验证的机会。使用进化计算，可以通过 AutoML 方式优化这些网络形式。

1.5.5 神经进化增强拓扑结构

神经进化增强拓扑(Neuroevolution of augmenting topology，NEAT)是一种将超参数和架构优化与权重搜索相结合的技术，用于自动构建新的深度学习模型，这些模型可能还会开发出自己的损失和验证方法。虽然 NEAT 几乎 20 年前就被开发出来，但直到最近才将其应用于深度学习和深度强化学习的各种应用。

1.5.6 目标

在本书中，将探讨前面提到的一系列技术及其在深度学习中的应用。我们专注于实用的技术，这些技术可以通过实际解决方案应用于各种问题，特别关注各种形式的 AML/AutoML 如何应用于优化深度学习系统和评估各种技术的性能。我们的重点还包括进化方法之外的更广泛的技术。

在接下来的章节中，逐步介绍 AutoML 过程的各个部分，为熟悉深度学习的人引入关键概念。在介绍进化计算的基础知识后，继续展示超参数优化，然后是数据和特征工程、模型选项选择及模型架构。最后，进一步探讨更复杂的示例，旨在改进生成式深度学习和深度强化学习问题。

通过本书的学习，你将能够自如地描述和使用深度学习以及进化计算的某些子集，单独运用或结合运用来优化网络。你将能够构建模型来解决问题，同时了解哪种方法对特定类别的问题更有效，包括在不同优化和 AutoML 的应用中，能够将进化计算应用于深度学习模型。

1.6　本章小结

- 深度学习是一种强大的技术，能够解决许多人工智能和机器学习问题，但它很复杂，需要大量的数据，并且在开发、训练和优化过程中成本高昂。
- 进化计算(EC)是人工智能和机器学习的一个子领域,它的定义基于自然选择理论。尽管进化计算的发展速度不如深度学习，但它仍然提供了解决各种复杂问题的技术。
- EDL 是一个广泛的术语，涵盖了将进化方法与深度学习结合在一起的概念。神经进化、进化超参数优化和神经进化增强拓扑是 EDL 的示例。EDL 定义了进化计算方法的一个子集，可用于在机器学习工作流程的多个阶段自动化和改进深度学习模型的开发。

AML 和 AutoML 定义了一套旨在自动化整个人工智能和机器学习模型开发工作流程的工具和技术。许多形式的进化计算已经被用于自动化模型开发工作流程。谷歌和其他公司已经大量投资于开发 AutoML，以帮助消费者构建适合自己需求的强大模型。虽然这些服务功能强大，但通常它们的工作方式像一个黑盒子，限制了对新的尖端模型更灵活的定制。

第2章

进化计算简介

本章主要内容
- 使用 Google Colaboratory 探索康威生命游戏
- 用 Python 创建一个简单的细胞生命模拟
- 通过模拟生命来优化细胞属性
- 将进化论应用于模拟
- 将基因和遗传算法应用于模拟优化

在第 1 章中,介绍了将进化计算应用于深度学习的优化过程。作为一个总括性的术语,我们将这个过程称为 EDL(进化深度学习)。在开始探索 EDL 的应用之前,首先需要了解什么是进化计算或进化算法。

进化计算同样是一个广义术语,用来描述从多个形式的生命模拟中借鉴的一系列方法,进化只是其中之一。在本章中,逐步介绍生命模拟,包括它是什么、它的功能以及如何用它优化问题。

生命模拟只是可以用来探索和优化问题的众多模拟形式之一。还有很多其他形式的模拟可以帮助我们更好地对各种过程进行建模,包括火灾、金融市场等。然而,它们都有一个共同之处:它们都起源于计算机版本的康威生命游戏(Conway's Game of Life)。

2.1 Google Colaboratory 中的康威生命游戏

生命游戏是由约翰•霍顿•康威(John Horton Conway)于 1970 年开发的一种简单

的细胞自动机；这个"游戏"被认为是计算机模拟的起源。尽管模拟的规则很简单，但它能产生的图案和表现形式证明了它的优雅之处。

下一个练习还可以帮助我们认识广为人知的 Google Colaboratory(或简称 Colab)。Colab 是一个出色的平台，可用于执行各种形式的机器学习，从进化计算到深度学习。它基于 Jupyter notebook，因此对于具有 notebook 编程背景的大多数 Python 开发人员来说应该很熟悉。此外，它是免费的，并提供后面会大量使用的 CPU 和 GPU 资源。

先在浏览器中加载 EDL_2_1_Conways_Game_of_Life.ipynb 练习。有关如何将代码从 GitHub 存储库加载到 Colab 的详细信息，请参阅附录 A。

在 Colab 中打开 notebook 后，将看到几个文本和代码单元格。不必担心练习中的任何代码，只需要关注如何使用 Colab 运行 notebook 并探索结果的步骤即可，不需要担心代码内容。

接下来，选择 notebook 中的第一个代码单元格，然后单击左上方的 Run Cell 按钮，或者按下 Ctrl+Enter 键或 Cmd+Enter 键来运行该单元格。这将运行代码并设置 show_video 函数以便稍后使用。我们使用这个函数展示模拟的实时可视输出。

Google Colaboratory: Colab 和实时输出

Colab 是一个优秀的平台及杰出的教育工具，可以快速向学生展示代码。虽然它可以用于快速探索各种任务的代码，但 Colab 的一个缺点是它不提供实时图形渲染输出。为了解决这个问题，本书使用了一些技巧和技术来可视化实时模拟的图形输出。

继续下滑到下一个单元格，该单元格实现了生命游戏的简单规则。再次强调，不会在这里详细讨论代码，但是图 2-1 以图像的方式解释了康威生命游戏的规则。单击运行按钮或使用键盘快捷键运行该单元格。

康威生命游戏的规则

康威生命游戏的优雅之处在于使用简单的规则模拟细胞的生命周期。使用了四条简单的规则来模拟(或仿真)细胞的生命。

- 任何活细胞如果周围少于两个活细胞，会因为"人口"稀少而死亡。
- 任何活细胞如果周围有两个或三个活细胞，会存活到下一代。
- 任何活细胞如果周围多于三个活细胞，会因为"人口"过剩而死亡。
- 任何死细胞如果周围恰好有三个活细胞，会因为繁殖而成为活细胞。

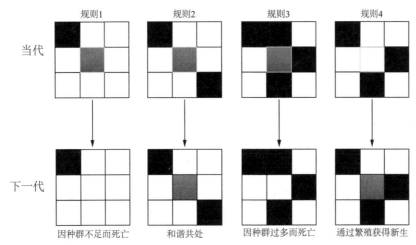

图 2-1　生命游戏的规则

运行下一个单元格，并观察输出结果，如图 2-2 所示。对于这个简单的生命模拟，起始的细胞模式很简单。还有许多其他的起始位置可以产生一些令人惊奇的动画效果和构造。

我们对探索剩下的代码不感兴趣，可以直接通过菜单中的 Runtime | Run All 命令或按下 Ctrl+F9(Cmd+F9)键来运行整个 notebook。执行模拟的倒数第二个单元格需要几分钟的时间，但在运行过程中会显示一个进度条。当模拟完成时，我们设置的第一个函数 show_video 将用于在输出中显示一个短视频片段。

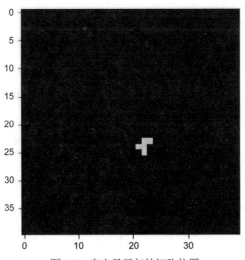

图 2-2　突出显示起始细胞位置

在进程完成后播放视频，并观看细胞模拟的运行情况。图 2-3 显示了视频的一部分，突出显示了细胞网络可以扩展到多么广阔的范围。

图 2-3　观看模拟视频

　　康威生命游戏的简单和优雅展示了计算机模拟的力量,并孕育了许多学科。它展示了如何利用简单的规则来模拟生命,只需要一些基本的规则和输入,就可以产生新的、意想不到的解决方案。

　　尽管自那时以来,生命模拟所走的道路看起来有了显著的变化,但我们通常仍努力遵循康威在这个最初的模拟中提倡的简单原则:制定一套简单的规则,模拟一个更大的过程,以揭示一些意想不到的模式或解决方案。这个目标在学习本章和后续各章中的进化计算方法时有助于我们认清方向。

2.2　用 Python 进行生命模拟

　　在我们开始使用进化或其他方法推导更复杂形式的生命模拟之前,看一个简单的人为实现会很有帮助。我们继续研究细胞生命的模拟,但这次只考虑细胞的属性,忽略物理条件。

> **地理空间生命和智能体模拟**
>
> 像康威生命游戏这样使用空间或空间表示的模拟,仍然被用于各种建模和预测,从交通到类似 COVID-19 的病毒传播。这些形式的模拟可能很有趣,但在 EDL 中不是我们的重点。相反,我们的空间关注点更多是数学驱动的,意味着我们更加关注分析向量或图距离,而不是物理空间。

　　在下一个练习中,将进入在 Colab 上展示简单的细胞生命模拟的 Python 代码。记住,这只是一个人为的示例,旨在演示一些基本概念,并在某种程度上展示一些不应该做的事情。随着本节学习的深入,示例将逐渐演变为完整的进化方法。

　　在浏览器中打开 notebook "EDL_2_2_Simulating_Life.ipynb"。如果需要帮助,请参考附录 A。

　　通常,在 notebook 的前几个单元格中,会安装或设置所有额外的依赖项,并执行一般的导入操作。运行单元格以执行导入操作如代码清单 2-1 所示。

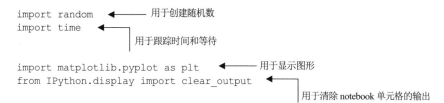

代码清单 2-1　EDL_2_2_Simulating_Life.ipynb：使用 import

```python
import random      ◄────── 用于创建随机数
import time ◄
                    └── 用于跟踪时间和等待

import matplotlib.pyplot as plt      ◄────── 用于显示图形
from IPython.display import clear_output ◄
                                            └── 用于清除 notebook 单元格的输出
```

继续向下移到下一个 notebook 单元格。这段代码设置了一个函数，用于创建新的
细胞，并根据所需要的后代数量生成一个细胞列表或集合。运行该单元格，你将看到
生成的细胞示例以字典的列表形式呈现，如代码清单 2-2 所示。

代码清单 2-2　EDL_2_2_Simulating_Life.ipynb：使用 create_cell 和 birth

```python
def create_cell():                              创建一个具有 1~100 随机健
    return dict(health = random.randint(1, 100)) ◄── 康值的细胞

def birth(offspring):                              创建一个指定大小的细
    return [create_cell() for i in range(offspring)] ◄── 胞列表

cells = birth(10)
print(cells) ◄
              └── 使用 birth 函数构建一个细胞列表
```

代码清单 2-3 定义了繁殖和死亡的代码/规则。与康威生命游戏不同，该例使用一
个预定义的参数(称为 RPRD_RATE)来定义新细胞被创建的可能性。同样，代码还会
根据随机评估检查细胞的死亡情况。

代码清单 2-3　EDL_2_2_Simulating_Life.ipynb：繁殖与死亡

```python
RPRD_RATE = 25   │ 定义了繁殖率和
DEATH_RATE = 25  │ 死亡率
                              对于放入的每个细胞，细胞都会
def reproduce(cells): ◄────── 根据速率进行细胞繁殖
    return [create_cell() for cell in cells if random.randint(1, 100) <
    ➥ RPRD_RATE]
                        对于放入的每个细胞，根据死亡率
def death(cells): ◄──── 判断细胞是否活下去
    return [cell for cell in cells if random.randint(1, 100) > DEATH_RATE ]

def run_generation(cells): ◄
    cells.extend(reproduce(cells))
    return death(cells)      └── 通过繁殖和死亡处理 "一代" 细胞
```

运行最后一个代码单元格来创建繁殖和死亡函数，这样就设置了基本的生命模拟
函数。在这个阶段，由于只是设置函数，因此不会有任何输出。

接下来，跳转到最后一个单元格。这个单元格执行模拟，现在唯一的目标是增大

种群(population)的规模，如代码清单 2-4 所示。

代码清单 2-4　EDL_2_2_Simulating_Life.ipynb：繁殖与死亡

```
{top code omitted}
cells = birth(initial_offspring)        ◀——— 创建一个新的细胞列表

history = []
for i in range(generations):            ◀—— 循环遍历世代数
  cells = run_generation(cells)         ◀——— 在细胞上运行"一代"(繁殖/死亡)
  history.append(len(cells))
  clear_output()          清除输出，并绘制种群的更新历史图
  plt.plot(history)
  plt.show()
  time.sleep(1)    ◀——— 休眠一秒钟，所以可以看到图像
```

运行这个单元格，观察模拟的运行。如果繁殖率和死亡率设置正确，种群(population)规模应该会增大。你可以使用 Colab 表单滑块修改驱动模拟的参数，如图 2-4 所示。可以返回并修改参数，然后再次运行 notebook 中的最后一个单元格，查看更新的模拟结果。

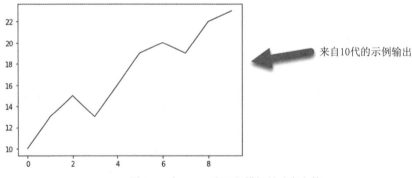

图 2-4　在 Colab 中运行模拟并改变参数

这个练习的目标只是建立一个简单的细胞模拟，并尝试让种群规模增大。我们定

义了繁殖和死亡的比例来控制细胞的数量。这个模拟并没有太多的优雅之处，但它很容易理解和使用。请使用下一节的"练习"来理解这个基本的生命模拟。

练习

在每个部分的结尾，都有一组练习，帮助你复习各个部分的代码和概念。花时间完成这些练习，可以大大帮助你理解未来要使用的概念。

(1) 修改参数 initial_offspring 和 generations，看看对结果有什么影响。

(2) 修改出生率和死亡率，观察这对最终种群规模的影响。

(3) 尝试找到一个繁殖率和死亡率，使种群规模的增长出现下降。

现在理解了如何轻松模拟生命，我们将继续了解为什么在特定应用中想要这样做。

2.3 将生命模拟作为优化

在这种情况下，使用之前的简单示例，并将其提升到对细胞上定义的属性进行优化的级别。我们开发模拟的原因有很多，包括发现行为、优化或获得启示等各种原因。对于大多数进化算法的应用，我们的最终目标是优化一个过程、参数或结构。

在这个 notebook 中，将每个细胞的属性从健康度(health)扩展到包括一个称为强度(strength)的新参数。我们的目标是优化种群的强度。strength 参数代表生物体在其环境中成功生存的任何特征。这意味着在我们的简单示例中，我们的目标是最大化种群的强度。

在浏览器中打开 notebook 示例 EDL_2_3_Simulating_Life.ipynb。如果需要帮助，请查阅附录 A。

我们在本书中使用了一个非常有用的实时绘图库，名为 LiveLossPlot。这个库旨在为机器学习和深度学习问题绘制训练损失图表，因此默认的图表展示了在深度学习问题中使用的术语。尽管如此，它仍然非常适合我们的需求。代码清单 2-5 演示了如何安装该库并导入 PlotLosses 类。

代码清单 2-5 EDL_2_3_Simulating_Life.ipynb：安装 PlotLosses

```
!pip install livelossplot -quiet        ◀── 将 livelossplot 包安装到 Colab 中

from livelossplot import PlotLosses      ◀── 加载 PlotLosses 类以供稍后使用
```

在这个示例中，大部分代码都与之前的示例相同，因此只关注不同之处。从第一个单元格开始，可以看到在定义生命模拟的函数中有一些变化，如代码清单 2-6 所示。最大的变化是现在使用新的强度参数(strength)来推导细胞的健康值(health)。

代码清单 2-6 EDL_2_3_Simulating_Life.ipynb：更新生命函数

```
def create_cell():
    return dict(
      health = random.randint(1, 100),          向细胞添加 strength 参数
      strength = random.randint(1, 100)
    )

def birth(offspring):
  return [create_cell() for i in range(offspring)]

def evaluate(cells):          新的 evaluate 函数可以计算细胞的健康状况
  for cell in cells:
    cell["health"] *= cell["strength"]/100
    return cells              细胞健康状况成为 strength 的函数
```

同样，繁殖和死亡函数已经被修改，不再随机选择细胞进行繁殖或死亡。相反，新的函数根据健康属性(health)决定一个细胞是否繁殖或死亡。注意代码清单 2-7 中新增的两个参数——RPRD_BOUNDS 和 DEATH_BOUNDS。这两个新参数控制了一个细胞能够繁殖的健康水平以及它何时应该死亡。

代码清单 2-7 EDL_2_3_Simulating_Life.ipynb：新的繁殖和死亡函数

```
                              繁殖函数现在将健康值(health)与 RPRD_BOUNDS 进行比较
def reproduce(cells):
  return [create_cell() for cell in cells if cell["health"] > RPRD_BOUNDS]
                       死亡函数判断细胞的健康值(health)是否高于 DEATH_BOUNDS
def death(cells):
  return [cell for cell in cells if cell["health"] > DEATH_BOUNDS]
                         细胞的健康值(health)成为强度(strength)的函数
def run_generation(cells):
  cells = evaluate(cells)
  cells.extend(reproduce(cells))    添加了一个新的评估函数，根据
  return death(cells)                强度更新细胞的健康值
```

在这个模拟中，根据细胞的健康值调整了明确的规则，以确定细胞何时死亡或繁殖。记住，我们模拟的目标是优化种群的强度(strength)属性。

跳到最后一个代码单元格；我们对生成输出做了一些额外的更改，但模拟代码基本保持不变。代码清单 2-8 使用 PlotLosses 类，在模拟运行时输出实时的模拟图表。

代码清单 2-8 EDL_2_3_Simulating_Life.ipynb：对结果绘图

```
cells = birth(initial_offspring)

groups = {'Population': ['population'], 'Attributes' :
➥ ['avg_strength','avg_health']}
liveloss = PlotLosses(groups=groups)        设置绘图组以生成输出图表

history = {}
```

```
for i in range(generations):
    cells = run_generation(cells)
    history["population"] = len(cells)        使用跟踪的变量更新 history 字典
    history["avg_strength"] = sum([cell["strength"] for cell in
    ➥ cells])/(len(cells)+1)
    history["avg_health"] = sum([cell["health"] for cell in
    ➥ cells])/(len(cells)+1)
    liveloss.update(history)
    liveloss.send()                           将输出发送到绘图中
```

继续在菜单中选择 Run | Run All 命令或按下 Ctrl+F9(Cmd+F9)键来运行整个 notebook。图 2-5 显示了运行 25 代模拟的输出结果。注意在左侧的属性图中，平均强度和健康值都呈上升趋势。

通过修改生命模拟代码，我们能够演示对单个属性进行粗略优化。虽然可以看到种群的强度(strength)和健康(health)属性的值逐渐增加，但结果并不令人振奋。事实上，如果我们的生命模拟要复制现实世界，那么可能永远无法进化成为我们现在的样子。

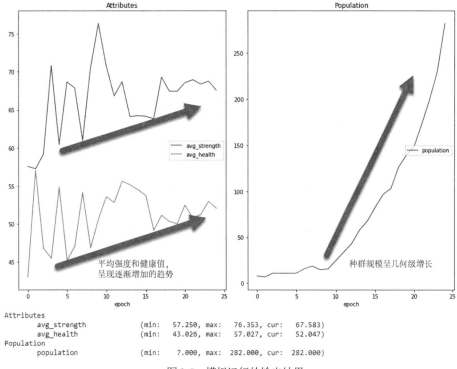

图 2-5　模拟运行的输出结果

我们的生命模拟中缺失的关键是细胞将其"成功特征"传递给后代的能力。查尔斯·达尔文首次观察到生命将"成功特征"传递给后代的过程，他将其称为进化。事实证明，进化论不仅是地球上生命的基石，也是进化计算的基础。

练习

通过下面的快速练习，可以提高你对这些概念的理解。

(1) 修改死亡率和出生率参数，看看对结果有什么影响。

(2) 修改代码清单 2-6 中的 evaluate 函数，以修改返回的 health 参数，然后重新运行模拟，看看效果如何。

(3) 修改代码清单 2-6 中的 create_cell 函数中 health 和 strength 的初始值。

作为一种优化形式，模拟是一个多样化的领域，但接下来的内容和整本书中的重点是通过模拟进化来进行优化。

2.4　向生命模拟添加进化

将我们的生命模拟提升到下一个级别需要模拟进化。虽然这听起来似乎很困难，但实际上实现起来相对简单且优雅。在下一个练习中，借鉴了达尔文和其他人的许多观察结果，来构建升级版的生命模拟。

2.4.1　模拟进化

在这个练习中，再次借用之前练习中的大部分代码，对其进行修改，以模拟进化或细胞传递选择性特征的能力。然而，这一次不再使用像强度这样的单一特征，而是分配了三个新特征，标记为 a、b、c。此外，还将健康特征替换为一个更广义的术语，称为适应度(fitness)。

在浏览器中打开 notebook 示例 EDL_2_4_Simulating_Evolution.ipynb。如果需要帮助，请参考附录 A。

这段代码有几处更新，我们将详细检查，首先是更新后的 create_cell 函数。在这里要注意的重要一点是，该函数现在接收两个输入细胞来生成一个后代。如果在模拟开始时没有父代，那么特征将被设定为随机值。如果有父代，那么父代每个特征的平均值将成为子代的新值，如代码清单 2-9 所示。记住，这种平均机制只是创建新子代特征值的一种方式。

代码清单 2-9　EDL_2_4_Simulating_Evolution.ipynb：更新 create_cell

```
def create_cell(parent1, parent2):
  if parent1 is None or parent2 is None:
    return dict(
        fitness = 0,
        a = random.randint(1, 100),
        b = random.randint(1, 100),
        c = random.randint(1, 100)
    )
  else:
    return dict(
       fitness = 0,
       a = (parent1["a"] + parent2["a"])/2,
       b = (parent1[《 b 》] + parent2[《 b 》])/2,
       c = (parent1[《 c 》] + parent2[《 c 》])/2,
    )
```

它现在通过两个父代细胞来繁殖

如果没有父代，特征将被初始化为随机值

fitness 总是从 0 开始

新的特征值是两个父代特征的平均值

接下来，看一下更新后的 reproduce 函数。这里有几处变化。首先，按适应度对父代细胞进行排序，然后选择前一半，这个过程称为选择。其次，我们两次循环遍历剩余的父代(每个父代有两个子代)，并随机选择两个进行繁殖。然后，这两个父代被传递给 create_cell 函数，以产生一个具有两个父代共享特征的新子代。最后，在返回之前，细胞经过一个新的突变(mutate)函数处理。在代码清单 2-10 中，使用的繁殖选择(selection)形式只是一个示例。正如我们将看到的，这方面有很多变体。

代码清单 2-10　EDL_2_4_Simulating_Evolution.ipynb：更新 reproduce 函数

```
def reproduce(cells):
   parents = sorted(cells, key=lambda d:
   ➥ d['fitness'])[int(len(cells)/2):]
   children = []
   for I in range(len(parents)*2):
     mates = random.sample(parents, 2)
     children.append(create_cell(mates[0], mates[1]))
   return mutate(children)
```

按适应度对父代进行排序，然后选择前一半

循环遍历剩余的父代两次

随机选择两个父代进行繁殖

将父代传递给 create_cell 函数，以产生一个子细胞

在返回之前对子代进行突变处理

reproduce 函数的最后一步是调用 mutate 函数，如代码清单 2-11 所示，该函数有一定的概率修改子代。我们添加这个函数或规则来模拟生命中的随机机会，即生物(细胞)可能突变超出其父母的特征。突变是进化的关键因素，也是地球上所有更高级别生命的起源。

代码清单 2-11　EDL_2_4_Simulating_Evolution.ipynb：mutate 函数

```
def mutate(cells):
   for cell in cells:
```

```
if random.randint(1,100) < MUTATE_RATE:                          ◀─────────┐  检查细胞突变的
    cell""""] = clamp(                                                         随机概率
        cell""""] + random.randint
        ➥ (-MUTATE_RNG, MUTATE_RNG), 1, 100)        ◀──────────┐
    cell""""] = clamp(
        cell""""] + random.randint
        ➥ (-MUTATE_RNG, MUTATE_RNG), 1, 100)        ◀──────────┤  添加来自-MUTATE_RNG
    cell""""] = clamp(                                                      到+ MUTATE_RNG 的随机数
        cell""""] + random.randint
        ➥ (-MUTATE_RNG, MUTATE_RNG), 1, 100)        ◀──────────┘
return cells
```

接下来，要看一下更新后的 evaluate 函数。这一次，使用一个简单的方程评估特征 a、b、c 的值，并输出细胞的适应度。可以看到这个函数在特征 a 上赋予了两倍的值，在特征 b 上赋予了负值，并让特征 c 保持不变，如代码清单 2-12 所示。进化生命模拟的目标现在是优化这些特征，以保持高适应度。更高的适应度有助于提升繁殖率，并鼓励进一步传递那些成功的特征。

代码清单 2-12   EDL_2_4_Simulating_Evolution.ipynb：mutate 函数

```
def evaluate(cells):                                 ◀──── 更新后的evaluate
  for cell in cells:                                        函数
    cell""fitnes""] = 2 * cell""""]-- cell""""] + cell""""]
  return cells
```

注意，我们移除了 death 函数，而是将重点放在 reproduce 函数上。之所以能够这样做，是因为现在简单地假设在繁殖之后，所有的父代都无法再进一步繁殖，所以这不是一个考虑因素。因此，我们不再关心种群的增长，而是关注繁殖细胞。这个假设简化了我们的过程和模拟的性能，并且在大多数情况下会继续使用这个假设。显然，也可以模拟多代之间的繁殖，但我们暂时认为那些是更高级的主题。

最后，看一下 run_generation 函数，看看它是如何简化的。在函数内部，首先调用 evaluate 函数，更新细胞的适应度。接下来，调用 reproduce 函数生成下一代繁殖种群。然后，再次调用 evaluate 函数来更新新一代的适应度(fitness)值，如代码清单 2-13 所示。

代码清单 2-13   EDL_2_4_Simulating_Evolution.ipynb：run_generation 函数

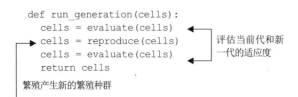

```
def run_generation(cells):
    cells = evaluate(cells)        ◀────┐  评估当前代和新
    cells = reproduce(cells)              一代的适应度
    cells = evaluate(cells)        ◀────┘
    return cells
繁殖产生新的繁殖种群
```

图 2-6 显示了运行所有代码[从菜单中选择 Run | Run All 命令或按下 Ctrl+F9 (CMD+F9)]的输出结果。注意图 2-5 和图 2-6 之间的明显差异，适应度有明显的改善，但种群仍保持在 10 个。还请注意特征 a、b、c 都表现出明确的优化。对于特征 a 来说，看到其明显的递增；而对于特征 b，看到了递减。这是 evaluate 函数和在适应度方程中定义这些特征的方式直接导致的结果。

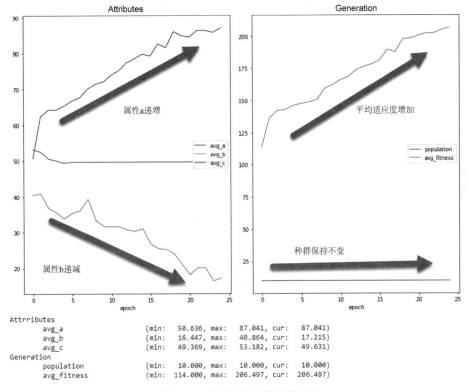

图2-6　运行进化生命模拟的结果

通过将进化的概念引入生命模拟中，可以看到适应度和特征优化之间存在强相关性。这个修改后的模拟不仅更加优雅，而且更加稳健和可扩展。事实上，它如此优雅，以至于简单的进化概念现在变成了整个算法类的基础，其中许多算法将在后续内容中进行探讨。

2.4.2　练习

使用下面的练习提高你的理解能力。

(1) 在代码清单 2-12 所示的 evaluate 函数中修改适应度计算。重新运行进化过程，以确认新方程优化了不同的值。

(2) 在细胞中添加一个新的属性 d。这需要修改代码清单 2-9、代码清单 2-11 和代码清单 2-12 中的代码。

(3) 将突变率(MUTATE_RATE)更改为介于 0 和 1 之间的新值。多次尝试，并在每次更改后重新运行 notebook。观察突变对细胞进化的影响。

2.4.3 关于达尔文和进化的背景知识

查尔斯•达尔文从他在南美洲大陆的航行中形成了关于自然选择的最初概念和理论。从达尔文的工作开始，我们对理解地球上的生命如何共享和传递选择性特征的渴望推动我们对遗传学进行深入探索。

达尔文花费了 20 年时间，于 1859 年出版了著作《物种起源》(由 John Murray Press 出版)，这是一部具有开创性意义的作品，颠覆了当时的自然科学。他的工作挑战了有关智慧创造者的观念，并成为现今自然和生物科学的基础。以下内容来自《物种起源》，通过达尔文的文字描述了自然选择理论："有一条普遍规律推动所有有机生命的进步，即繁殖、变异，让最强壮的生存下来，最弱小的灭亡。"

根据这个规律，达尔文建立了他的进化理论，并强调：生命为了生存需要将更成功的特征传递给后代。虽然他并不理解细胞有丝分裂和遗传学的过程，但他观察到了多个物种中特征的选择性传递。直到 1865 年，一位名叫格雷戈尔•孟德尔的德国修士通过观察豌豆植物的七个特征，提出了他的基因遗传理论。

孟德尔使用了术语"因子"或"特征"来描述我们现在理解为基因的概念。在孟德尔的工作得到认可，并且遗传学领域诞生之前，几乎又过了近 30 年的时间。从那时起，我们对遗传学的理解不断增加，涵盖了基因治疗、利用基因解决复杂问题以及使代码进化等领域。

2.4.4 自然选择和适者生存

术语"适者生存"常被用来定义进化及进化计算。虽然这个术语经常被错误地归因于达尔文，但它实际上是由早期的博物学家赫伯特•斯宾塞首次使用的，他比达尔文早七年提出了这个术语。斯宾塞是一位误入歧途的社会进化论者，他一直批评达尔文及其对进化的解释。

定义 社会达尔文主义(Social Darwinism) —— 这个观念常常被归功于赫伯特•斯宾塞，即社会上的成功会导致更多的成功，而那些在社会上失败的人注定会失败。

斯宾塞和其他人忽略了达尔文更为广阔的进化理论中的一个重要的观点，那就是生存仅仅是变化的结果。达尔文对这个概念进行了很好的解释："能够生存下来的物种

不是最强壮的，也不是最聪明的，而是对变化最具有响应能力的。"

在阅读本书的过程中，没有比达尔文的这句话更重要的观念了。进化并不是为了培养最强壮或最适应环境的物种，而是为了培养最能适应变化的物种。从实际角度来看，这意味着我们虽然专注于开发能够产生最具适应度的算法，但真正的目标是开发进化的变化能力。

在计算中，通过确保不仅仅是最适应或最优秀的个体能够存活下来，我们将进化性变化应用于算法中。这意味着我们采用的方法不仅仅是确保个体种群中只有最好的个体存活下来，而是确保物种的多样性。鼓励物种的多样性通常能够更快地解决问题。

将生物学应用于进化计算

进化计算借鉴了生物学和进化论的思想。像深度学习(神经网络)相比于大脑一样，不是所有的术语都可以直接转移过来使用。在许多情况下，人们尝试使用类似或相匹配的术语来描述生物学中的等效概念。在很多情况下，这些生物学术语已经被大大简化以便更容易理解。这样做不是为了挑起生物学家、遗传学家或进化学家的争议，而是为了让术语更易于理解。

2.5　Python 中的遗传算法

遗传算法(GA)是通过代码对生命进行模拟，借鉴了进化、自然选择以及通过遗传传递成功特征的概念。这些算法模拟了在高级有机体繁殖中发生的生物细胞级减数分裂过程。虽然你不一定需要成为遗传学家才能使用遗传算法，但了解生物学关系可能会有所帮助。

在接下来的部分，将回顾一些基本的遗传学概念和减数分裂过程。这旨在展示遗传学与代码之间的关系和模拟。如果你已经对遗传学理论和减数分裂有了很好的了解，则可以快速浏览该部分。

2.5.1　了解遗传学和减数分裂

遗传算法模拟了生命在遗传水平上的进化过程。然而，这种模拟更加针对高级生物形式，如人类。我们在遗传过程(减数分裂)中也进行了一些简化处理。因此，本节介绍的概念也以相同的高层次为目标。

谈论遗传学时，我们需要从脱氧核糖核酸(DNA)开始。DNA 链通常被称为生命的蓝图。我们的一切，甚至包括我们的细胞，都由 DNA 定义。

DNA 由四个碱基对组成，并按照一定的模式排列。图 2-7 展示了 DNA 是如何形成并缠绕成双螺旋结构，然后折叠成染色体的。如图 2-7 所示，这些染色体位于每个细胞的细胞核中。

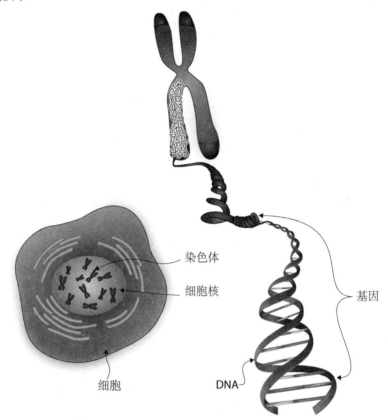

图 2-7　DNA、基因、染色体、细胞核和细胞

　　基因(gene)，也就是孟德尔最初定义的东西，可以在 DNA 水平上被识别。基因是一个 DNA 序列，它定义了一个有机体的某些特征或属性。从 1990 年到 2003 年，人类基因组计划研究并分类了人类染色体中的所有基因。

　　染色体(Chromosomes)，是这些基因序列的容器。一条染色体可能包含成百上千个基因。每个基因本身可能由数百到数千个 DNA 碱基对组成。这一切听起来相当复杂，但幸运的是，在遗传算法中，我们只关心基因和染色体。

　　遗传进化本身的模拟是通过模拟减数分裂的过程完成的。减数分裂是由精子和卵子产生的细胞的有性生殖，不要与有丝分裂混淆，有丝分裂是基本的细胞分裂过程。

　　减数分裂是一种将一个生物体的一半遗传物质与另一个生物体的一半遗传物质结合的过程。在人类中，就是精子和卵子之间发生的事情，男性的精子将其一半的 DNA 与女性的卵子的一半 DNA 结合在一起。

　　图 2-8 显示了减数分裂过程的一部分，其中来自交配生物体的染色体进行组合。在这个过程中，同源染色体对(即相似的染色体)首先对齐。然后，发生染色体间的交

叉互换，即遗传物质的共享。重新组合的染色体用于定义新的生物体。

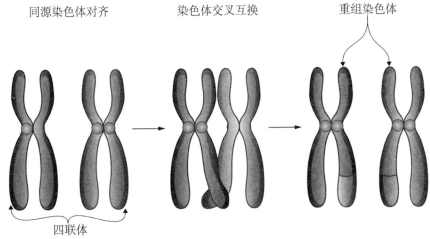

同源染色体对齐　　　　　染色体交叉互换　　　　　重组染色体

四联体

图 2-8　减数分裂过程的一部分，展示染色体的交叉互换

在遗传算法中，模拟基因、染色体以及这种细胞层面的配对或交叉过程。在接下来的部分，还需要模拟其他一些因素。

2.5.2　编码遗传算法

在遗传算法中，基因是核心，它描述了一个个体所具有的各种特征，无论是好是坏。在遗传算法中，将一个个体看作由一个或多个基因序列组成，这些基因序列包含在染色体中。也可以模拟多个染色体，但通常我们只使用一个染色体。

图 2-9 显示了一个由个体组成的种群，每个个体都有一个包含基因序列的染色体。每个基因由一个数字或布尔值描述，这里使用 0 或 1 表示。一个基因可以包含任何信息，包括文本字符、颜色或其他你想用来描述个体特征的信息。

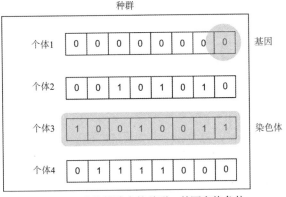

图 2-9　遗传算法中的种群、基因和染色体

> **基因和染色体**
>
> 一个基因可以映射为一个单一的数组值，也可以由多个值定义。同样，你可能想要定义一个单一的染色体或多个染色体。在本书中，大多数情况下只定义一个单一的染色体。

2.5.3 构建种群

遗传算法可能相当抽象和难以想象，因此为了帮助理解，本节中将通过一些 Python 示例代码来使这些概念更加具体。你可以在浏览器中打开 notebook 示例 EDL_2_5_Genetic_Algorithms.ipynb，并在 Google Colab 中操作。如果需要加载此 notebook，请参考附录。加载 Notebook 后，使用菜单选择 Runtime | Run All 命令运行所有单元格。

可以从 notebook 中的第一个代码单元开始，它使用 NumPy 数组设置了一个由一个个体组成的种群。群体中的每个个体由一个大小为基因数量的 n 维向量组成。使用 randint 函数，以 0 和 2 作为输入，张量的大小为(population,genes)，将整个群体构建为一个 NumPy 张量。这将生成一个输出张量，其中每一行表示一个大小为基因数量的向量，如代码清单 2-14 所示。

代码清单 2-14　EDL_2_5_Genetic_Algorithms.ipynb：创建种群

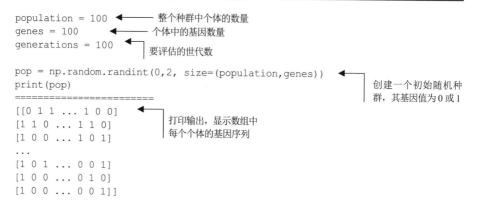

2.5.4 评估适应度

在一群个体中，我们想要确定哪个个体最适应或最有可能生存或解决问题。在这个简单的示例中，我们的目标是使个体的基因值都为 1。这被称为遗传算法中的"最大一问题"，通常，这是初学者面临的第一个问题。

为了确定个体的适应度，通常推导一个适应度函数或方法，以计算个体距离达到目标有多近。通常，这个目标是目标值的最大化或最小化。在该例中，我们的目标是最大化个体中所有基因的总和。因为每个基因都是 0 或 1，所以"最大的和"表示一个所有基因都设置为 1 的个体，如代码清单 2-15 所示。

使用 NumPy，对已经定义为张量的种群进行这样的操作非常简单，只需要一行代码就可以完成。在 notebook 的下一个单元格中，可以看到调用 np.max 的代码，它的输入是种群的 pop 张量和 axis=1。代码清单 2-15 演示了如何通过使用 np.sum 计算适应度。

代码清单 2-15　EDL_2_5_Genetic_Algorithms.ipynb：计算适应度

```
fitness = np.sum(pop,axis=1)      ◀──── 所有个体的总和(axis=1)
plt.hist(fitness)
```

图 2-10 显示了种群初始随机个体适应度的直方图。正如我们所预期的，输出呈现出中心接近 50 的正态分布。对于这个例子，由于每个个体都有一个含有 100 个基因的染色体，每个基因的值为 0 或 1，因此最大理想适应度分数为 100。

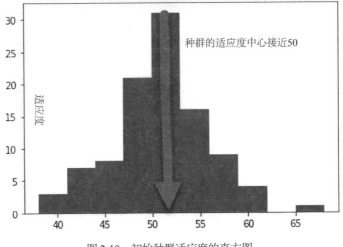

图 2-10　初始种群适应度的直方图

2.5.5　选择繁殖(交叉)

在评估了种群的适应度之后，可以确定要选择哪些父代进行交配以产生后代。就像在现实生活中一样，我们模拟个体的交配选择和繁殖。在自然界中，通常是较强壮或适应性更强的个体存活并繁殖，以产生与它们的基因代码相似的后代。

在遗传算法中,我们通过确定哪些个体在种群中适合繁殖来模拟这一过程。有多种策略可以用来进行选择,但在这个简单的示例中,选择适应度最高的两个个体作为下一代全部后代的父代。这种选择方式被称为精英选择(elite selection),代码清单 2-16 展示了如何执行精英选择。

代码清单 2-16　EDL_2_5_Genetic_Algorithms.ipynb:选择适应度

```
def elite_selection(fitness):
    return fitness.argsort()[-2:][::-1]        ◀── 按适应度排序,然后
                                                    返回前两个个体
parents = elite_selection(fitness)
print(pop[parents[0]])
```

elite_selection 函数的输入是我们之前计算的种群适应度,它返回排名靠前的两个父代的索引。它通过使用 argsort 函数对适应度值进行排序,然后索引到排名靠前的两个父代以返回索引。可以使用 pop[parents[idx]] 提取种群中的个体,其中 idx 为 0 或 1。

在这个简单的例子中,精英选择(选择最佳个体进行繁殖)效果很好,但在更复杂的问题中,通常使用更多样化的选择方法。父代和繁殖选择的多样性使个体能够传播可能在短期内并无益处的特征,但这些特征可能在更长期的解决方案中发展起来。这类似于在寻求全局最大值时陷入局部最小值的情况。

2.5.6　应用交叉:繁殖

选择了父代之后,可以开始进行交叉操作,即繁殖过程,以创建后代。就像生物学中的细胞分裂过程一样,我们通过交叉操作模拟染色体的结合,每个父代都分享其基因序列的一部分,并将其与另一父代的基因序列相结合。

图 2-11 展示了使用两个父代进行的交叉操作。在交叉操作中,通过随机选择或使用某种策略,在基因序列上选择一个点。在这个点上,父代的基因序列被分割然后重新组合。在这个简单的例子中,我们不关心每个后代共享基因序列的百分比。

对于需要进行数千或数百万代的复杂问题,我们可能更倾向于使用更平衡的交叉策略,而不是随机选择的方法。本节后面将进一步介绍可以用来定义这种操作的策略。

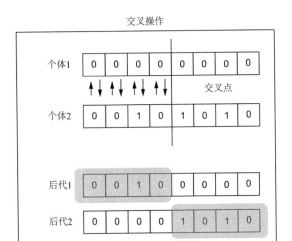

图 2-11　父代产生后代的交叉操作

在代码中，交叉操作首先复制自身以创建原始子代。然后，随机确定是否进行交叉操作，使用变量 crossover_rate 进行控制。如果进行交叉操作，会随机选择一个基因序列上的点作为交叉点。该点用于分割基因序列，并通过将两个父代的基因序列组合起来生成子代，如代码清单 2-17 所示。

代码清单 2-17　EDL_2_5_Genetic_Algorithms.ipynb：交叉操作和繁殖

```
def crossover(parent1, parent2, crossover_rate):    子代最初是父代的副本
  child1, child2 = parent1.copy(), parent2.copy()

  if random.random() < crossover_rate:    允许进行随机交叉操作

    pt = random.randint(1, len(parent1)-2)    随机选择交叉点

    child1 = np.concatenate((parent1[:pt], parent2[pt:]))    进行交叉操作并创
      child2 = np.concatenate((parent2[:pt], parent1[pt:]))    建子代

    return [child1, child2]
                                             使用父代1和父代2
crossover(pop[parent[0]],pop[parent[1]], .5)    调用该函数
```

对于基因序列，可以应用多种变体和方式进行交叉操作。对于该例，随机选择一个交叉点，然后简单地在分割点处组合序列即可。然而，在某些情况下，特定的基因序列可能有意义或无意义；在这些情况下，可能需要使用其他方法保留基因序列。

2.5.7 应用突变和变异

在自然界中，我们偶尔会看到后代发展出不属于父代的特征。在这些情况下，后代会发生突变，产生父代身上没有的特征。随着时间的推移，这些突变可以积累，形成全新的特征或物种个体。突变是我们认为生命从单细胞生物进化到人类的关键操作之一。

在自然界、遗传算法和其他类似的进化过程中，突变通常独特且罕见。在遗传算法中，可以控制在交叉操作之后应用的突变数量和类型。你可以把突变看作在繁殖过程中可能发生的奇怪现象。它们是一种潜在的不规则变异。

将突变操作应用于代码清单 2-18 中的后代就像翻转序列中的单个位(bit)或基因一样简单。在 mutation(突变)函数中，会对个体中的每个基因进行突变的可能性测试。为了测试这个函数，使用 0.5 或 50%的突变率(mutation_rate)，尽管通常，突变率要低得多(一般低于 5%)。

代码清单 2-18 EDL_2_5_Genetic_Algorithms.ipynb：突变

```
def mutation(individual, mutation_rate):          我们在所有基因上测试可能
  for i in range(len(individual)):                的突变

    if random.random() < mutation_rate:           如果发生突变，将基因从 0
        individual[i] = 1 - individual[i]         翻转为1，从1 翻转为0
    return individual

mutation(pop[parent[0]], .5)
```

与基因的选择和交叉操作一样，突变也可以采取多种形式。在某些情况下，你可能更喜欢保持较低的突变可能性；而在其他情况下，种群可能受益于更多的随机影响。突变就像深度学习中的学习率，较低的学习率会导致更稳定的训练，但可能会陷入困境，而较高的学习率会产生良好的初始结果，但可能无法实现稳定的解决方案。

2.5.8 将所有内容整合在一起

最后，当我们将所有的遗传操作整合在一起时，得到了图 2-12 所示的流程图，展示了整个遗传算法的过程。在该图中，从初始化开始，这在我们的案例中是完全随机的。然后，第一个操作是计算所有个体的适应度。通过适应度，可以确定哪些个体将通过交叉操作繁殖后代。

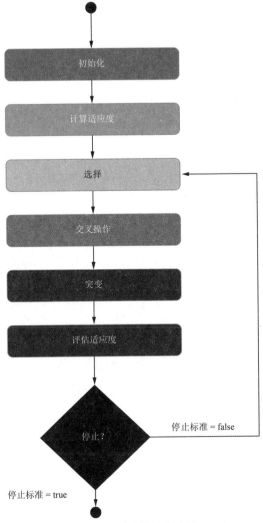

图 2-12　遗传算法的过程

在完成交叉操作之后，进行突变操作，然后进行适应度评估。接下来，检查是否满足停止标准。通常，通过遗传算法运行的世代数定义停止标准，其中每一代都被视为遗传算法过程的完整循环。还可以使用其他停止标准，如达到最大或最小适应度。

我们可以将整个遗传算法的代码放入一个函数中，如 simple_GA 函数所示。在这个函数中，可以看到对种群应用每个遗传操作，从而产生新一代的子代。如代码清单 2-19 所示，该子代种群被返回，以便进一步评估，并作为新的一代传递给 simple_GA 函数。

代码清单 2-19　EDL_2_5_Genetic_Algorithms.ipynb：遗传算法的完整过程

```
def simple_GA(pop, crossover_rate=.5, mutation_rate=.05):
  fitness = np.sum(pop,axis=1)      ◄── 计算整个种群的适应度

  parents = elite_selection(fitness)
                                    执行选择操作以选择父代

              children = np.zeros((population,genes))  ◄── 创建一个全 0 的空子种群

应用交叉     for i in range(population):      ◄── 循环遍历整个种群以创建新的子代
操作函数        offspring = crossover(pop[parents[0]],
           ➥  pop[parents[1]], crossover_rate)
                children[i] = mutation(offspring[0],mutation_rate)  ◄── 应用突变函数
                return children
                                   每个调用代表一代
        simple_GA(pop)
```

这个简单的函数 simple_ga 代表了对一个种群或一代个体进行所有遗传操作的完整过程。可以使用 notebook 中最后一个代码块中的代码来评估连续的世代。如果 notebook 已经完成执行，可以再次运行最后一个单元格，这样可以看到种群如何进化。代码清单 2-20 展示了模拟每一代进化的循环。

代码清单 2-20　EDL_2_5_Genetic_Algorithms.ipynb：运行模拟

```
pop = np.random.randint(0,2, size=(population,genes))
                                          创建一个初始随机种群
for i in range(generations):      ◄──
  pop = simple_GA(pop)               循环遍历每一代并进行
  fitness = np.sum(pop,axis=1)       遗传算法处理
  plt.hist(fitness)
  plt.show()
  print(f"Generation {i+1}")
  print(f"    Max fitness {np.max(fitness)}")
  print(f"    Min fitness {np.min(fitness)}")
  print(f"    Mean fitness {np.mean(fitness)}")
  print(f"    Std fitness {np.std(fitness)}")
```

图 2-13 展示了经过 100 代进化后的种群结果。图中显示达到了 98 的适应度，最小适应度为 88，平均适应度为 93.21，标准差为 2。这些结果通常是良好的，与深度学习不同的是，在遗传算法中，我们希望确定整个种群的发展情况，而不仅仅关注最大损失、最小损失或准确性。

尽管单个个体的适应度可以解决一个困难的问题，但保持整体适应度的健康状态可以实现持续的进化。与深度学习不同的是，在遗传算法中，训练进展可能会随着时间的推移变慢，但通常会出现晚期突破，导致解决方案发生根本性的变化和进步。因此，当使用进化算法时，通常要考虑整个种群的适应度。

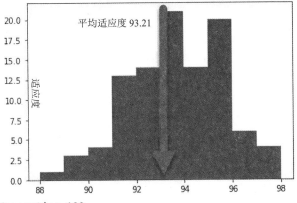

```
Generation 100
    Max fitness 98.0
    Min fitness 88.0
    Mean fitness 93.21
    Std fitness 2.0014744564945115
```

图 2-13 在一个极大值问题上进化种群的结果

适者生存

请记住，在训练进化算法时，我们的目标始终是确保种群对变化具有适应性。这意味着我们通常希望看到种群中个体的适应度得分服从正态分布。可以通过选择和突变操作的类型和形式来控制对变化的适应能力。

2.5.9 理解遗传算法的超参数

正如你可能已经注意到的，遗传算法提供了一些超参数和遗传操作符选项，用于优化解决方案的进化过程。本节探讨各种操作符选项，因为了解这些选项对于理解我们可以使用哪些超参数来增强进化过程至关重要。以下列表是我们迄今为止探讨过的遗传超参数以及它们的工作原理和用法。

- 种群大小(population)：表示在每一代进化中模拟的个体数量。种群值与染色体的大小或基因序列的长度密切相关。因此，具有更复杂基因序列的个体需要更大的训练种群才能有效。
- 基因/染色体长度(gene/chromosome length)：染色体的数量和长度，或者基因的类型通常由问题本身决定。在前面的示例练习中，选择了基因数量的一个任意值来展示不同的基因序列长度。
- 世代数(generations)：与深度学习中的 epochs 类似，世代数表示进化的迭代次数。在遗传算法中，"训练"一词用于个体的改进；我们要进化整个物种或个体群体。与种群数量类似，世代数通常由染色体的长度和复杂度决定。这可能与种群大小相平衡，可以是大的种群配合少量的世代数。

- 交叉率(crossover rate)：这个参数决定了交叉操作的可能性，或者交叉操作的点或程度。在上一个示例中，使用交叉率来确定父代之间共享基因的频率。然而，在大多数情况下，交叉操作是默认存在的，交叉率可以确定交叉点的位置。

- 突变率(mutation rate)：它表示交叉操作中出现问题的可能性。较高的突变率通常会导致种群中的变异较多，这对于较复杂的问题可能是有益的。然而，高突变率可能会阻止个体达到最佳表现。相反，较低的突变率会导致种群变化较少，更加专门化。

现在，了解这些超参数在实践中的工作方式的一个好方法是回到上一个示例，修改它们，然后重新运行 notebook。请继续尝试，因为这确实是学习和理解这些基本值如何改变群体进化的最佳方式。

遗传算法为接下来的章节中要探索的几种进化计算方法奠定了基础。从根本上讲，进化和适者生存的概念是任何进化计算方法的关键组成部分。我们沿着这些达尔文在170 多年前提出的普遍规律的道路，不断寻找优化深度学习系统的更好方法。

2.5.10　练习

本节涵盖了许多基础知识。确保至少完成以下练习中的一个。

(1) 修改代码清单 2-15 中的适应度计算。观察这对进化的影响。

(2) 修改代码清单 2-19 中的交叉率和突变率。重新运行进化过程，观察更改每个参数对解决方案的进化速度的影响。

(3) 你能想到其他父代选择配偶的方式吗？将它们写下来，并在以后再次查看这个列表。

2.6　本章小结

- 康威的生命游戏展示了最早的基于规则的生命模拟形式之一。生命模拟有助于优化计算和模拟现实世界中的问题。

- 生命模拟可以用来观察简单的行为，使用函数定义繁殖和死亡的过程。

- 通过基本的生命模拟引入进化，可以展示成功特征如何传递给后代。通过进化传递的特征可以用来优化特定问题。

- 优化问题的进化成功度可以通过适应度函数进行衡量。适应度函数量化了模拟个体成功解决给定问题的能力。

- Python 与 NumPy 可以用来演示模拟遗传进化的基本概念或操作。在遗传进化 (GA)中，使用操作符模拟生物的减数分裂或更高级有机体的繁殖。遗传模拟中使用的基本操作包括选择、交叉、突变和评估/适应度。
  - 选择(selection)：选择个体进行繁殖的阶段或操作。在遗传算法中使用了多种选择方法。
  - 交叉(crossover)：选定的两个个体进行交配并共享部分基因物质的阶段或操作。
  - 突变(mutation)：为了模拟现实世界的生物过程，对上一次交叉操作产生的后代应用一定程度的随机化。
  - 评估(evaluation)：新产生的个体通过函数进行评估，以产生一个适应度分数。这个分数决定了个体完成某个问题或任务的成功程度。
- 遗传进化中，基本运算符的输入和配置可以进行调优和修改。通常会修改的典型配置参数包括以下内容。
  - 种群大小：每一代中模拟的个体数量。
  - 迭代次数(number of generations)：模拟的迭代次数。
  - 交叉率(crossover rate)：在交叉操作中，个体之间共享遗传物质的频率。
  - 突变率(mutation rate)：新个体基因发生随机变化的频率。

## 第 3 章

使用 DEAP 介绍遗传算法

本章主要内容
- 使用 DEAP 创建遗传算法解决器
- 在复杂的设计或布局问题中应用遗传算法
- 通过遗传算法解决或估计数学中的难题
- 确定解决问题时要使用的遗传算法操作符
- 构建复杂的基因结构,用于设计和绘图

在本部分的最后一章中,将探讨生命模拟的起源,以及如何利用进化和自然选择进行优化。我们已经知道遗传算法,它是进化计算的一个子集。我们可以将这些概念进一步扩展为优雅实用的优化搜索的方法。

本章直接扩展了第 2 章学到的内容,使用遗传算法解决更大型和更复杂的问题。在这个过程中,我们使用一个名为 Python 分布式进化算法(Distributed Evolutionary Algorithms in Python,DEAP)的进化计算工具包,使工作更加轻松。就像 Keras 或 PyTorch 等框架一样,DEAP 提供了几个工具和操作符,使编码更加简单。

3.1 DEAP 中的遗传算法

虽然可以继续使用纯 Python 编写所有需要的遗传算法代码,但本书的重点并不是构建一个进化计算框架。相反,在本节中,我们使用了成熟的 DEAP 进化计算框架。正如其名称所示,该框架帮助我们应用各种进化计算方法,包括遗传算法。

DEAP 于 2009 年发布,是一个全面且简化的框架,用于以各种形式处理进化计算算法。在本书中，它是构建 EDL 解决方案的主要工具。该框架提供了工具抽象，使其能够与各种进化算法兼容。

3.1.1 使用 DEAP 解决一维最大化问题

使用 DEAP 解决在第 2 章中使用纯 Python 和遗传算法已经解决过的问题，可能是了解 DEAP 的最佳方式。这使我们能够熟悉该框架及其使用的工具。在下面的练习中，使用 DEAP 构建一个解决一维最大化问题的求解器。

在 Google Colab 中打开 notebook 示例 EDL_3_1_OneMax_DEAP.ipynb，然后运行所有的代码单元格。如有需要，可以参考附录 A 获得帮助。

在第一个单元格中，使用以下 shell 命令安装 DEAP。! 前缀表示这是一个 shell 命令，而不是 Python 代码。我们使用 pip 安装 DEAP，使用--quiet 选项抑制冗长的输出：

```
! pip install deap --quiet
```

继续查看代码，看下一个代码单元格，展示了 DEAP 模块中的 creator 设置适应度标准和个体类的代码。creator 接受两个参数作为输入，第一个参数是名称，第二个参数是基类。正如代码清单 3-1 所示，这创建了一个模板：首先定义最大适应度，然后基于 numpy.ndarray 定义个体，与上一个例子类似。

代码清单 3-1　EDL_3_1_OneMax_DEAP.ipynb：creator 模块

```
creator.create("FitnessMax", base.Fitness,      ◀──  创建最大适应度类
    weights=(1.0,))

creator.create("Individual", numpy.ndarray,     ◀──  基于 ndarray 创建
    fitness=creator.FitnessMax)                        单个类
```

在接下来的单元格中，一个新的模块被用作构建 toolbox(工具箱)的基础。toolbox 是一个容器，包含超参数和选项，如遗传操作符。在代码中，首先构建一个 toolbox，然后注册基本的基因类型 attr_bool。接下来，使用 creator 和 attr_bool 基因类型以及 n=100 的大小注册个体。在最后一行，将种群注册为填充有 toolbox.individual 类型的列表(list)。这里的模式是先构建和注册基因类型的模板，然后是个体，最后是种群，如代码清单 3-2 所示。

代码清单 3-2　EDL_3_1_OneMax_DEAP.ipynb：toolbox

```
toolbox = base.Toolbox()     ◀──  从 base 创建 toolbox
                                                         定义基本基因值 0 或 1
toolbox.register("attr_bool", random.randint, 0, 1)  ◀──
```

```
toolbox.register("individual",
tools.initRepeat, creator.Individual, toolbox.attr_bool, n=100)
```

使用 attr_bool 作为基因模板，注册大小为 n=100 的个体基因序列

```
toolbox.register("population", tools.initRepeat,
    list, toolbox.individual)
```

注册一个类型为列表的个体群体，使用现有的个体

接下来，继续注册用于处理每一代的遗传操作符。首先是用于评估适应度的 evaluate 操作，并使用一个名为 evalOneMax 的自定义函数进行填充。接下来，添加用于交叉的遗传操作，称为 mate，并使用另一个名为 cxTwoPointCopy 的自定义函数。下一行设置了变异操作符，这次使用了预定义的 DEAP 工具函数 mutFlipBit。与之前一样，这个操作会翻转基因的位或逻辑。最后，选择操作符被注册为 select，这次使用了预先构建的 selTournament 操作符，代表锦标赛选择。锦标赛选择是一种随机配对的形式，通过比较适应度来评估和选择下一代的父代，如代码清单 3-3 所示。

代码清单 3-3　EDL_3_1_OneMax_DEAP.ipynb：基因运算符

```
toolbox.register("evaluate", evalOneMax)
```
注册用于评估适应度的函数

```
toolbox.register("mate", cxTwoPointCopy)
```
注册用于交叉计算的函数

```
toolbox.register("mutate", tools.mutFlipBit,
    indpb=0.05)
```
注册用于变异操作和变异率的函数

```
toolbox.register("select", tools.selTournament,
    tournsize=3)
```
注册选择方法

在这个练习中，使用了两个自定义函数和两个预定义函数作为遗传操作符。如果往上滚动 notebook，可以看到这两个自定义函数 evalOneMax 和 cxTwoPointCopy。evalOneMax 函数只有一行代码，返回基因的和，如前面所示。

向下滚动 notebook 到最后一个单元格，查看进化是如何运行的。首先，将 random.seed 设置为一个已知的值，以确保运行的一致性。然后使用 toolbox 创建种群。接下来，创建一个 HallOfFame 对象，用于跟踪最佳表现者的数量。在这个练习中，只对最佳表现者进行跟踪，由于个体是 NumPy 数组，因此需要重写排序的 similar 或 matching 算法，如代码清单 3-4 所示。

代码清单 3-4　EDL_3_1_OneMax_DEAP.ipynb：设置进化

```
random.seed(64)
pop = toolbox.population(n=300)
hof = tools.HallOfFame(1, similar=numpy.array_equal)
```
设置随机种子，以保持一致性

创建种群

设置要关注的最佳个体的数量

接下来的代码行创建了一个新的 Statistics 对象 stat，用于追踪种群适应度的进展情况。我们使用 register 函数添加描述性统计信息，传入相应的 NumPy 函数来评估统计量，如代码清单 3-5 所示。

代码清单 3-5　EDL_3_1_OneMax_DEAP.ipynb：设置进化(续)

```
stats = tools.Statistics(lambda ind: ind.fitness.values)
stats.register("avg", numpy.mean)
stats.register("std", numpy.std)
stats.register("min", numpy.min)
stats.register("max", numpy.max)
```

注册统计函数的名称和实现

创建一个统计对象来跟踪个体适应度

最后一行代码使用 algorithms 模块中一个名为 eaSimple 的现成函数进行进化。该函数的输入包括 pop、toolbox、halloffame 和 stats 对象，同时设置了交叉概率(cxpb)、变异概率(mutpb)和迭代的世代数(ngen)等超参数，如代码清单 3-6 所示。

代码清单 3-6　EDL_3_1_OneMax_DEAP.ipynb：进化

```
algorithms.eaSimple(pop, toolbox, cxpb=0.5, mutpb=0.2, ngen=40, stats=stats,
                    halloffame=hof,verbose=None)
```

当运行该练习时，可以看到统计数据的输出，显示了进化的进展情况。在这次的实验中，通过 40 代和 300 个个体的进化过程，应该看到遗传算法达到了最大适应度 100。与第一个例子相比,这次实验能够取得成功的原因在于选择了合适的遗传操作符。

在最后一个场景中，几乎所有东西都像 2.5 节中介绍的 notebook。那么为什么这个群体表现这么好呢？DEAP 就那么好吗？DEAP 并不是更好，但它确实为遗传操作符和其他设置提供了广泛的选择。上一个 notebook 和之前示例之间的关键区别在于使用了锦标赛选择(tournament selection)。

锦标赛选择通过随机选择个体进行"比赛"，并让它们参与多轮锦标赛。在每轮锦标赛结束时，具有更好适应度的个体被选为胜者。在锦标赛的最后，胜者被选为下一代的父代。

DEAP 提供了一个有用的遗传操作符库，我们可以轻松地使用其中的内容，如锦标赛选择等。在解决一些超出一维最大化范围的实际问题之后，将在后面详细介绍 DEAP 中的各种选项。

3.1.2　练习

下面的练习可以有助于加深对上述概念的理解。

(1) 通过修改代码清单 3-2 中的 toolbox 函数 creator.Individual，增加序列中基因的数量。重新运行整个 notebook 以查看结果。

(2) 增加或减少代码清单 3-4 中的种群大小,然后重新运行以查看结果。

(3) 修改代码清单 3-6 中的交叉率和突变率,然后重新运行。这对最终解的进化有什么影响?

现在我们已经了解了 DEAP 的基础,接下来就可以进入 3.2 节解决更有趣的问题。

3.2　解决"王后开局"问题

进化算法和遗传算法已被证明能成功解决设计和布局等许多复杂问题。这些形式的人工智能和机器学习方法在这类问题上表现出色,部分原因是它们采用了受控的随机搜索元素。这通常使得使用进化算法或遗传算法设计的系统能够超越我们的理解而进行创新。

在接下来的 notebook 中,将讨论一个经典的设计和布局问题:王后开局(Queen's Gambit)。这个问题使用一个典型的国际象棋或方格样式的棋盘,大小为 n,其中经典的象棋棋盘大小为 8,即 8 乘 8。目标是在棋盘上放置 n 个王后棋子,使得没有任何一颗棋子能够在不移动的情况下俘获另一颗棋子。

> **国际象棋和王后**
>
> 在国际象棋中,王后是最强大的棋子,可以在任何方向移动任何距离。通常,每个玩家只有一个王后,但有一个特殊规则允许玩家在任何时候将兵升变为王后,只要兵到达对手的底线。王后开局的前提是玩家已经升变了几个王后。然而,在实际的比赛中,这种情况很可能不会发生,因为玩家在国王被俘之后就会失败。

打开 notebook 示例 EDL_3_2_QueensGambit.ipynb 并运行所有单元格。如果需要打开 notebook 的帮助,请参考附录 A。

首先,我们想要查看将王后放置在国际象棋棋盘上的初始位置或随机位置。由于王后可以在任何方向和距离上移动,这个假设游戏的王后数量限制为棋盘的大小。在该例中,使用 8 个王后,并且代码清单 3-7 会绘制出王后的初始布局。

代码清单 3-7　EDL_3_2_QueensGambit.ipynb:绘制棋盘

```
chessboard = np.zeros((board_size,board_size))
chessboard[1::2,0::2] = 1
chessboard[0::2,1::2] = 1
```

设置 NumPy 数组中的棋盘元素 0 和 1

```
figure(figsize=(6, 6), dpi=80)                    设置图形的大小
plt.imshow(chessboard, cmap='binary')             使用二值彩色地图绘
                                                   制基本的棋盘网格
for _ in range(number_of_queens):
  i, j = np.random.randint(0, board_size, 2)       在棋盘上随机放
  plt.text(i, j, '♛', fontsize=30, ha='center', va='center',   置王后
    color='black' if (i - j) % 2 == 0 else 'white')
plt.show()                                         在棋盘上以文本的
                                                   形式绘制这个图标
```

图 3-1 展示了渲染后的棋盘以及王后棋子的移动方式的提示。注意，选中的棋子可以立即俘获其他几个棋子。记住，这个问题的目标是将棋子放置在棋盘上，使得没有任何一个棋子可以俘获另一个棋子。

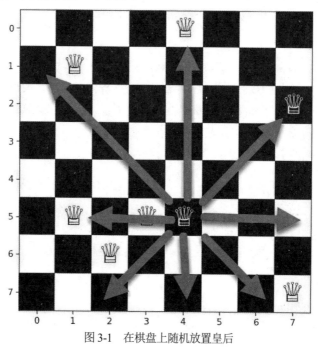

图 3-1　在棋盘上随机放置皇后

同样，这个 notebook 中的大部分代码与之前的练习类似。接下来，将重点介绍如何填充 toolbox，如代码清单 3-8 所示。注意，在这个练习中，使用了两个新的 toolbox 函数用于交叉和突变。在本节的最后，将提供更多关于这些 toolbox 遗传操作符的示例。了解这些操作符的另一个很好的资源是 DEAP 的文档，网址为 https://deap.readthedocs.io/en/master/api/tools.html。

代码清单 3-8　EDL_3_2_QueensGambit.ipynb：填充 toolbox

```
toolbox = base.Toolbox()
```

```
toolbox.register("permutation", random.sample,
                  range(number_of_queens),
              ➡ number_of_queens)
```
设置王后的数量和棋盘/个体的大小

```
toolbox.register("individual", tools.initIterate,
                  creator.Individual, toolbox.permutation)
toolbox.register("population", tools.initRepeat, list, toolbox.individual)

toolbox.register("evaluate", evalNQueens)
```
添加一个自定义的适应度函数 evalNQueens

```
toolbox.register("mate", tools.cxPartialyMatched)
```
使用 toolbox 函数进行配对/交叉操作

```
toolbox.register("mutate", tools.mutShuffleIndexes,
                 indpb=2.0/number_of_queens)
```
使用 toolbox 函数来应用突变

```
toolbox.register("select", tools.selTournament, tournsize=3)
```
将选择设定为 "锦标赛选择"

王后的适应度评估函数 evalNQueens 采用一种简化方法评估个体的适应度，而不是遍历每个位置的迭代。该函数假设每一行或每一列只能放置一个王后。因此，只需要评估王后是否呈对角线排列，这样可以简化适应度函数，如代码清单 3-9 所示。

代码清单 3-9　EDL_3_2_QueensGambit.ipynb：评估适应度

```
def evalNQueens(individual):
  for i in range(size):
    left_diagonal[i+individual[i]] += 1
    right_diagonal[size-1-i+individual[i]] += 1

  sum_ = 0
  for i in range(2*size-1):
    if left_diagonal[i] > 1:
      sum_ += left_diagonal[i] - 1
    if right_diagonal[i] > 1:
      sum_ += right_diagonal[i] - 1
  return sum_,
```
循环遍历棋盘并评估对角线上的放置情况

循环遍历放置情况并求非冲突数量的总和

返回不冲突数量的总和

在适应度评估函数之后，还有一个名为 eaSimple 的函数，它只是 DEAP 中标准的 algorithms.eaSimple 函数的副本。这个函数与上一个练习中使用的函数几乎完全相同，但是它去掉了很多冗长的日志记录，这样可以自定义输出表现最好的个体，并对提前停止进行测试。在代码清单 3-10 中，个体的适应度与最大适应度进行了比较。如果达到了最大适应度，进化过程将会提前停止。

代码清单 3-10　EDL_3_2_QueensGambit.ipynb：评估函数

```
for ind, fit in zip(invalid_ind, fitnesses):
  ind.fitness.values = fit
```
循环遍历个体并使用 zip 函数将其与适应度进行配对

```
if fit[0] >= max:
    print("Solved")
    done = True
```

测试个体的适应度是否达到
或超过最大适应度

如果达到最大适应度,打印
"Solved"并设置退出标志

在 notebook 的最后,可以看到种群是如何进化的。首先创建种群和一个 HallOfFame 容器来存储表现最好的个体。然后,注册各种统计数据,最后调用 eaSimple 函数进化种群。在代码清单 3-11 中,注意使用 max = number_of_queens 作为输入来控制提前停止或个体何时达到最大适应度。

代码清单 3-11   EDL_3_2_QueensGambit.ipynb:进化

```
random.seed(seed)

pop = toolbox.population(n=100)
hof = tools.HallOfFame(1)
stats = tools.Statistics(lambda ind: ind.fitness.values)
stats.register("Avg", np.mean)
stats.register("Std", np.std)
stats.register("Min", np.min)
stats.register("Max", np.max)

eaSimple(pop, toolbox, cxpb=0.5, mutpb=0.2, ngen=100, max = number_of_queens,
         stats=stats, halloffame=hof)
```

创建种群和最佳个体的(hall of fame)容器

注册用于监测种群的统计函数

调用进化函数来进化种群

最后,查看进化的输出,看看算法如何进化出一个解决方案。图 3-2 展示了之前设置的 seed 参数下的解决方案。从输出中可以看出,进化能够在 67 代提前停止,生成一个可行的解决方案。

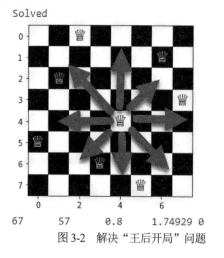

```
Solved
```

```
67        57        0.8        1.74929 0              9
```

图 3-2   解决"王后开局"问题

可以回顾解决方案,并自行确认每个王后都无法互相俘获。甚至可以返回并将 board_size 或 number_of_queens 增加到更大的值,如 16 或更多。这可能需要同时增加种群大小和进化的世代数。建议你现在就进行尝试,以获得更多使用遗传算法的经验。

练习

通过探索以下有趣的练习来提升你的知识水平。

1. 将代码清单 3-11 中的要进化的种群大小,更改更大的数值,然后重新运行。更大的种群规模对进化有什么影响?

2. 修改代码清单 3-11 中的交叉率和突变率,然后重新运行。你能在更少的世代内解决问题吗?

3. 增加或减小代码清单 3-8 中的选择锦标赛大小,然后重新运行。选择锦标赛大小对进化有什么影响?

"王后开局"是一个有趣的问题,3.3 节将继续探讨用进化计算解决的其他经典问题。

3.3　旅行商问题

进化算法和遗传算法在优化难以解决的数学问题方面也取得了成功,比如经典的旅行商问题(Traveling Salesman Problem,TSP)。在互联网出现之前,推销员需要亲自到各地旅行,以销售商品。这个问题的概念是解决推销员旅行的路线问题,以确保不重复访问同一位置,并优化其旅程的长度。

图 3-3 显示了一个旅行商问题的示例,该问题以 100×100 的地图格为背景。在图中,推销员已经优化了路线,因此只需要访问每个城市一次,然后在旅程结束时回家。

旅行商问题在数学上被认为是一个 NP(Nondeterministic Polynomial,非确定性多项式)难题,这意味着它无法在线性时间内进行计算。相反,这类问题的解决能力随着地点数量的增加呈指数增长。在图 3-3 中,推销员有 22 个目的地,包括家。

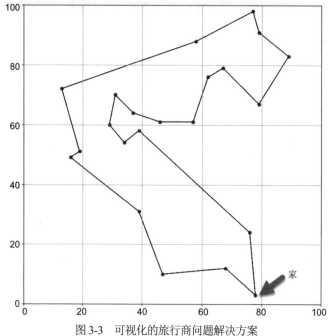

图 3-3 可视化的旅行商问题解决方案

计算和数学中的 NP 问题

在数学和计算领域，算法根据解决它们所需的时间或计算能力划分难度等级。我们将这类问题归类为 NP，其中 N 表示解决问题所需要的元素数量，P 表示解决问题所需要的时间。如果问题可以在线性时间内解决，即 N×P 呈线性增长，那么我们将其归类为 NP 简单问题。相反，NP 难题被定义为不能在线性时间内解决的问题，即需要指数时间。NP 难题解决方案的定义是 $N^2 \times P$ 或更高次指数，即随着元素数量的增加，问题的复杂度呈指数增长。

由于旅行商问题是 NP 难题，我们尚未找到一种能够在线性时间内解决该问题的数学解决方案。相反，许多用于解决旅行商问题的方法都是借鉴了过程和优化中的捷径的估计方法。这些经过精细调整的方法已被证明在处理成千上万个点的情况下能够成功解决问题。

使用大 O 符号，可以将旅行商问题表示为 $O(n^2 2^n)$，其中 n 表示计算答案所需的最大时间。对于每个新的目的地点，需要重新计算相应的子点。相比之下，计算 22 个目的地点需要最多 20 亿次计算，而计算 23 个目的地点需要 45 亿次计算。

为了将 22 个点的计算量放在一个合理的范围内，可以考虑如果每次计算需要 1ms 即 1/1000s 完成，那么 20 亿次计算将需要 23 天才能完成。随着目的地点数量的增加计算次数呈指数增长，这使得典型的编程解决方案变得不切实际。相反，像进化算法/

遗传算法这样的方法提供了寻找此类复杂问题解决方案的替代方案。

3.3.1　构建旅行商问题求解器

在下一个 notebook 中，使用 DEAP 构建一个解决方案来解决开放式旅行商问题。旅行商问题的封闭形式是指推销员被限制在一定的行驶距离或长度内。这意味着在这个问题中，推销员可以行驶任何距离到达所有目的地。

在 Google Colab 中打开 notebook 示例 EDL_3_3_TSP.ipynb，然后运行所有单元格。如果需要帮助，请参阅附录 A。

首先看一下推销员随机路径的初始化和可视化。首先定义一个目的地点的基本地图，它将保存推销员旅行路径的所有位置。接下来，将地图中的0和1值传递给plt.scatter函数，绘制目的地地图。然后，使用 plt.gca()获取当前的绘图，并为绘图边界添加限制，以便清晰地可视化整个目的地地图，如代码清单 3-12 所示。

代码清单 3-12　EDL_3_3_TSP.ipynb：设置地图

```
figure(num=None, figsize=(10, 10), dpi=80,          设置图形的大小和分辨率
    facecolor='w', edgecolor='k')

map = np.random.randint(min_bounds,max_bounds,     定义一个大小为 destinations
    size=(destinations,2))                          的随机 NumPy 点数组

plt.scatter(map[:,0], map[:,1])        在地图上绘出这些点
axes = plt.gca()
axes.set_xlim([min_bounds,max_bounds])
axes.set_ylim([min_bounds,max_bounds])    设定图的边界
plt.grid()
```

应用遗传算法时，种群中的每个个体都代表了目的地地图上的索引列表。该列表也代表了个体的基因序列，其中每个索引都是一个基因。由于我们的地图表示了一组随机点，因此可以假设起始个体按顺序访问这些点。通过使用代码清单 3-13 中的代码，可以从个体构建一个简单的路径。

代码清单 3-13　EDL_3_3_TSP.ipynb：创建一个路径

```
def linear_path(map):
  path = []
  for i,pt in enumerate(map):       列举地图上的点

      path.append(i)          将每个目的地附加到路径上
    return path

path = linear_path(map)        根据地图创建一个新的路径
```

接下来，我们希望找到一种方法来可视化这条路径，以便在进化过程中能够看到

路径的变化。draw_path 函数通过传入从上一步构建的路径进行操作。在函数内部，代码通过循环遍历路径中的索引，并使用 plt.arrow 函数连接这些"点对"，如代码清单 3-14 所示。在遍历路径列表中的索引后，绘制一条最终路径连接到起始点。图 3-4 显示了调用 draw_path 函数并传入我们在上一步构建的起始路径的输出结果。

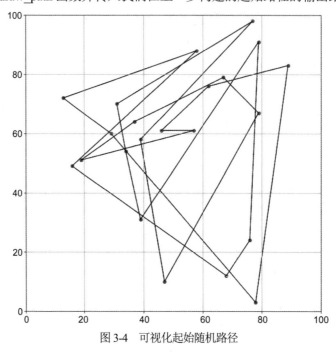

图 3-4　可视化起始随机路径

代码清单 3-14　EDL_3_3_TSP.ipynb：对路径进行可视化

```
def draw_path(path):
  figure(num=None, figsize=(10, 10), dpi=80, facecolor='w', edgecolor='k')
  prev_pt = None
  plt.scatter(map[:,0], map[:,1])          ◀──── 在地图上绘制目的地
  for I in path:
    pt = map[i]
    if prev_pt is not None:
      plt.arrow(pt[0],pt[1], prev_pt[0]-pt[0],
        ➥ prev_pt[1]-pt[1])  ◀─┐
    else:                        │  绘制点和点之间的箭头
      start_pt = pt              │
    prev_pt = pt       ◀─────────┘

  plt.arrow(pt[0],pt[1], start_pt[0]-pt[0],
  ➥ start_pt[1]-pt[1])          ◀──── 绘制指向起点的箭头
  axes = plt.gca()
  axes.set_xlim([min_bounds,max_bounds])
  axes.set_ylim([min_bounds,max_bounds])
```

```
plt.grid()
plt.show()

draw_path(path)          ◄──── 绘制整个路径
```

在 draw_path 函数的下方，可以看到 evaluate_path 函数，用于确定每条路径的适应度。在代码清单 3-15 中，该函数循环遍历路径中的点索引，并计算 L1(或欧几里得)距离。然后将所有这些距离相加得到总路径长度，这也对应于个体的适应度。

代码清单 3-15　EDL_3_3_TSP.ipynb：评估路径

```
def evaluate_path(path):
  prev_pt = None
  distance = 0
  for i in path:          ◄──── 循环遍历路径中的点索引
    pt = map[i]                       计算点与点之间的 L1 距离
    if prev_pt is not None:  ◄──────
      distance += math.sqrt((prev_pt[0]-pt[0]) ** 2 + (prev_pt[1]-pt[1]) ** 2)
    else:
      start_pt = pt
    prev_pt = pt
  distance += math.sqrt((start_pt[0]-pt[0]) ** 2 + (start_pt[1]-pt[1]) ** 2)
  return distance,        ◄──
                             返回距离的集合
evaluate_path(path)
```

从这里开始，将继续查看其他熟悉的代码，并了解如何设置 toolbox 以及如何构建个体。在该例中，我们构建一个染色体，其中的索引等于目的地的数量，用于保存目的地地图中的索引，如代码清单 3-16 所示。在这个练习中，每个个体表示地图上的一个索引路径。

代码清单 3-16　EDL_3_3_TSP.ipynb：填充 toolbox

```
toolbox = base.Toolbox()
                                            创建一个名为 "indices" 的基因类
toolbox.register("indices", random.sample,  型，其长度等于目的地的数量
         range(destinations), destinations) ◄──

toolbox.register("individual", tools.initIterate, ◄──
         creator.Individual, toolbox.indices)  使用 "indices" 基因类型
                                               创建一个个体
toolbox.register("population", tools.initRepeat,
         list, toolbox.individual) ◄──
                                    创建一个种群列表，
                                    用于保存个体
```

请跳转到底部的单元格，查看执行进化的代码。同样，这段代码与之前的练习类似，只是这次没有提供一个早停参数。这是因为计算最小路径距离的代价可能与计算距离的算法的代价一样或更高。相反，我们可以使用进化的输出来确定进化的结果是

否达到解决方案的要求，如代码清单 3-17 所示。

代码清单 3-17　EDL_3_3_TSP.ipynb：进化

```
pop = toolbox.population(n=300)

hof = tools.HallOfFame(1)

stats = tools.Statistics(lambda ind: ind.fitness.values)
stats.register("avg", np.mean)
stats.register("std", np.std)
stats.register("min", np.min)
stats.register("max", np.max)                        使用硬编码的超参数
                                                     调用进化函数
eaSimple(pop, toolbox, 0.7, 0.3, 200, stats=stats, halloffame=hof)
```

图 3-5 展示了一个包含 22 个目的地点问题的解决方案。评估解决方案是否正确的一个简单方法是注意到所有连接的点不会相交，并且基本上形成一个闭环。

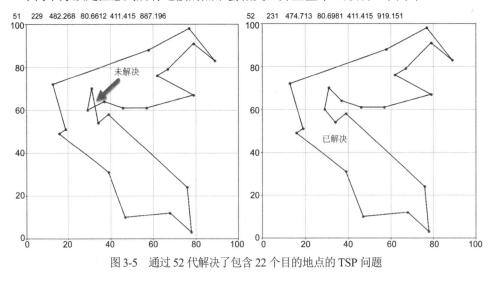

图 3-5　通过 52 代解决了包含 22 个目的地点的 TSP 问题

在大多数情况下，对于 22 个目的地点的情况，这个练习通常在 200 代以内完成。尽管我们设置了 random.seed，但是目的地图及最终解的路径仍然可能出现不同的变化。如果你发现 notebook 无法在 200 代内解决问题，可以减少目的地点的数量或增加迭代的世代数量。

3.3.2　练习

通过这些练习，可以进一步探索 notebook 中的概念。

(1) 增加或减少推销员需要访问的目的地数量，然后在每次更改后重新运行。你能为多少个目的地创建解决方案？

(2) 调整种群、交叉率和变异率，然后重新运行 notebook。

(3) 改变用于进化的选择函数的类型或参数。

现在，通过几个有趣的例子，在 3.4 节中深入探讨选择各种遗传操作符的更多细节。

3.4 改进进化的遗传操作符选择

进化计算与其他人工智能或机器学习领域一样，提供了许多超参数和选项用于问题的调优。进化算法和遗传算法当然也不例外，正如我们已经看到的，它们提供了各种超参数和遗传操作选项。在本节中，将探索并试图更深入地了解这些选项。

DEAP 提供了几种遗传操作符选项，通过查阅进化工具的文档，在许多情况下可以很容易地进行替换。其他操作符可能需要特殊的基因或个体类型，比如在前两个练习中使用的 mutShuffleIndexes 操作符；还有一些可能根据需求和判断进行自定义，这将提供无限的可能性。

提示 DEAP 提供了一份出色的文档资源，详细介绍了在本节以及其他内容中涉及的遗传操作符。关于进化工具和遗传操作符的文档可以在以下网页找到：https://deap.readthedocs.io/en/master/api/tools.html。

当然，将合适的遗传操作符应用于进化器需要了解这些工具的作用和运行方式。在下一个练习中，我们将回顾一些最常见的操作符，并观察它们如何修改目标种群的进化过程。我们使用了 3.3 节探索过的旅行商问题的简化版本，以查看使用不同遗传操作符的效果。

在 Google Colab 中打开 notebook 示例 EDL_3_4_TSP_Operators.ipynb，并运行所有单元格。如果需要帮助，参考附录 A。本练习大部分代码都是从上一个练习中借用的，并进行了一些额外的可视化注释。

这个 notebook 使用了 Colab 表单，通过友好的用户界面来修改各种选项和超参数。请跳转到标题为 Selecting the Genetic Operators 的单元格，如图 3-6 所示。

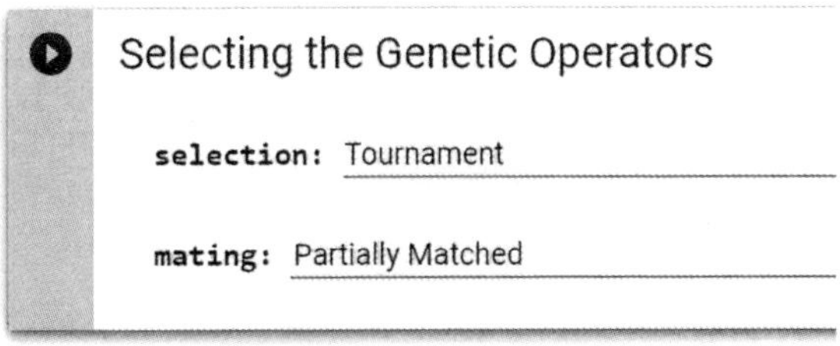

图 3-6 谷歌 Colab 生成了选择遗传操作符的接口

下面从测试选择遗传操作符的变化开始。这个 notebook 提供了多种选择操作符的选项，我们可以选择其中一种并测试交叉操作(crossover)和选择操作(selection)。替换突变(mutation)操作符不是一个选项，因为我们使用的是一种专门的突变形式，即交换索引。选择一个选择(selection)操作符，然后从菜单中选择 Runtime | Run After 命令以应用更改并重新运行 notebook 中的其余单元格。下面列出了每个操作符及其操作的简要描述。

- 锦标赛(Tournament)：这个运算符通过进行 *n* 次重复的"锦标赛选择"进行选择。初始的锦标赛是随机选择的，而获胜者将进入下一个锦标赛。这个操作符能够很好地优化最优个体，同时保持一定的多样性。

- 随机(Random)：这个操作符通过从种群中随机选择父代来进行选择。如果发现种群迅速特化(专门化)或者在局部最大/最小值处停滞不前,使用该操作符是不错的选择。对于像旅行商问题这样的问题，这个操作符可能是有效的，具体取决于选择的交叉操作符和突变操作符。

- 最佳(Best)：这个操作符选择表现最好的个体作为父代。正如在第一个示例中所看到的，使用精英选择或最佳选择，可以快速找到解决方案，但从长远来看效果不佳。这是因为物种没有保持足够的多样性来克服难以逾越的障碍点。

- 最差(Worst)：与最佳操作符相反，这个操作符选择表现最差的个体作为父代。使用最差的个体作为父代的好处是完全避免了个体的特化。这在种群出现特化并陷入错误解决方案时非常有效。

- NSGA2：这个操作符基于 Deb 等人的论文"A Fast Elitist Non-dominated Sorting Genetic Algorithm for Multi-objective Optimization: NSGA-II"(2002 年，Springer)。它是一个算法/操作符，在长期保持适应度优化的同时，在保持物种多样性方面表现良好。使用这个算法会导致种群倾向于保持在一个正态分布内，这使它在长期进化的问题上非常有用。

- SPEA2：这个操作符源自 Zitzler 等人的论文"SPEA 2: Improving the Strength Pareto Evolutionary Algorithm"(2001 年，苏黎世联邦理工学院，计算机工程和网络实验室)。它试图通过在最大/最小适应度附近保持种群的 Pareto 前沿分布，产生一个近似 U 形的分布。对于需要长期进化的问题，这是一个很好的操作符，因为它维持了平衡的多样性，避免了陷入局部最优解。

确保将种群设置为 1000，将世代数设置为 15，以便完整地观察选择操作符的效果。在尝试每个选择操作符时，特别注意最后一个执行进化的单元格生成的输出。在图 3-7 中显示的直方图输出中，锦标赛选择操作符形成了适应度的 Pareto 分布，而其他方法倾向于存在多样化的适应度。记住，更大的多样性有利于更长周期的进化，并且通常能够更好地处理陷入局部最优解的情况。然而，与此同时，更大的多样性需要更多的世代数才能进化到最佳适应度。

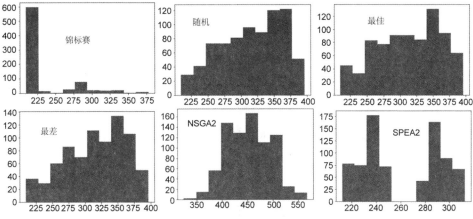

图 3-7 不同的选择操作符对物种多样性的影响

可以随意探索各种选择操作符，并确保更改目的地数量、世代数及种群大小。注意较大和较小的种群对选择的影响。在探索选择操作符后，可以继续更改交叉操作符，如图 3-7 所示。有几种类型的交叉操作符可以提供更高效的解决方案。应用交叉操作符时，由于不匹配或错位的序列，生成的后代通常表现效果较差。不是所有情况下都需要在序列中将基因对齐，但在本练习中，需要对齐。以下是本示例 notebook 中使用的交叉操作符及其对进化的影响。

- 部分匹配(Partially matched)：该方法通过匹配索引类型基因的序列，并在序列上执行交叉操作起作用。对于其他基因类型，它可能效果不佳或与预期不符。通过保留索引序列，该交叉操作更能保留后代的优秀部分，而其他操作符可能会破坏路径或重要的进化序列。

- 均匀部分匹配(Uniform partially matched)：该方法与部分匹配操作符类似，不同之处在于它尝试在父代交叉中保持序列的平衡和均匀交换。该方法的好处是长期内更强有力地保持序列，但可能会使初始进化变得困难。

- 有序(Ordered)：该交叉操作符执行索引序列的有序交换。这样做可以保持顺序，但允许序列在实际上进行旋转。对于可能在序列操作上陷入困境的种群，比如旅行商问题，这是一个很好的操作符。

- 单点/双点(One point/Two points)：与本节前面介绍的第一个交叉操作符类似，单点交叉选择一个点将父代的基因序列切分并结合在一起。在这个概念的基础上，双点交叉执行相同的操作，但使用两个点来切分基因序列。这些是很好的通用方法，但在处理索引序列(如旅行商问题)时不可用。

为了了解改变交叉操作符的效果，需要引入一种新的绘图方式，称为家族图谱 (genealogy plot)，如图 3-8 所示。在该图中，每个圆圈代表一个世代，如果该世代产生了优秀的后代，则会连接到下一个世代。家族图谱有助于确认交叉操作符是否产生了具有生存能力和适应性的后代。好的图表显示了从适应性较低的后代到适应性较高的后代的流动。实际上，箭头和连接越多越好，这表示进化过程的进展，其中每个从一个节点到另一个节点的箭头代表了一个连接的步骤，或者在进化命名中称为亚种。家族图谱显示较少连接或没有连接的情况表示你的交叉操作符没有产生具有生存能力的后代。在此图中孤立的点表示可能具有良好适应性但没有产生具有生存能力的后代的随机后代。

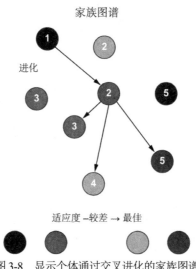

图 3-8　显示个体通过交叉进化的家族图谱

将目的地数量增加到 10，并将种群数量和迭代的世代数减少到 5。在演化过程中生成家族图谱非常耗费资源，并且对于较大的种群很难阅读，因此这个 notebook 将家族图谱的渲染限制在小于 10 的种群中。在完成这些操作后，更改各种交叉操作符，然后从菜单中选择 Run | Run All 命令重新运行整个 notebook。

图 3-9 展示了这个 notebook 支持的三种不同交叉操作符的家族图谱示例。从图中可以看出，对于该例来说，部分匹配操作符似乎是最好的选择。正如图中所示，第一个操作符能够成功产生适应性更强的后代，而均匀部分匹配操作符可以产生后代，但适应度的提升不太显著。为了更清楚地看到差异，确保运行 notebook 并自己进行可视化。

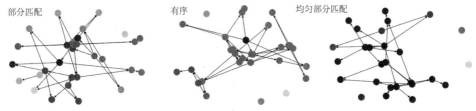

图 3-9 交叉操作符的家族图谱比较

完成这个练习后，你现在应该对使用不同的遗传操作符进行交叉和选择有了一定的了解。在以后的章节中，开始应用 EDL 时，将看到各种突变操作符的不同实现方式。

练习

通过如下练习，复习 notebook 中的内容。

(1) 修改图 3-6 的 Colab 表单中的选择操作符或交叉操作符。尝试每个操作符，看看哪个最适合这个问题。

(2) 看看改变操作符和超参数(种群、交叉和突变率)对家族图谱有什么影响。

(3) 重新打开 Notebook 文件 EDL_3_2_QueensGambit.ipynb，并更改选择操作符或交叉操作符，看看对进化的影响如何。

在前面的示例的基础上，看一下 3.5 节的另一个示例。

3.5 使用 EvoLisa 进行绘画

2008 年，Roger Johansson 展示了如何使用遗传算法通过一组多边形绘制蒙娜丽莎。图 3-10 展示了实验在进化后期取得的出色成果。从图像集来看，这些结果经过了近百万代的进化才得以呈现。

EvoLisa 是一种生成建模的示例，其中算法的目标是模拟或复制某个过程的输出。近年来，随着生成对抗网络(Generative Adversarial Network，GAN)中生成深度学习(Generative Deep Learning，GDL)的出现，生成建模蓬勃发展。从第 8 章开始，我们将更深入地研究生成建模和生成对抗网络，并探讨如何通过进化深度学习进一步改进这些技术。

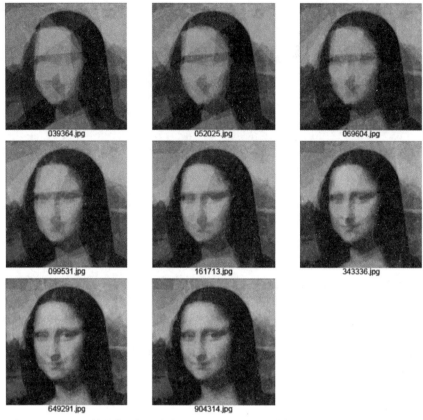

图 3-10　EvoLisa 输出的示例，来自 Roger Johansson 的博客(https://rogerjohansson.blog/)

　　DEAP 使得复制 EvoLisa 项目变得非常简单，但是我们需要以一种更复杂和结构化的方式来思考简单基因序列。之前，一个基因是列表中的一个单独元素，现在我们需要将一个基因视为列表中的一个子集或一组元素。每个子集或基因定义了一个绘图多边形，一个个体具有多个用于在画布上绘制的多边形的基因。

　　现在开始下一个项目：使用 DEAP 和遗传算法构建 EvoLisa。正如图 3-10 所示，要获得良好的结果可能需要相当长的时间。虽然我们可能不想复制那些结果，但是回顾创建复杂基因的过程对于后续章节和你可能参与的其他项目都是有益的。在浏览器中打开 EDL_3_5_EvoLisa.ipynb。如果需要进一步帮助，参考附录 A。

　　我们首先需要了解如何将一系列数字转换为表示绘图多边形或画笔的基因。图 3-11 概述了如何从序列中提取一组属性，并将其转换为绘画画笔。其中，前六个元素表示简单多边形的三个点。接下来的三个元素表示颜色，最后一个元素表示透明度。通过引入透明度，允许一个画笔覆盖其他画笔，从而产生更复杂的特征。

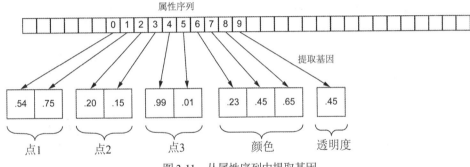

图 3-11　从属性序列中提取基因

在之前的场景中，遗传序列中的每个属性表示一个基因。现在，一组属性构成了一个代表绘画画笔的单个基因。代码清单 3-18 接受一系列属性(基因)并按照基因长度进行拆分。此示例是使用多边形作为绘画画笔，但是额外的注释代码演示了如何使用其他画笔，如圆形或矩形。

代码清单 3-18　EDL_3_5_EvoLisa.ipynb：提取基因

```
def extract_genes(genes, length):          从属性序列中提取并
  for i in range(0, len(genes), length):   产生单个基因
  yield genes[i:i + length]
```

在同一代码块中，可以看到绘制每个基因的渲染代码。这是复杂的代码，我们将其拆分为两个代码段。第一个部分展示了绘画画布的构建以及循环遍历基因的提取，如代码清单 3-19 所示。

代码清单 3-19　EDL_3_5_EvoLisa.ipynb：渲染基因

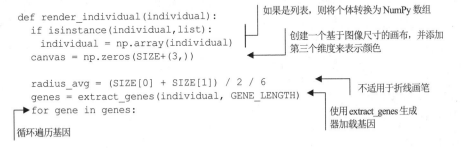

```
def render_individual(individual):          如果是列表，则将个体转换为 NumPy 数组
  if isinstance(individual,list):
    individual = np.array(individual)        创建一个基于图像尺寸的画布，并添加
  canvas = np.zeros(SIZE+(3,))               第三个维度来表示颜色

  radius_avg = (SIZE[0] + SIZE[1]) / 2 / 6   不适用于折线画笔
  genes = extract_genes(individual, GENE_LENGTH)
  for gene in genes:                         使用 extract_genes 生成
                                             器加载基因
循环遍历基因
```

代码清单 3-20 展示了如何根据提取相关基因属性来定义每个画笔，其中前六个值表示使用 cv2.fillPoly 函数绘制多边形的三个点或坐标。然后，提取的 alpha 值使用 cv2.addWeighted 函数将画笔(覆盖)混合到画布上。最后，在绘制完所有基因画笔之后，该函数返回最终的画布以进行评估。

代码清单 3-20　EDL_3_5_EvoLisa.ipynb：渲染基因

```
try:
    overlay = canvas.copy()          ◄──── 复制基础图像和 NumPy 数组
    # polyline brush uses GENE_LENGTH = 10
    # pts = (0, 1), (2, 3), (4, 5) [6]
    # color = (6, 7, 8) [9]
    # alpha = (9) [10]
    x1 = int(gene[0] * SIZE[0])
    x2 = int(gene[2] * SIZE[0])
    x3 = int(gene[4] * SIZE[0])      提取并将值缩放为
    y1 = int(gene[1] * SIZE[1])      整数以进行绘制
    y2 = int(gene[3] * SIZE[1])
    y3 = int(gene[5] * SIZE[1])
    color = (gene[6:-1] * 255).astype(int).tolist()  ◄── 从下一个点中
    pts = np.array([[x1,y1],[x2,y2],[x3,y3]])            提取颜色

    cv2.fillPoly(overlay, [pts], color)   ◄──── 绘制多边形
    alpha = gene[-1]
    canvas = cv2.addWeighted(overlay, alpha,   提取操作符 alpha 值
⮑       canvas, 1 - alpha, 0)  ◄───
except:                          使用 alpha 透明度将
    pass                         叠加层与画布合并
return canvas    在异常处理中包裹所有内
                 容，以防万一发生错误
```

图 3-12 展示了使用 render_individual 函数渲染随机个体的结果。通过在菜单中选择 Runtime | Run All 命令，可以生成此图像。现在就运行所有的 notebook 代码，因为这个 notebook 需要相当长的时间才能完整运行。

(100,100,3)　　　目标图像：100x100的EvoLisa　　　　　　　样本渲染图像：随机个体

图 3-12　目标图像和来自随机个体的渲染图像

在这个演示中，使用了蒙娜丽莎的经典图片。然而，如果你回到 notebook 的顶部，

可以看到其他选项来加载各种不同的图片，从停止标志到名人的照片，如德恩·"岩石"·约翰逊。如果你想使用不同的图片，在下拉菜单中选择，然后重新运行 notebook。

我们可以通过均方差(MSE)，使用一个简单的像素逐点比较来评估函数的适应度，比较两个 NumPy 数组之间的颜色值。代码清单 3-21 中的函数计算渲染图像和原始图像之间的 MSE，并将该误差作为个体的适应度得分返回。记住，EvoLisa 示例的目标是将此误差最小化。

代码清单 3-21　EDL_3_5_EvoLisa.ipynb：适应度函数和评估函数

```
def fitness_mse(render):
    error = (np.square(render - target)).mean(axis=None)    ◄── 计算渲染图像与
    return error                                                目标图像之间的
                                                                MSE 误差
                                            渲染图像
def evaluate(individual):
    render = render_individual(individual)  ◄──
    print('.', end='')
    return fitness_mse(render),    ◄── 每次评估都打印一个点，模拟
                                       一个简单的进度条
将 MSE 作为个体的适应度返回
```

最后，需要看的是遗传操作符的设置，如代码清单 3-22 所示。这里只有一些新的内容。我们定义了一个均匀函数，用于从由下界和上界定义的均匀分布中生成浮点属性。该函数注册为 attr_float 操作符，并在注册 creator.Individual 操作符时使用。最后，可以看到评估函数被注册为 evaluate 操作符。

代码清单 3-22　EDL_3_5_EvoLisa.ipynb：设置遗传算法操作符

```
def uniform(low, up, size=None):    ◄──  uniform 函数用于生成个体
try:
    return [random.uniform(a, b) for a, b in zip(low, up)]
except TypeError:
    return [random.uniform(a, b) for a, b in zip([low] * size, [up] * size)]

                                                    注册一个 attr_float 操
toolbox = base.Toolbox()                            作符，用于个体的创建
toolbox.register("attr_float", uniform, 0, 1, NUM_GENES) ◄──
toolbox.register("individual", tools.initIterate, creator.Individual,
    toolbox.attr_float)
toolbox.register("population", tools.initRepeat, list, toolbox.individual)

toolbox.register("mutate", tools.mutGaussian, mu=0.0, sigma=1, indpb=.05)
toolbox.register("evaluate", evaluate)    ◄──
注册一个用 attr_float                       注册评估函数
操作符创建的个体
```

图 3-13 展示了使用矩形刷和折线刷在约 5000 个迭代中运行此示例的结果。实现圆形或矩形刷的代码已注释掉，如果你对此感兴趣，可以使用这些注释掉的代码。

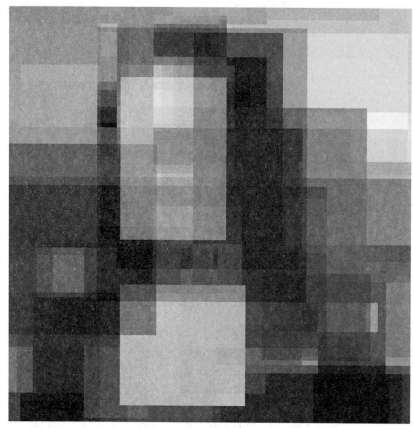

Gen (4828) : fitness = 972.099264861376　　　　矩形刷(画笔)

图 3-13　在 EvoLisa 示例中，使用不同的笔刷格式(矩形和多边形填充)

请确保返回并使用本示例中提供的 Colab 表单选项更改设置，然后重新运行 EvoLisa 示例。你能否改善 EvoLisa 复制图像的速度？还要尝试调整 EvoLisa 使用的多边形(笔刷/基因)的数量。

EvoLisa 是十多年前基于遗传算法的生成建模的一个很好的示例。自那时以来，生成对抗网络的出现展示了更优秀的结果。然而，EvoLisa 展示了如何编码和演化一组基因或指令，这可以定义一个更复杂的过程。尽管应用看起来相似，但 EvoLisa 的底层机制展示了一种不同的优化形式。

练习

以本节讨论的概念为基础，完成下列练习。

(1) 切换到不同的图像，看看进化如何复制原始图像。你甚至可能想添加自己的图像。

(2) 增加或减少用于渲染图像的基因和多边形的数量，然后看看有什么效果。

(3) 修改突变、交叉和种群参数，观察它们对进化的影响。你能否减少迭代的世代数，以更好地接近所选择的图像？

(4) 尽力制作出最好的仿制品。请随时联系本书作者，展示你的杰作。

读完本章，我们已经了解了进化计算的基础知识和遗传算法的内部工作原理。

3.6　本章小结

- DEAP(分布式进化算法 Python 库)是一个优秀的工具，集成了各种进化算法，包括遗传算法。遗传算法的超参数，如种群大小、迭代的世代(generation)数、交叉率和变异率，可以根据具体问题进行调整。DEAP 可以使用基本的构建模块快速配置和设置，用于解决各种问题。
  - 创建者(creator)：这部分定义了个体(individual)的结构。
  - 工具箱(toolbox)：这部分定义了一组辅助函数，并提供了定义遗传操作符和操作的位置。
  - 名人堂(hall of fame)：这部分追踪并记录最成功的个体。
  - 统计信息(Statistics)：这些统计指标可以用来衡量种群的成功程度。
  - 历史对象(Historical objects)：这些提供了跟踪自定义或其他外部操作的能力。
- "王后开局"是一个可以使用 DEAP 的遗传算法来解决的模拟国际象棋问题。
- 旅行商问题是一个经典的复杂路径组织问题，可以使用 DEAP 的遗传算法解决。
- 使用直方图来可视化适应度的物种多样性，可以识别可能停滞的进化种群。
- 可以通过阅读家族图谱来确定交叉操作在进化过程中的效果如何。家族图谱提供了关于不同选择遗传操作对种群进化的评估和性能的见解。可以使用家族图谱来评估特定交叉操作的表现效果。
- 一个个体的模拟遗传代码可以表示一个过程或操作的顺序。它们甚至可以实现一个复杂的遗传结构来表示一系列用于复制图像的复杂操作的顺序。

## 第4章

使用 DEAP 进行更多的进化计算

本章主要内容

- 利用 DEAP 中的遗传编程技术，开发回归求解器
- 应用粒子群优化算法求解复杂函数中的未知数
- 将问题分解为多个组件并进化出解决方案
- 理解和应用进化策略来近似解决方案
- 使用可微进化来近似连续解和不连续解

在第 3 章中，只是初步介绍了进化计算的概况，通过介绍遗传算法建立一些基础。从遗传算法开始介绍，为本章继续发展奠定了基础。我们还通过探索其他进化搜索方法解决更专业、更复杂的问题，继续进化旅程。本章将研究其他形式的进化搜索，以解决更广泛的问题。

进化算法有各种形式，每种形式都有不同的优势和局限性。了解其他可用的选项可以加强我们对何时应用哪种算法的理解。正如本章所展示的，"条条大路通罗马"。

4.1 基于 DEAP 的遗传编程

我们已经广泛使用 DEAP 开发了许多问题的遗传算法解决方案。在接下来的 notebook 中，将继续使用 DEAP 来探索遗传编程这个进化计算/遗传算法的子集。遗传编程遵循与遗传算法的相同原则，并使用许多相同的遗传操作符。遗传算法和遗传编程之间的关键区别在于基因或染色体的结构以及如何评估适应度。遗传编程和基因表达式编程(GEP)可用于解决各种自动化和控制问题，本书后面会讨论。

本节开发的 Notebook 演示了遗传编程在解决回归问题中的一个应用。基因表达式编程还可以应用于其他问题,从优化到搜索。然而,演示回归与我们的目的最相关,因为它可以与如何用深度学习解决相同的问题相媲美。

在这个 notebook 中,使用基因表达式编程导出一个解方程,从而解决一个多变量回归的问题。目标是通过给定多个输入值,使这个方程能够成功地进行回归或预测输出值。该例只是将随机输入值预先提供给目标方程,以验证结果的有效性。然而,这种方法可以并且已经被用于执行回归,类似于在深度学习中使用的方式。

4.1.1　用遗传编程解决回归问题

你可以通过在 Google Colab 中打开 EDL_4_1_GP_Regression.ipynb 这个 notebook 示例开始练习。如果在打开文件时需要帮助,查阅附录 A。可能会感觉这个练习类似于第 3 章中的 DEAP 练习。为了方便使用,选择 Runtime | Run All 命令运行 notebook 中的所有单元格。

可以跳过前面几个用于设置和导入的代码单元格,专注于代码清单 4-1 中显示的第一部分新代码。这段代码实际上定义了一组特殊的基因,可以用个体来表示。在这段代码中,可以看到三种不同类型的基因的定义:操作符、常数和输入参数。为了理解这段代码,先回顾遗传编程的工作原理。

代码清单 4-1　EDL_4_1_GP_Regression.ipynb:设置表达式

```
pset = gp.PrimitiveSet("MAIN", 4)          ◀────  从创建和命名原始集合开始

pset.addPrimitive(np.add, 2, name="vadd")    ◀────  将操作符添加到集合中
pset.addPrimitive(np.subtract, 2, name="vsub")
pset.addPrimitive(np.multiply, 2, name="vmul")
pset.addPrimitive(protectedDiv, 2)
pset.addPrimitive(np.negative, 1, name="vneg")

pset.addPrimitive(np.cos, 1, name="vcos")
pset.addPrimitive(np.sin, 1, name="vsin")

pset.addEphemeralConstant("rand101", lambda:
➥   random.randint(-1,1))                  ◀────  向集合中添加临时常量

pset.renameArguments(ARG0='x1')              ◀────  添加变量输入
pset.renameArguments(ARG1='x2')
pset.renameArguments(ARG2='x3')
pset.renameArguments(ARG3='x4')
```

遗传编程使我们能够在解决问题的类型和解决方法上更加专业。通过遗传编程,不仅仅是寻找新颖的解决方案,而是开发数学函数或编程代码,用于推导这些解决方案。其中的好处是这些函数可以被重复使用或用于更好地理解特定问题。

在基因表达式编程中，每个基因代表一个操作符、常量或输入，整个染色体或基因序列代表一个表达式树，其中操作符可以表示简单的加法或减法，也可以表示复杂的程序化函数。常量和输入/参数则表示单个标量值或更复杂的数组和张量。

图 4-1 展示了一个可能被遗传编程使用的个体的基因序列。在该图中，可以看到操作符和输入/常量的顺序形成了一个表达式树，该表达式树可以形成一个方程，使用数学规则对其进行评估。方程的输出可以与某个目标值进行比较，以确定个体的误差或适应度。

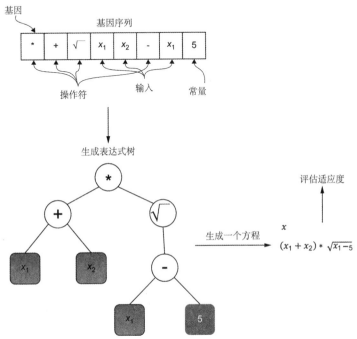

图 4-1 遗传编程个体转化为表达式树、方程和适应度的示例

图 4-1 中显示的基因序列展示了操作符、输入/参数和常量的顺序如何形成一个不均匀的叶节点表达式树。查看基因序列，可以看到第一个操作符是*，对应于树的根节点。其下面的两个基因扩展到一级节点，分别代表+和 √ 操作符。序列中的下两个基因对应于+节点。接下来，−操作符连接到 √ 节点上，最后，最后几个基因对应于底部节点。

每个节点形成的子节点数量取决于操作符的顺序。操作符的顺序可以是一元、二元、三元或 n 元。为了简单起见，在该例中，我们使用二元操作符*、−和+，以及一元操作符 √ 。输入和常量没有顺序，并且始终表示表达式树中的叶节点。

通过表达式树，可以计算方程并得到一个代表目标输出的结果。这个目标输出与期望值进行比较(以监督学习的形式)，差异表示误差或者在这种情况下表示适应度。在这个问题中，目标是将适应度或误差减少到最小值。

可以从 notebook 中查看的最后一个代码块向下滚动，并跳过生成创建器(creator)的单元格，直到到达工具箱(toolbox)设置的开头。创建工具箱之后，下一行设置了表达式树评估器。在这个例子中，使用一个现成的表达式树生成器，称为 genHalfAndHalf，它有 50% 的概率使用其两种不同形式的树之一，如代码清单 4-2 所示。

代码清单 4-2　EDL_4_1_GP_Regression.ipynb：设置工具箱

```
toolbox = base.Toolbox()
toolbox.register("expr", gp.genHalfAndHalf,            定义了表达式生成的
  pset=pset, min_=1, max_=2)                           类型

toolbox.register("individual", tools.initIterate, creator.Individual,
  toolbox.expr)
toolbox.register("population", tools.initRepeat, list, toolbox.individual)
toolbox.register("compile", gp.compile, pset=pset)
```

使用原始集合定义，
创建一个编译函数

在表达式树生成中，可以假设树是根据两条基本规则生成的。其中一条规则是假设树中所有的叶节点在同一层级，或者是均匀的。另一条规则是假设叶节点可以是不均匀的。图 4-1 中显示的例子就是一个不均匀叶节点表达式树的示例。代码清单 4-2 使用 genHalfAndHalf 函数来允许生成这两种形式的树。

接下来，将看一下如何使用几行代码和 NumPy 随机生成示例输入值，如代码清单 4-3 所示。使用 NumPy 的随机 rand 函数生成 x 输入，shape 设置为 4、10000，表示 10 000 行中，每行有四个输入。然后，使用一个临时方程计算目标 y 值，解决方案稍后应该复制这个方程。

代码清单 4-3　EDL_4_1_GP_Regression.ipynb：生成数据

```
x = np.random.rand(4, 10000)          ←── 创建一个 4×10000 的随机张量
y = (x[3] + x[0]) / x[2] * x[1]  ←┐
                                 └── 使用定义的方程式来评估目标值
```

遗传编程进化的目标是重新创建在代码清单 4-3 中使用的方程，从而计算目标值。在该例中使用了随机数据，但是你当然可以将相同的原理应用于由输入特征 x 和目标输出 y 定义的结构化数据，从而解决其他形式的回归问题。

在继续之前，先回到之前的一个代码单元，如代码清单 4-4 所示。我们可以看到一个函数的定义，名为 protected Div，它替代了通常使用的除法操作符。我们这样做是为了避免在使用 NumPy 时可能遇到的除以零错误。参考代码清单 4-1，查看如何使用这个函数来定义表达式原始集合中的除法操作符。

代码清单 4-4　EDL_4_1_GP_Regression.ipynb：protected Div 函数

```
def protectedDiv(left, right):
 with np.errstate(divide='ignore',invalid='ignore'):    ← 一个防止被零除的包装器
   x = np.divide(left, right)
   if isinstance(x, np.ndarray):
     x[np.isinf(x)] = 1
     x[np.isnan(x)] = 1
   elif np.isinf(x) or np.isnan(x):
     x = 1
 return x
```

从这里开始，继续查看适应度函数，在该例中称为 evalSymbReg，用于评估编译表达式与每个输入值之间的误差差异。注意，在代码清单 4-5 中，NumPy 允许一次性处理全部 10 000 个样本行数据，以输出总误差或差异。

代码清单 4-5　EDL_4_1_GP_Regression.ipynb：评估适应度

```
                                         将表达式编译为树
def evalSymbReg(individual):
  func = toolbox.compile(expr=individual)  ←
  diff = np.sum((func(x[0],x[1],x[2],x[3]) - y)**2)  ←  计算编译表达式 func 与数值
  return diff,    ←                                      之间的差异，并将其平方
           将差异或误差作为
           个体适应度返回
```

代码的其余部分与第 3 章的练习非常相似，所以在这里不再赘述。图 4-2 显示了在一个进化过程中找到的误差或适应度最小值小于 1 的输出表达式树。这个表达式树图是使用 network 创建的，如代码清单 4-6 中的 plot_expression 函数所定义的。当评估这个表达式树时，可以看到生成的方程和结果代码与用于计算 y 的原始函数相匹配，如代码清单 4-3 所示。你还可能注意到，表达式树引入了另一个受保护的除法操作符，这导致最后一项与实际方程式相反。从数学上讲，求解后的输出表达式树与用于生成 y 的原始方程相匹配。

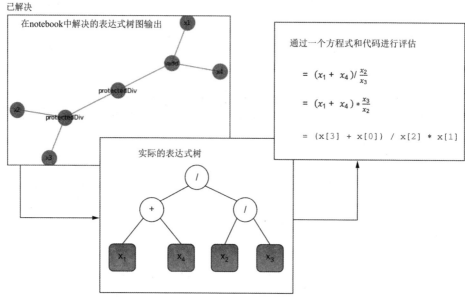

图4-2 作为求解后的表达式树图，它评估为方程和代码

代码清单 4-6 展示了如何使用 plot_expression 函数绘制表达树。与第 3 章的练习一样，继续输出适应度最好的个体或顶级个体。在我们的例子中，我们希望适应度最小化或接近 0。使用 plot_expression 函数绘制的表达式树使用了 Fruchterman-Reingold 力导向算法来定位节点。networkx 提供了多种位置算法或布局，但在大多数情况下 spring 布局效果较好。

代码清单 4-6　EDL_4_1_GP_Regression.ipynb：绘制表达式树

```
import matplotlib.pyplot as plt
import networkx as nx                          ◄─────  networkx 是一个节点图绘图库

def plot_expression(individual):
  options = {"node_size": 500, "alpha": 0.8}
  nodes, edges, labels = gp.graph(individual)

  g = nx.Graph()
  g.add_nodes_from(nodes)
  g.add_edges_from(edges)                       ◄─────  使用 spring 布局表示节点

  pos = nx.spring_layout(g)        ◄───────                渲染图形的节点、边和标签
  nx.draw_networkx_nodes(g, pos, **options)  ◄───
  nx.draw_networkx_edges(g, pos, width=1.0, alpha=0.5)
  nx.draw_networkx_labels(g, pos, labels, font_size=9, font_color='k')
  plt.show()
```

在该例中，使用随机化的数据来进化一个可以生成原始方程的回归函数。我们可以随意对该例进行修改，使用 CSV 结构化数据来产生解决现实世界问题的回归方程。

遗传编程通过表达式树生成的概念，提供了生成方程或实际编程代码的能力。这是因为从根本上讲，所有的编程代码都可以被表示为一个表达式树，在这个树中，像 if 语句这样的东西是一个布尔操作符，它接受二进制输入或复杂的函数，表示为具有单一返回值的 n 元操作符。

> **基因表达式编程**
>
> 我们在这个例子中使用的遗传编程形式更具体地被称为基因表达式编程。基因表达式编程于 2002 年由 Candida Ferreira 开发，她目前是 Gepsoft 的主任，这是一个开发 Gene Expression Programming Tools 工具的人工智能/机器学习工具软件组织。这个工具可以用于对结构化数据进行基因表达式编程，生成各种形式的输出，从方程到实际的编程代码，覆盖了多种编程语言。如果你想探索在结构化数据中使用基因表达式编程，可以访问 Gepsoft 的网站，并下载软件的试用版(www.gepsoft.com)。

基因表达式编程的好处在于生成实际的数学函数或编程代码，这些函数或代码以后可以进行优化和重用。然而，基因表达式编程也可能生成过于复杂的函数或代码，导致解决方案无法使用。如果回头运行最后一个练习，并使用四个以上的输入，就可以验证在进化过程中生成的表达式树增加的复杂性。

4.1.2　练习

请完成以下练习，以提高对这些概念的认识水平。

(1) 如果在代码清单 4-3 中更改目标函数，然后重新运行 notebook，会发生什么？如果让方程更加复杂，会发生什么？

(2) 如果在代码清单 4-1 中删除或注释掉一些操作符，然后重新运行，会发生什么？当需要进化的操作符较少时，会发生什么？结果是否符合你的预期？

(3) 更改遗传操作符、交叉、选择或突变参数，然后重新运行。

在使用进化来构建基因序列之后，现在希望进一步实现适者生存的更具体的方法。在接下来的内容中，将回到第 2 章中生命模拟的开始阶段，并介绍粒子群优化算法。

4.2　基于 DEAP 的粒子群优化算法

粒子群优化(Particle Swarm Optimization，PSO)是另一种遗传算法，借鉴了适者生存和群集行为的概念。在下一个 notebook 中，将使用 PSO 和 DEAP 一起，近似求解一个函数所需要的最优参数。这个简单的示列展示了 PSO 在解决参数化函数的输入问题中的强大能力。

　　PSO 的一个常见用例是解决已知方程或函数中所需要的输入参数。例如，如果计算大炮射击的距离，会考虑物理方程，如图 4-3 所示。

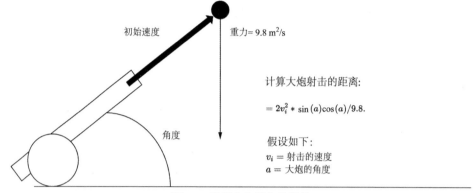

初始速度

重力= 9.8 m²/s

计算大炮射击的距离:

$$= 2v_i^2 * \sin(a)\cos(a)/9.8.$$

角度

假设如下:
v_i = 射击的速度
a = 大炮的角度

图 4-3　计算大炮射击的距离

4.2.1　用 PSO 求解方程

　　我们可以尝试使用几种数学和优化方法求解图 4-3 中的方程。当然，我们不会这样做，而是使用 PSO 找到射击的理想最佳初始速度和射击的角度。在 Google Colab 中打开 notebook 示例 EDL_4_2_PSO.ipynb 并进行下面的练习。

　　这个练习中的代码使用了 DEAP，所以你应该熟悉其中的大部分内容。在这里，将重点关注几个唯一定义 PSO 的关键代码单元格。首先滚动到设置工具箱(toolbox)的位置，如代码清单 4-7 所示。工具箱注册了几个关键函数，用于生成、更新和评估粒子。可以将它们看作粒子操作符，但要注意不要将它们称为遗传操作符。

代码清单 4-7　EDL_4_2_PSO.ipynb: 设置工具箱(toolbox)

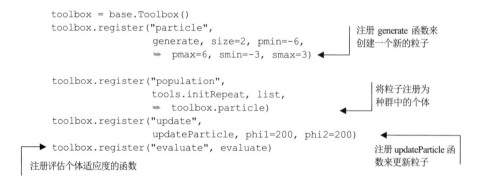

```
toolbox = base.Toolbox()
toolbox.register("particle",
                 generate, size=2, pmin=-6,
              ➥ pmax=6, smin=-3, smax=3)

toolbox.register("population",
                 tools.initRepeat, list,
              ➥ toolbox.particle)
toolbox.register("update",
                 updateParticle, phi1=200, phi2=200)
toolbox.register("evaluate", evaluate)
```

注册 generate 函数来创建一个新的粒子

将粒子注册为种群中的个体

注册 updateParticle 函数来更新粒子

注册评估个体适应度的函数

首先看一下 generate 操作符和同名的函数。在代码清单 4-8 中展示的 generate 函数创建了一个粒子数组，其初始位置由 pmin 和 pmax 确定。在 PSO 过程中，每个粒子都有一个固定的速度或可以在更新过程中移动的距离。在每次更新中，通过评估适应度，粒子被移动或群集到特定位置上。

代码清单 4-8 EDL_4_2_PSO.ipynb：生成一个粒子

```
def generate(size, pmin, pmax, smin, smax):
  part = creator.Particle(np.random.uniform(pmin,          ◀—— 创建一个粒子数组
    ➥ pmax, size))

  part.speed = np.random.uniform(smin, smax, size)         ◀—— 创建一个随机的速
  part.smin = smin                                              度向量
  part.smax = smax
return part
```

接下来，看一下被称为 updateParticle 的更新操作符函数，如代码清单 4-9 所示。这个函数负责在每次 PSO 迭代中更新粒子的位置。在 PSO 中，核心思想是不断将粒子聚集在适应度最好的粒子周围。在更新函数中，通过改变粒子的速度和位置来进行粒子的聚集。

代码清单 4-9 EDL_4_2_PSO.ipynb：更新粒子

```
def updateParticle(part, best, phi1, phi2):          将粒子偏移一定的
  u1 = np.random.uniform(0, phi1, len(part))    ◀—— 随机量
  u2 = np.random.uniform(0, phi2, len(part))
  v_u1 = u1 * (part.best - part)               ◀
  v_u2 = u2 * (best - part)                        计算二维速度偏移量
  part.speed += v_u1 + v_u2
for i, speed in enumerate(part.speed):          ◀
  if abs(speed) < part.smin:                        对速度进行枚举，然后进行调整
    part.speed[i] = math.copysign(part.smin, speed)
  elif abs(speed) > part.smax:
    part.speed[i] = math.copysign(part.smax, speed)
 part += part.speed
```

图 4-4 演示了 PSO 如何将各个粒子聚集在优化的目标区域周围。如果在图上绘制角度和速度，那么可以将每个粒子或点视为对发射炮弹的猜测或尝试。

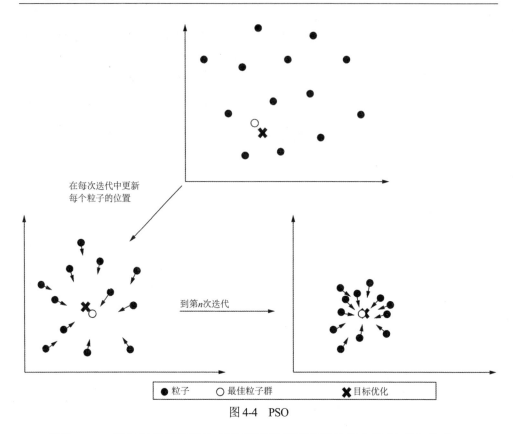

图 4-4 PSO

因此，PSO 的目标是找到将炮弹发射到目标距离的最优参数(速度和角度)。

接下来看一下在代码清单 4-7 中注册到工具箱(toolbox)的评估函数 evaluate。在这段代码的开头，定义了目标距离，并将其通过 notebook 滑块输入显示出来。由于图 4-3 的方程中的速度项是平方的，因此只想允许正值。这就是防止负值的原因。类似的，假设角度是以度为单位的，然后将其转换为弧度用于方程中的计算。最后，使用方程计算距离，并从目标距离中减去它。然后返回平方值，以元组形式返回误差平方和的函数结果，如代码清单 4-10 所示。

代码清单 4-10　EDL_4_2_PSO.ipynb：评估粒子

```
distance = 575 #@param {type:"slider", min:10,    允许将输入距离以表单控件中的滑
    max:1000, step:5}                             块形式展示
def evaluate(individual):
    v = individual[0] if individual[0] > 0 else 0
    #velocity                                      确保 velocity 是正值

    a = individual[1] * math.pi / 180 #angle to radians
    return ((2*v**2 * math.sin(a) * math.cos(a))/9.8 -    将角度从度数
    distance)**2,                                          转换为弧度
返回从距离到计算值的平方误差
```

有了基本操作设置，就可以继续进行 PSO，如代码清单 4-11 所示。与我们其他的遗传算法或遗传编程示例相比，这段代码要简单得多。与遗传算法或遗传编程不同，在 PSO 中，粒子存在于整个模拟的生命周期中。由于粒子的寿命较长，我们可以跟踪每个粒子的最佳适应度值。在代码清单 4-11 中，通过跟踪每个粒子的最佳适应度，可以交换当前的最佳粒子(在代码清单 4-11 中表示为 best)。最后一行的 toolbox.update 调用是根据最佳粒子的位置，使用代码清单 4-9 中的 updateParticle 函数重新定位粒子群中的粒子。

代码清单 4-11　EDL_4_2_PSO.ipynb：群集

```
GEN = 100          ◄──── 设置群集的世代数
best = None

for g in range(GEN):          循环遍历种群中的粒子
  for part in pop:   ◄────
    part.fitness.values = tuple(np.subtract((0,), toolbox.evaluate(part)))

    if part.best is None or part.best.fitness <       检查粒子的最佳适应度
      part.fitness:   ◄────
      part.best = creator.Particle(part)
      part.best.fitness.values = part.fitness.values          检查它是否比最好的
    if best is None or best.fitness < part.fitness:   ◄────   粒子更好
      best = creator.Particle(part)
      best.fitness.values = part.fitness.values
  for part in pop:   ◄────   循环遍历种群并更新
    toolbox.update(part, best)          工具箱
```

随着模拟的运行，将看到粒子开始收敛到最佳解或多个最佳解，如图 4-5 所示。注意，在这个问题中，角度和速度有两个正确的解。还需要注意的是，粒子在解空间中的分布仍然存在间隙。这是由于超参数 pmin、pmax、smin、smax、phi1 和 phi2 的选择，可以通过调整这些值来改变粒子的分布范围。如果想看到粒子在更小的范围内分布，将这些超参数调整为较小的值，然后再次运行 notebook。

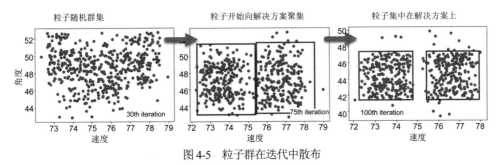

图 4-5　粒子群在迭代中散布

最后，在 notebook 中的最后一个代码块允许评估最佳粒子的预定解决方案。记住，

由于该问题有两个解决方案，因此有可能通评估得到多个最佳解决方案。从输出值中，可以看到 PSO 可以相对快速地逼近将炮弹发射到一定距离的解决方案，如代码清单 4-12 所示。

代码清单 4-12　　EDL_4_2_PSO.ipynb：输出最佳解

```
v, a = best                          ←────── 从最佳解获取速度和角度
a = a * math.pi / 180    #角度到弧度的转换    ◀─┐
distance = (2*v**2 * math.sin(a) * math.cos(a))/9.8   将角度从度数转换为弧度
print(distance)
```

计算射击距离

PSO 可以应用于各种其他问题，具有不同的效果。群集优化是一种轻量级方法，用于寻找未知参数。正如在第 5 章中所看到的，PSO 可以为深度学习系统提供对超参数的简单优化。

4.2.2　练习

通过下面的部分或全部练习来提高你的知识水平。

(1) 修改代码清单 4-10 中的目标距离。这对 PSO 的解决方案有什么影响？

(2) 修改代码清单 4-7 中的 pmin、pmax、smin 和 smax 输入，然后重新运行。

(3) 修改代码清单 4-7 中的参数 phi1 和 phi2，然后重新运行。这对找到解决方案有什么影响？

现在已经介绍了优化粒子，4.3 节将继续探索更复杂的进化过程，例如相互依赖或协同进化的解决方案。

4.3　基于 DEAP 的协同进化解决方案

我们星球上的生物存在一种共生关系，数百万物种相互依赖以求生存。描述这种关系的术语是协同进化(coevolution)和相互依赖进化(codependent evolution)。同样，当我们尝试解决更复杂的问题时，可以使用进化方法来模拟协同进化。

在下一个 notebook 中，将重温本章第一个例子中使用遗传编程解决的回归问题。这一次，将从虚拟问题转向更贴近实际的示例，使用一个名为波士顿房屋市场(Boston Housing，BH)的结构化样本数据集。

BH 数据集包含了 13 个特征列，用于帮助预测波士顿房地产市场上一栋房屋的价格。当然，可以单独使用遗传编程尝试推导一个方程，但结果可能会过于复杂。相反，在下面的示例中，将使用协同进化结合遗传编程与遗传算法，希望能得到一个更简单

的输出。

基于遗传算法的协同进化遗传编程

这个练习在两个 notebook 示例之间切换。第一个 notebook 示例是从之前的遗传编程示例升级而来的 EDL_4_GP_Regression.ipynb，它将虚拟问题替换为 BH 数据集。第二个 notebook 示例是 EDL_4_3_COEV_Regression.ipynb，它演示了使用协同进化来解决相同的问题——这次同时使用遗传编程和遗传算法。

打开 EDL_4_GP_Regression.ipynb，然后从菜单中选择 Runtime | Run All 命令，运行所有单元格。这个 notebook 与 EDL_4_3_COEV_Regression.ipynb 的关键区别在于可以导入 BH 数据集，如代码清单 4-13 所示。BH 数据集从 sklearn.datasets 中加载，并返回特征 x 和目标 y。然后，对轴进行交换，以适应行、特征格式和提取的输入数量。输入的数量定义了推导方程中的参数个数。

代码清单 4-13　EDL_4_3_COEV_Regression.ipynb：设置数据

```
from sklearn.datasets import load_boston        ← 从 sklearn.datasets 模块导入
x, y = load_boston(return_X_y=True)  ←
x = np.swapaxes(x,0,1)  ←                         加载数据，然后返回目标值 y
inputs = x.shape[0]  ←                            交换轴，以匹配 notebook 的格式

提取输入的数量、参数
```

图 4-6 显示了将方程进化到小于 135 的最小适应度得分的结果，这个值是为了简化解决方案而选定的。得到的方程表明，推导出的方程中并不会用到所有的特征，只有 ARG5、ARG7、ARG10、ARG11 和 ARG12 是相关的。这也意味着遗传编程解决方案通过忽略不相关的特征自动进行特征选择。

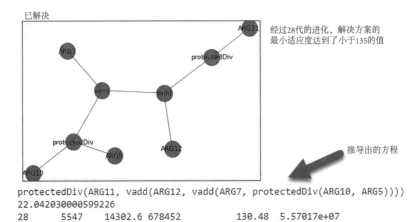

图 4-6　GP_Regression notebook 的输出结果

接下来，在 Google Colab 中打开 notebook 示例 EDL_4_3_COEV_Regression.ipynb，然后运行所有的单元格。这个 notebook 中有很多代码，但在其他各种示例中已经见过了。这个示例的主要区别是我们同时使用遗传编程和遗传算法方法来优化推导出的方程。这意味着代码翻了一倍，但其中大部分之前已经见过了。首先要注意的是，我们构建了两个工具箱(toolbox)——一个用于遗传算法种群，另一个用于遗传编程种群，如代码清单 4-14 所示。

代码清单 4-14 EDL_4_3_COEV_Regression.ipynb：工具箱注册

为遗传算法种群创建
一个工具箱

每个基因由一个浮点数
定义，从 -1 到+1

```
toolbox_ga = base.Toolbox()
toolbox_ga.register("float", random.uniform, -1, 1)
toolbox_ga.register("individual",
        tools.initRepeat, creator.IndGA,
    ➥ toolbox_ga.float, inputs)
toolbox_ga.register("population",
        tools.initRepeat, list, toolbox_ga.individual)

toolbox_gp = base.Toolbox()
toolbox_gp.register("expr", gp.genHalfAndHalf, pset=pset, min_=1, max_=2)
toolbox_gp.register("individual",
        tools.initIterate, creator.Individual, toolbox_gp.expr)
toolbox_gp.register("population",
        tools.initRepeat, list, toolbox_gp.individual)
toolbox_gp.register("compile", gp.compile, pset=pset)
```

基因序列的大小由输入
的数量定义(BH 为 13)

为遗传编程种群创建一个工具箱

在这个示例中，遗传编程求解器正在构建一个推导出的方程。与此同时，遗传算法求解器在协同进化一个大小与输入/特征数量相等的标量基因序列。对于 BH 数据集，输入的数量等于 13。每个遗传算法标量基因的值用于对输入到方程中的特征进行缩放。我们可以看到这是如何应用在评估函数 evalSymbReg 中的，如代码清单 4-15 所示。当使用这个函数来评估适应度时，传递了两个个体。individual 输入表示一个遗传编程个体，points 输入表示一个遗传算法个体。每次对这个函数的评估都使用来自遗传算法和遗传编程种群的两个个体。

代码清单 4-15 EDL_4_3_COEV_Regression.ipynb：适应度评估

从工具箱编译函数

```
def evalSymbReg(individual, points):
    func = toolbox_gp.compile(expr=individual)
    p = np.expand_dims(points, axis=1)
    x = X * np.asarray(p)
    diff = math.sqrt(np.sum((func(*x.tolist()) - y)**2))
    return diff,
```

将遗传算法点数组从(13,)转换为(13,1)

计算推导出的方
程的适应度

按 points 数组对输入数据进行缩放

通常，在协同进化的情况下，你不希望两种方法以相同的速度进化。在该例中，允许遗传算法种群(即标量基因)比遗传编程种群进化得更快。这使遗传算法方法可以更好微调在推导的遗传编程方程中使用的参数的比例或权重。本质上，这允许遗传算法方法对方程进行微调以获得更好的拟合。对于这个 notebook，将遗传算法到遗传编程的进化率设置为 10 比 1。这些超参数在代码清单 4-16 中进行了设置。

代码清单 4-16　EDL_4_3_COEV_Regression.ipynb：控制进化步骤

```
GA_GEN, GP_GEN, BASE_POP = 1, 10, 10000           ◀━━━━  控制世代频率的
pop_ga = toolbox_ga.population(n=BASE_POP*GA_GEN)        超参数
pop_gp = toolbox_gp.population(n=BASE_POP*GP_GEN)
```
通过世代频率调整种群的初始值

在进化代码中，使用代码清单 4-17 所示的代码控制每个种群进化的频率。这段代码展示了遗传算法种群的进化过程，但同样的过程也适用于遗传编程种群。超参数 GA_GEN 控制进化的频率。

代码清单 4-17　EDL_4_3_COEV_Regression.ipynb：进化种群

```
if (g+1) % GA_GEN == 0:                              ◀━━━ 如果这是进化步骤，则进行进化
  off_ga = toolbox_ga.select(pop_ga, len(pop_ga))
  off_ga = [toolbox_ga.clone(ind) for ind in off_ga]

  for ind1, ind2 in zip(off_ga[::2], off_ga[1::2]):  ◀━━━━  交叉操作
    if random.random() < CXPB:
        toolbox_ga.mate(ind1, ind2)
        del ind1.fitness.values
        del ind2.fitness.values

    for ind in off_ga:                               ◀━━━━  突变操作
      if random.random() < MUTPB:
        toolbox_ga.mutate(ind)
        del ind.fitness.values
                                                      分配后代以替换种群
    pop_ga = off_ga
```

记住，评估适应度时，该函数需要来自遗传算法种群和遗传编程种群的个体。这意味着评估个体的代码与每个种群相关联。注意，为遗传算法或遗传编程种群评估适应度时，使用另一个种群中最好的表现者。这种简化方法近似了每个种群的最佳适应度。另一种方法是循环遍历两个种群并测试每个组合。这种方法计算成本较高，因此采用了代码清单 4-18 中的简化方法。

代码清单 4-18　EDL_4_3_COEV_Regression.ipynb：评估种群适应度

```
for ind in pop_gp:
  ind.fitness.values = toolbox_gp.evaluate
```

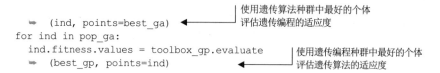

```
    ➡ (ind, points=best_ga) ◄────┐  使用遗传算法种群中最好的个体
for ind in pop_ga:                   │  评估遗传编程的适应度
    ind.fitness.values = toolbox_gp.evaluate  ────  使用遗传编程种群中最好的个体
    ➡ (best_gp, points=ind) ◄────────────      评估遗传算法的适应度
```

图 4-7 展示了将该例运行到解决方案的最终输出，再次假设适应度低于 135。正如你所看到的，推导出的方程已经大大简化。最佳的遗传算法个体分配了用于修改方程输入的标量。在图 4-7 中，可以看到最终方程如何应用输入缩放。

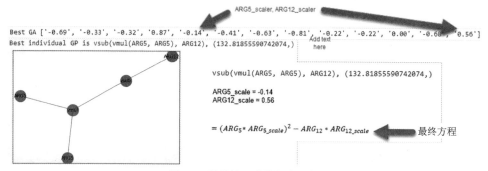

图 4-7 最佳协同进化解决方案

最终推导出的方程展示了一种预测 BH 市场价格的潜在解决方案。如果看一下得到的方程并查看 notebook 中显示的 BH 特征，可以看到 ARG5 代表的是 NOX(该房屋所在地区空气中的一氧化氮浓度)，而 ARG12 代表的是 LSTAT(低收入种群所占百分比)，它们被识别为使用的主要特征。

如果查看图 4-6 中显示的遗传编程回归 notebook 的解方程，还会注意到 ARG5 和 ARG12 两项与 ARG7、ARG10、ARG11 一起被认为是重要特征。协同进化的解决方案能够通过将输入传递到方程中进一步减少特征的权重。这导致了一个可能过于简化的方程，但通过它，可以确定 BH 数据集中 NOX 和 LSTAT 特征之间的关键相关性。

遗传编程回归结果

在遗传编程的进化过程中，通常会生成更复杂或过于复杂的方程。长时间的进化甚至可能因为表达式树的大小而中断。将遗传算法与遗传编程结合使用可以对方程进行微调。然而，这可能导致问题的过度简化。考虑到 BH 数据集只有 500 多行，数据集的大小也可能是一个特别棘手的问题。在大多数情况下，使用更多的数据会获得更好的结果。

现在，我们刚刚评估的协同进化解决方案并非没有缺点。它确实解决了遗传编程中经常遇到的复杂性问题。但是，显然最终的答案可能过于简单，缺少其他关键特征以推断出足够准确的结果。然而，也正是因为它足够简单，所以可以使用基本计算器进行即时计算。

在后续的章节中，将继续使用其他协同进化解决方案，以平衡应用于深度学习的多种形式的进化计算。正如在前面的练习中所看到的，协同进化可以将多种形式的进化计算绑定在一起，以解决常见的复杂问题。在后续的示例中，将花时间掌握平衡协同进化的技巧。

4.4　使用 DEAP 的进化策略

进化策略是对进化和遗传方法的扩展，增加了控制子基因或表型(称为策略)的功能。这些策略实际上是控制或影响突变操作的附加向量。这为进化策略提供了对各种复杂问题(包括函数逼近)更高效的解决方案。

在接下来的 notebook 中，将探索一个函数逼近问题，稍后将研究与深度学习相结合的进化方法。为了简化问题，在这里研究逼近已知连续多项式解的函数参数。然后，将转向更复杂的不连续解，并观察进化策略的表现如何。

4.4.1　将进化策略应用于函数逼近问题

进化策略与“传统”的遗传算法不同，个体携带了一个额外的基因序列或向量，称为策略。在进化的过程中，这个策略向量学会调整和应用更好、经过微调的突变操作来进行个体的进化。

正如在第 3 章中发现的那样，突变和突变率就像深度学习中的学习率一样。突变控制了进化过程中种群的突变性。突变率越高，种群的突变性和物种的多样性就越大。通过在迭代过程中控制和学习这个突变率，可以更高效地确定解决方案。

在接下来的 notebook 中，将建立一个进化策略算法来逼近已知的解。我们还将讨论随着时间的推移学习如何优化突变，使种群能够更好地收敛和逼近解。从在 Google Colab 中打开 notebook 示例 EDL_4_4_ES.ipynb 并运行整个 notebook 开始。

进化策略是遗传算法的一种扩展，因此需要使用 DEAP 的大部分代码与之前见过的代码相似。在这里，将重点介绍进化策略的实现方式，并着眼于超参数定义。IND_SIZE 的值控制了求解多项式函数的维度，即基因的大小。MAX_TIME 超参数用于控制运行进化的总时间。这是一种有效的控制进化运行时间的方法，而不是依赖于迭代的世代数。最后，策略分配的超参数 MIN_VALUE、MAX_VALUE、MIN_STRATEGY 和 MAX_STRATEGY 控制突变向量并进一步检查，如代码清单 4-19 所示。

代码清单 4-19　EDL_4_4_ES.ipynb：检查超参数

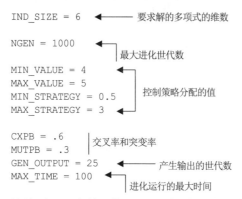

```
IND_SIZE = 6          ◀──── 要求解的多项式的维数

NGEN = 1000           ◀────
                          最大进化世代数
MIN_VALUE = 4         ◀──┐
MAX_VALUE = 5            │
MIN_STRATEGY = 0.5      控制策略分配的值
MAX_STRATEGY = 3      ◀──┘

CXPB = .6             ┐
MUTPB = .3            │交叉率和突变率
GEN_OUTPUT = 25       ◀──── 产生输出的世代数
MAX_TIME = 100        ◀──┐
                          进化运行的最大时间
```

继续到下一个单元格，可以看到如何构建初始目标数据集。在这个练习中(见代码清单 4-20)，提供了三个选项(或方程)进行评估：一个连续的五次多项式函数和两个不连续的函数，绝对值和阶跃函数。使用范围参数处理数据，生成 X 和 Y 值，并将它们合并到一个名为 data 的列表中。在单元格的底部，绘制了数据的散点图，从而对目标函数进行可视化。

代码清单 4-20　EDL_4_4_ES.ipynb：准备数据

```
equation_form = "polynomial" #@param ["polynomial",
➡ "abs", "step"] ◀──┐
                        为目标方程提供三个选项
X_START = -5         ┐
X_END = 5            │ X 的数据集取值范围
X_STEP = 0.5         ┘
                        用于评估目标方程的函数
def equation(x):      ◀──┘
  if equation_form == "polynomial":
    return (2*x + 3*x**2 + 4*x**3 + 5*x**4 + 6*x**5 + 10)
  elif equation_form == "abs":
    return abs(x)
  else:
      return np.where(x>1, 1, 0)
                                                构建输入 X 值
X = np.array([x for x in np.arange(X_START, X_END, X_STEP)]) ◀──
Y = equation(X)
data = list(zip(X, Y))  ┘ 运行这个方程，然后生成 Y

plt.scatter(X,Y)      ◀──── 通过散点图绘制函数
```

图 4-8 显示了五次多项式函数以及阶跃函数和绝对值函数的绘图。首先以连续多项式函数为目标，看看进化策略如何高效地逼近解。另外两个函数代表了不连续函数，它们是不可微分的，因此通常不能通过深度学习网络解决。

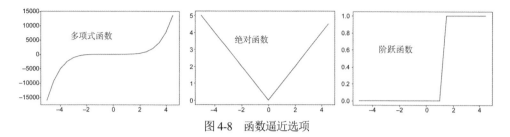

图 4-8 函数逼近选项

接下来，来看一下代码块中的创建者(creator)部分，如代码清单 4-21 所示，以了解进化策略与典型遗传算法的区别。我们可以看到注册了 FitnessMin 和 Individual，这与通常情况下没有什么不同。当注册个体时，添加了一个名为 Strategy 的额外属性，并将其设置为 None。最后，使用类型为 double 的 d 数组注册了 Strategy。

代码清单 4-21　EDL_4_4_ES.ipynb：创建个体和策略

```
creator.create("FitnessMin", base.Fitness, weights=(-1.0,))    ← 创建了一个具有策略的
creator.create("Individual", array.array, typecode="d",           数组类型的个体
    fitness=creator.FitnessMin, strategy=None)              ◄
creator.create("Strategy", array.array, typecode="d")    ◄
                                                            创建了一个数组类型的
                                                            策略
```

现在跳到设置工具箱(toolbox)的单元格，如代码清单 4-22 所示。首先注意到使用 generatES 函数来初始化一个具有输入 creator.Individual、creator.Strategy、IND_SIZE、MIN_VALUE、MAX_VALUE、MIN_STRATEGY 和 MAX_STRATEGY 的个体。交叉或配对操作使用了特殊的进化策略混合操作符来组合父代，而不是常规交叉配对中的替换操作符。同样，突变操作使用进化策略对数正态操作来通过策略控制突变。然后在代码块的底部，可以看到对配对或突变操作应用了一个装饰器。装饰器为输入提供了过滤机制，在这种情况下，我们使用了稍后将介绍的 checkStrategy 函数。

代码清单 4-22　EDL_4_4_ES.ipynb：设置工具箱(toolbox)

```
toolbox = base.Toolbox()                     使用一个生成函数来注册具有输入的个体
toolbox.register("individual", generateES, creator.Individual,
    screator.Strategy,
    IND_SIZE, MIN_VALUE, MAX_VALUE, MIN_STRATEGY, MAX_STRATEGY) ◄
toolbox.register("population", tools.initRepeat, list, toolbox.individual)
toolbox.register("mate", tools.cxESBlend, alpha=0.1)    ◄
                                                         交叉/配对操作符是
                                                         cxESBlend
toolbox.register("mutate", tools.mutESLogNormal, c=1.0, indpb=0.03)  ◄
toolbox.register("select", tools.selTournament, tournsize=3)

                                                         突变操作符为
                                                         mutESLogNormal
toolbox.decorate("mate", checkStrategy(MIN_STRATEGY))
toolbox.decorate("mutate", checkStrategy(MIN_STRATEGY))
```
对配对/突变操作使用
checkStrategy 进行装饰

跳转到上一个单元格，可以看到 generateES 和 checkStrategy 函数的定义，如代码清单 4-23 所示。第一个函数使用传入的输入参数创建个体，其中输入参数 icls 表示用于构建个体的类，scls 表示用于构建策略的类。第二个函数使用装饰器模式检查策略，以确保向量保持在某个最小值以上。通过初始化个体设置，基因序列中的每个随机值都被设置在最小值和最大值之间。同样，策略的初始化遵循相同的模式，使用不同的最小值和最大值。这样产生了一个包含两个向量的个体，这两个向量的大小为 IND_SIZE 或 NDIM，其中一个向量用于定义主要的基因序列，另一个作为学习到的变异和混合率，在 mate(配对)和 mutate(突变)操作符中应用于每个基因。

代码清单 4-23　EDL_4_4_ES.ipynb：核心函数

```
def generateES(icls, scls, size, imin, imax,          根据输入参数创建个体
    smin, smax):
    ind = icls(random.uniform(imin, imax) for _ in range(size))
    ind.strategy = scls(random.uniform(smin, smax) for _ in range(size))
    return ind

def checkStrategy(minstrategy):
    def decorator(func):                              装饰器确保策略在限定范围内
    def wrappper(*args, **kargs):
      children = func(*args, **kargs)
      for child in children:
        for i, s in enumerate(child.strategy):
          if s < minstrategy:
            child.strategy[i] = minstrategy
      return children
    return wrapper
return decorator
```

我们需要添加的最后一个工具箱(toolbox)注册是用于评估适应度的。在代码清单 4-24 中有两个函数。第一个函数 pred 用于通过循环遍历个体的基因，并将它们与 x 的 i 次方相乘来计算一个值。另一个函数 fitness 则通过遍历数据中的 x 和 y 值，使用 pred 函数确定均方误差(MSE)，最后返回的值是平均 MSE。注意，在该例中，是通过将数据集作为参数传递给 register 函数，从而将其传递给 evaluate 函数的。

代码清单 4-24　EDL_4_4_ES.ipynb：评估适应度

```
def pred(ind, x):                   根据个体和 x 生成预测
    y_ = 0.0
    for i in range(1,IND_SIZE):
      y_ += ind[i-1]*x**I          计算多项式因子 i
    y_ += ind[IND_SIZE-1]
    return y_

def fitness(ind, data):            计算适应度的函数
    mse = 0.0
```

```
   for x, y in data:
      y_ = pred(ind, x)
      mse += (y - y_)**2        ◀──── 计算总的 MSE
   return mse/len(data),

toolbox.register("evaluate", fitness, data=data)
```

和往常一样，进化代码位于最后一个代码块，如代码清单 4-25 所示，你应该很熟悉这些内容。首先定义了两个超参数 MU 和 LAMBDA，它们表示父代的数量和派生后代的数量。这意味着在选择(selection)过程中，选择 MU 个父代，使用 DEAP 算法 eaMuCommaLambda 生成 LAMBDA 个后代。对于这个练习，我们不仅限制了总世代数，还限制了运行的时间。如果运行的时间(以秒为单位)超过了阈值 MAX_TIME，进化过程就会停止。跟踪运行的时间使我们能够评估不同的进化计算方法，正如将在下一个练习中所看到的。

代码清单 4-25　EDL_4_4_ES.ipynb：进化

```
MU, LAMBDA = 250, 1000      ◀──── 定义种群的父代和子代
#omitted
start = time.time()         ◀──── 跟踪进化开始的时间
for g in range(NGEN):
  pop, logbook = algorithms.eaMuCommaLambda(pop, toolbox, mu=MU,
                   lambda_=LAMBDA,cxpb=CXPB,
                   mutpb=MUTPB, ngen=1,
                   stats=stats, halloffame=hof, verbose=False)    ◀──┐   在单个世代中使用了
  if (g+1) % GEN_OUTPUT == 0:   ◀────────┐                          eaMuCommaLambda
    plot_fitness(g, hof[0], pop, logbook)  │                          函数
    end = time.time()                    通过限制世代数
┌▶ if end-start > MAX_TIME:              控制输出
│      break
检查模拟时间是否已到

   print("Best individual is ", hof[0], hof[0].fitness.values[0])
```

图 4-9 显示了在运行进化到最长时间为五秒后的最终输出示例，这个结果很好。然而，如果将输入数据绘制到 Excel 中，可以使用趋势线功能快速生成准确的函数逼近，而且时间更短。目前，Excel 仅限于六次多项式函数，而使用本示例，可以很容易超过这个限制。

此时，你可以回到之前并修改进化的运行时间，看看是否可以获得更好的结果，或尝试其他函数(如 abs 和 step)。你可能会发现进化策略在不连续解上的效果不如连续解。这主要是由算法逼近函数的方式导致的。

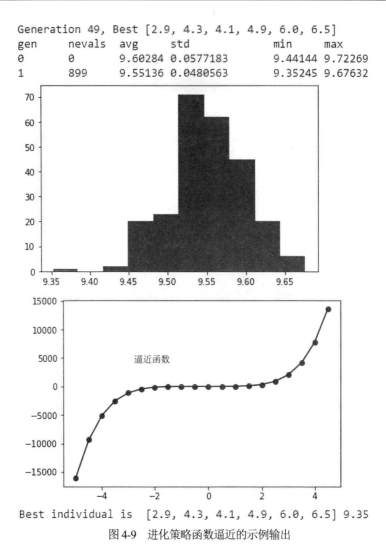

```
Generation 49, Best [2.9, 4.3, 4.1, 4.9, 6.0, 6.5]
gen     nevals   avg       std              min      max
0       0        9.60284   0.0577183        9.44144  9.72269
1       899      9.55136   0.0480563        9.35245  9.67632
```

Best individual is [2.9, 4.3, 4.1, 4.9, 6.0, 6.5] 9.35

图 4-9　进化策略函数逼近的示例输出

　　然而，如果将进化策略与第 3 章中的前几个练习比较，会发现对于连续问题，进化策略的收敛速度更快。这是因为进化策略通过学习的突变和配对策略来管理物种的多样性。如果将图 4-9 中的输出直方图与以前的示例练习进行比较，就可以看到这一点。

4.4.2　重新审视 EvoLisa

　　函数逼近是一个很好的基准问题，但要展示进化策略的全部威力，本节将回顾之前的一个最复杂的问题：EvoLisa。本节采用进化策略作为解决策略来修订问题。这是一个非常快速的示例，可以对比进化策略和常规遗传算法之间的差异。

在 Google Colab 中打开 notebook 示例 EDL_4_4_EvoLisa.ipynb。如果需要帮助，参考附录A。然后运行notebook中的所有单元格(在菜单中选择Runtime | Run All命令)。

我们已经在 notebook 示例 EDL_3_5_EvoLisa.ipynb 和 EDL_4_4_ES.ipynb 中介绍了主要的代码元素。本节的 notebook 展示如何将一个遗传算法 notebook 升级为使用进化策略的版本。

让 notebook 运行几千个世代，观察图 4-10 中显示的显著改进。图中还展示了与"原始"遗传算法生成结果的对比，其中"原始"遗传算法的世代数是进化策略的两倍，分别为 7 000 代和 3 000 代。

本代最优 　　　　　　　　　目标图像 　　　　　　第3章中的遗传算法示例

经过3000多代的进化，　　　　　　　　　　　　　经过7000多代的进化，
使用进化策略的输出结果　　　　　　　　　　　　使用遗传算法的输出结果

图 4-10 对于 Evolisa 问题，使用进化策略与之前使用遗传算法的解决方案的输出比较

4.4.3 练习

下面的练习可以帮助你进一步理解进化策略的概念。

(1) 更改代码清单 4-20 中的目标函数，然后重新运行以查看其效果。

(2) 修改代码清单 4-19 中的多个参数，观察每个变化对进化结果的影响。可以在函数逼近和 EvoLisa notebook 版本中尝试这样做。

(3) 将此版本的 EvoLisa 结果与第 3 章中介绍的遗传算法示例进行比较。通过进化策略引导的突变增强对输出结果有多少改进？

(4) 尽力进化出与《蒙娜丽莎》最接近的图像。我们鼓励你与作者分享你的结果。

现在，你可能会认为我们应该将所有解决方案升级为使用进化策略。虽然进化策略是一个先进的方法，可以将其保留在工具包中，但它仍然缺乏快速高效地收敛不连续解的能力。要做到这一点，需要了解常规遗传算法和修改后的进化策略在解决更复杂的函数时遇到的困难。这是在下一个练习中进一步探讨的内容。

4.5 基于 DEAP 的差分进化

深度学习系统通常被简单地描述为良好的函数或凸函数逼近器。函数逼近并不仅限于深度学习，但它目前在大多数解决方案中被认为是最受青睐的方法之一。

幸运的是，进化计算包括多种方法。它不仅限于连续解，还可以解决不连续解。其中一种针对连续解和不连续解的函数逼近方法是差分进化(Differential Evolution, DE)。差分进化并不基于微积分，而是依靠减小优化解的差异来进行求解。

在接下来的 notebook 中，将使用差分进化来逼近上一个练习中已知的连续多项式解，以及基本的不连续和复杂函数的示例。这为我们提供了在以后结合深度学习构建综合解决方案时的进化计算工具。

4.5.1 使用差分进化逼近复杂和不连续的函数

差分进化与 PSO(粒子群优化)相比，与遗传算法或编程的共同点更多。在差分进化中，我们维护一个智能体种群，每个智能体的向量大小相等。与 PSO 类似，智能体是长期存在的，不产生后代，但是它们的组成向量会通过与其他随机智能体进行差分比较，生成新的、更好的智能体。

图 4-11 展示了差分进化的基本工作流程。在图的开始部分，从一个更大的智能体池中随机选择了三个智能体。然后，使用这三个智能体修改每个智能体中的目标 Y，方法是将第一个智能体 a 的值与智能体 b 和 c 之间的缩放差异相加。并评估生成的 Y 智能体的适应度，如果该值更好，则用新的 Y 智能体替换原来的智能体。

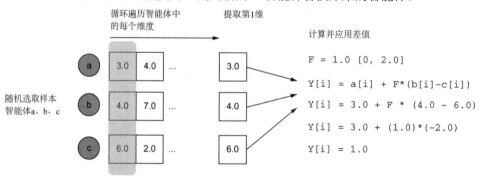

图 4-11 产生新智能体的差分进化工作流程

这种方法的微小改进以及为什么它在不连续函数上如此有效，在于对各个维度差异的计算。与通常需要混合结果(如深度学习中)或概括结果(如遗传进化中)的正常优化函数不同，差分进化使用了逐分量的差异计算。

在深度学习中,我们使用的梯度优化方法用于在训练过程中反向传播误差或差异,它是一个全局优化问题。差分进化将优化提取为逐分量的差异计算,因此不受全局方法的限制。这意味着差分进化可以用于逼近不连续或困难的函数,正如我们将看到的那样。

在 Google Colab 中打开 notebook 示例 EDL_4_5_DE.ipynb 并运行所有单元格。该示例与上一个练习中的问题集相同。因此,可以将该示例应用于三个问题:多项式、绝对值和阶跃函数。为了进行比较,首先运行与上一个多项式函数逼近问题相同的示例。

在运行整个示例并设置 MAX_TIME 为 5 秒后,与我们刚刚看到的进化策略示例相比,得到了一个不错但不是很好的函数逼近结果。在这之后,可以通过更改预处理数据中的函数类型(在代码清单 4-20 中显示),使用 Colab 中的下拉菜单来选择一个阶跃函数,然后在该函数上运行该示例。

在重新运行 notebook 之前,我们要修改最大时间的超参数,如代码清单 4-26 所示。将 MAX_TIME 的值从 5 秒改为更大的值,如 100。阶跃函数和绝对值函数由于更复杂,因此需要更多时间来运行。

代码清单 4-26　EDL_4_5_DE.ipynb:超参数

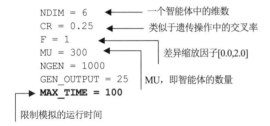

```
NDIM = 6          ◄──── 一个智能体中的维数
CR = 0.25         ◄──── 类似于遗传操作中的交叉率
F = 1
MU = 300          ◄──── 差异缩放因子[0.0,2.0]
NGEN = 1000
GEN_OUTPUT = 25   │ MU,即智能体的数量
MAX_TIME = 100
```
限制模拟的运行时间

在菜单中选择 Runtime | Factory Reset Runtime 命令,重新设置 notebook 的运行时间(runtime)。然后,使用菜单中的 Runtime | Run All 命令重新运行 notebook 中的所有单元格。

为了进行良好的比较,返回到 EDL_4_ES.ipynb,将 MAX_TIME 设置为 100 秒,将目标函数设置为 step,重新启动运行时,并重新运行所有单元格。图 4-12 显示了差分进化和进化策略在 step 函数上的差异。有趣的是,差分进化方法的表现比进化策略方法要好 10 倍以上,这与差分方法有关。另一方面,注意进化策略的直方图呈正态分布,而差分进化的分布类似于狭窄的 Pareto 或 Cauchy 分布。

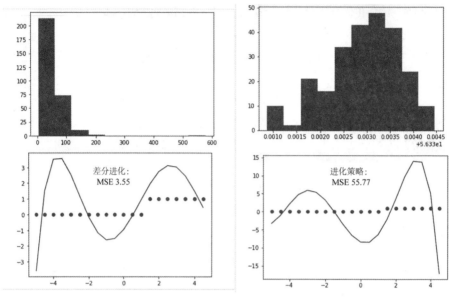

图 4-12 阶跃函数上差分进化和进化策略的比较

接下来，可以将创建者(creator)和工具箱(toolbox)的设置合并为一个代码清单。对于工具箱，注册了一个类型为 float 的属性，初始值范围为-3 到 +3，类似于遗传进化中的基因。然后，定义了类型为float，大小为 NDIM(维度数量)的个体或智能体(agent)。在代码清单 4-27 的末尾，注册了一个 select 函数，它使用随机方法选择了三个元素。回想一下图 4-11 中的情况，我们选择了三个智能体(a、b、c)来应用差分算法。

代码清单 4-27　EDL_4_5_DE.ipynb：创建者和工具箱

```
creator.create("FitnessMin", base.Fitness, weights=(-1.0,))
creator.create("Individual", array.array,
               typecode='d', fitness=creator.FitnessMin)

toolbox = base.Toolbox()
toolbox.register("attr_float", random.uniform, -3, 3)
toolbox.register("individual", tools.initRepeat, creator.Individual,
                 toolbox.attr_float, NDIM)
toolbox.register("population", tools.initRepeat, list, toolbox.individual)
toolbox.register("select", tools.selRandom, k=3)
```

每个维度或属性初始化为-3 ~ +3

个体/智能体由大小为 NDIM 的浮点数定义

选择方法使用随机方法，选择 k=3

该示例中的大部分代码与之前的进化策略练习相同，因为解决的是同一个问题。请回顾两个示例之间的关键区别，以了解每种方法包含的要素。

我们的仿真训练代码位于notebook 底部，但我们只需要关注使差分进化独有的部分，如代码清单 4-28 所示。代码中有两个循环，第一个循环遍历世代的次数，第二个循环遍历每个智能体。在内部循环中，我们首先采样三个智能体(a、b、c)，然后克隆智能体作为目标 y。然后，对代理的向量进行随机索引抽样，将其与 CR 值一起使用，以确定是否计算可能的差异，如图 4-10 所示。最后，检查新智能体是否具有更好的适应度，如果是，则用新智能体替换旧智能体。

代码清单 4-28　EDL_4_5_DE.ipynb：智能体差分仿真

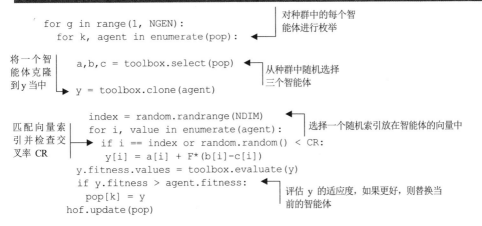

随意返回并尝试在进化策略和差分进化方法之间比较绝对函数。还可以尝试调整超参数，以查看它们对使用进化策略和差分进化进行函数逼近的影响。

4.5.2　练习

完成下列练习，继续探索最后一个 notebook。

(1) 更改代码清单 4-26 中的各种超参数，然后重新运行。你能改进不连续函数逼近的性能吗？

(2) 对于不同的函数类型，比较进化策略和差分进化的函数逼近结果。哪种方法在哪种类型的函数上表现更好或更差？

进化策略和差分进化都可以提供优秀的连续函数逼近方法。对于不连续的问题，通常更适合使用差分进化，因为它不局限于全局空间中的逐渐逼近。正如在后面的将要讨论的那样，拥有这两种工具可以使我们在应用 EDL 时更加轻松。在本章中，扩展了对进化计算的了解，并研究了更多的多样化及专业化的方法，可以解决新颖或难以解决的问题。

4.6　本章小结

- 遗传编程是使用遗传序列来定义一系列步骤的过程或程序。

- DEAP 采用了一个遗传编程扩展，从而更容易将问题从遗传算法(GA)转化为遗传编程(GP)。遗传编程的一个应用是推导已知或未知问题的方程式。

- DEAP 还提供了可视化工具，可以将个体的基因序列解释为基因表达式树，并展示其如何转化为一个函数。

- DEAP 提供了几种辅助的进化算法。其中之一是粒子群优化(Particle Swarm Optimization，PSO)。

  - PSO 使用一群个体在解空间中进行群集。

  - 当粒子群集聚时，适应度较高的个体会引导种群关注更好的解决方案。

  - PSO 可以用于寻找函数或更复杂问题的解决方案参数。

- DEAP 支持协同进化场景。这种场景下，可以确定两个或更多个体种群来解决特定问题的独特任务。协同进化可以通过最小化和缩放推导的方程中的特征来找到复杂的解决方案。

- 进化策略是遗传算法的扩展，重点是对突变函数进行战略性更新。这种方法非常适合解决或引导需要具有大型或复杂遗传结构或序列的个体的问题或解决方案。

- 差分进化与 PSO 类似，但只使用三个智能体来三角定位并缩小解空间的搜索范围。差分进化在使用较短的遗传序列解决复杂问题时表现良好。在 DEAP 中，可以使用差分进化解决连续和不连续函数逼近问题。

第 II 部分

优化深度学习

在本书的这一部分中，将探讨用于优化和改进深度学习系统的进化和遗传算法。我们从第 5 章开始解决深度学习中的一个核心问题：超参数优化。第 5 章介绍了各种方法，包括随机搜索、网格搜索、遗传算法、粒子群优化、进化策略和差分进化等。

第 6 章将进入神经进化领域，优化深度学习的架构和参数。我们将展示如何优化网络的参数或权重，而不需要使用反向传播或深度学习优化器。

接着在第 7 章，继续展示神经进化用于增强卷积神经网络的架构和参数。然后着眼于使用遗传算法开发一个基于自定义架构编码的 EvoCNN 网络模型。

第5章

自动超参数优化

本章主要内容
- 开发一个过程，用于手动优化深度学习网络的超参数
- 使用随机搜索构建自动超参数优化
- 通过采用网格搜索算法来形式化自动超参数优化
- 使用粒子群优化(PSO)，将进化计算应用于超参数优化
- 通过使用进化策略扩展进化型超参数优化
- 在超参数优化中使用差分进化

在前面几章中，我们探索了各种形式的进化计算，从遗传算法到粒子群优化，甚至包括进阶的方法，如进化策略和差分进化。在接下来的内容中，将继续以某种方式使用所有这些进化计算方法来改进深度学习。我们将这些方法结合起来，形成一个通常称为进化深度学习(EDL)的过程。

然而，在为各种深度学习问题构建一套 EDL 解决方案之前，如果不了解我们试图解决的问题以及它们在没有进化计算的情况下如何解决，那将是不完整的。毕竟，进化计算工具只是可以用来改进深度学习的众多工具之一。因此，在开始将进化计算方法应用于超参数优化之前，首先要看一下超参数优化的重要性以及一些手动策略。其次，在考虑自动化超参数优化时，我们希望通过首先回顾其他搜索方法(如随机搜索和网格搜索)来建立一个基准。

5.1   选项选择和超参数调优

在深度学习实践中，最困难的问题之一是确定哪些选项和参数可以调整以改进模型的性能。大多数专注于讲述深度学习的教材涉及许多选项和超参数，但很少详细说明更改所带来的影响。这还受到人工智能/机器学习社区展示最先进模型的影响，但这些模型往往省略了为实现它们所需要的大量工作。

对于大多数从业者来说，学习如何使用众多选项和调优超参数来自数小时构建模型的经验。如果没有这种调优，许多这样的模型可能存在严重缺陷。这不仅对新手来说是一个问题，对深度学习领域本身也是一个问题。

我们从一个使用 PyTorch 逼近函数的基础深度学习模型开始。本书的后续示例将使用 Keras 和/或 PyTorch 演示这些技术如何在不同框架之间轻松切换。

5.1.1   调优超参数策略

在本节中，将介绍一些用于选择选项和调优深度学习模型的超参数技术和策略。其中一些策略来自多年的经验积累，但需要意识到这些策略需要不断演进。深度学习领域不断发展，新的模型选项不断涌现。

> **深度学习知识**
>
> 本书假设你对基本的深度学习原理有所了解，如感知机、多层感知机、激活函数和优化方法等。如果你感觉需要对深度学习有一个总体的复习，可以在网上找到很多优质资源，也可以阅读 Manning 出版社的相关书籍。

为了演示如何使用超参数和其他选项，我们添加了几个关键的区别。在浏览器中打开 notebook 示例 EDL_5_1_Hyperparameter_Tuning.ipynb。如果需要帮助，请参考附录 A。

从菜单中选择 Run | Run All 命令运行整个 notebook。确认输出结果与图 5-1 中的初始函数和预测解相似。

接下来，向下滚动并查看超参数的代码块，如代码清单 5-1 所示。这里添加了两个新的超参数：batch_size 和 data_step。第一个超参数 batch_size 确定在每次前向传递中输入网络中的样本数量。在上一个练习中，这个值为 1。另一个超参数 data_step 并不是典型的超参数，但允许我们控制生成的训练数据量。

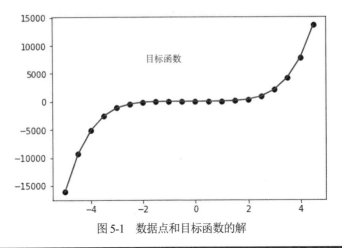

图 5-1　数据点和目标函数的解

代码清单 5-1　EDL_5_1_Hyperparameter_Tuning.ipynb：超参数

```
hp_test = "test 1" #@param {type:"string"}        ◄─── 这个参数用于设置
learning_rate = 3.5e-03                                 测试的名称
epochs = 500
middle_layer = 25      在单次前向传递中
                       要输入的元素数量
batch_size = 2  ◄────
                       控制数据生成的数据样本频率
data_step = 1   ◄────
```

将测试名称 hp_test 更改为类似 test 2 的名称。然后将中间层(middle_layer)值修改为 25 或更大。运行该单元格，然后选择 Run | Run After 命令运行 notebook 中剩余的单元格。

图 5-2 中展示了两个测试的预测输出，其中还显示了 test 2 的输出拟合效果更好。注意模型训练的时间稍有差异。这种差异源于更大的模型需要更多的训练时间。

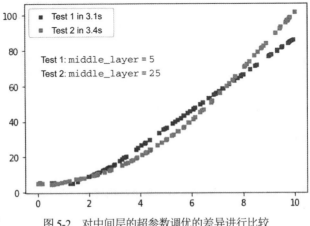

图 5-2　对中间层的超参数调优的差异进行比较

现在可以返回并修改其他超参数，如 batch_size 和 data_step。注意，这些值是相互关联的。如果通过将 data_step 减小到 0.1 来显著增加数据量，那么你也需要相应地增加 batch_size。

图 5-3 展示了在增加数据量时改变和不改变批量大小(batch_size)的结果。对于完成 500 个周期所需要的训练时间，图 5-3 所示的结果显示训练时间的差异非常明显。

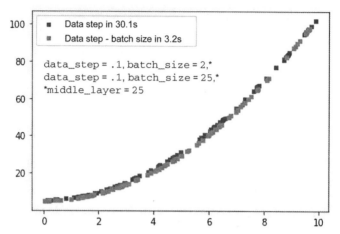

图 5-3　通过批量大小的变化和未变化情况下的对比分析，比较数据大小的改变

持续更改测试名称，调整超参数，然后选择 Run | Run After 命令运行剩余的单元格。如果发现绘图变得过于混乱，可以从菜单中选择 Run | Run All 命令来重置绘图结果。图 5-4 展示了将 learning_rate 从 3.5e-06 修改为 3.5e-01 的示例。在调优超参数时的总体目标是创建最小的模型，以实现最快的训练速度并产生最佳结果。

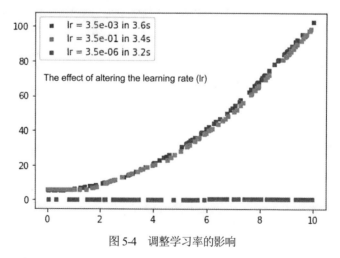

图 5-4　调整学习率的影响

即使是仅有五个超参数的简单示例，你也可能会对从何处开始感到困惑，因此一

个良好的起点是按照以下步骤确定。

(1) 调整网络规模：在我们的示例中，这涉及修改 middle_layer 的值。通常情况下，你会希望首先调整网络规模和/或层数。然而，请注意，增加线性层的数量相较于增加层内网络节点的数量来说，影响较小。

> **超参数训练规则#1：网络规模**
> 增加网络层数以从数据中提取更多特征。扩展或减少模型的宽度(节点)以调整模型的拟合程度。

(2) 理解数据的可变性：人们普遍预计深度学习模型需要处理大量的数据。虽然深度学习模型确实可以从更多的数据中获益，但成功更多地取决于源数据的变异程度。在我们的示例中，可以通过数据步骤(data_step)的设置控制数据的变异性。然而，往往无法选择控制数据变异性的能力。相应地，如果模型变异性很高，从而需要更多的数据，则可能需要增加模型的层数和/或宽度。手写数字的图片，如 MNIST 数据集，比 Fashion-MNIST 数据集中展示的时尚图片的变异性要小得多。

> **超参数训练规则#2：数据变异性**
> 洞察源数据的变异性。变异性更高的数据需要更大的模型，以便提取更多特征或学习如何拟合更复杂的解决方案。

(3) 选择批量的规模：正如我们在示例中所见，调整模型的批量规模可以显著提高训练效率。然而，这个超参数并非解决训练性能的万能策略，增大批量规模可能对最终结果产生不利影响。相反，批量规模需要根据输入数据的变异性进行调整。变异较大的输入数据通常从较小的批量规模中获益，范围为 16~64，而较少变异的数据则可能从较大的批量规模中获益，范围为 64~256 或更高。

> **超参数训练规则#3：批量规模**
> 若输入数据差异极大，则需要减小批量规模。反之，对于差异较小且更均匀的数据集，应增大批量规模。

(4) 调整学习率：学习率控制模型学习的速度，是常被新手滥用的第一个超参数。就像批量规模一样，学习率由模型的复杂性决定，由输入数据的方差驱动。数据方差越大，需要的学习率越小；数据越均匀，支持的学习率越高。图 2-6 很好地展示了这一点，我们可以看到，由于数据非常均匀，模型从更高的学习率中受益。由于模型复杂性的增加，调整模型大小可能也需要降低学习率。

> **超参数训练规则#4：学习率**
>
> 调整学习率以匹配输入数据的变动性。如果需要增大模型规模，通常需降低学习率。

(5) 调整训练迭代：若处理较小的问题，通常会看到模型较快收敛至某个基准解，从而只需要简单降低模型的迭代次数。然而，若模型较为复杂，则需要更长时间的训练，确定训练迭代总次数可能更具挑战性。幸运的是，大多数深度学习框架都提供了提前停止机制，它将检查损失值，当损失值达到某个设定值时，会自动停止训练。因此，通常情况下，你希望选择你认为合适的最大训练迭代次数。另一个选择是让模型定期保存权重。然后，如果需要，相同的模型可以重新加载并继续训练。

> **超参数训练规则#5：训练迭代**
>
> 务必使用你认为需要的最大训练迭代次数。可采用提前停止和/或模型保存等技术，以减少训练迭代次数。

请在训练超参数时遵循这五个规则，但要注意，这些技术仅作为一般性的指导。可能存在网络配置、数据集以及其他因素，这些因素会改变这些常见规则。在 5.1.2 节，将深入探讨构建健壮模型时可能需要的各种模型选择。

5.1.2　选择模型选项

除了超参数，调优模型更多是决定使用模型内部的各种选项。深度学习模型提供了许多选项，有时由问题或网络架构决定，但微小的变化常常会极大地改变模型的拟合方式。

模型选项涵盖了激活函数和优化器函数，以及层数的数量和大小。如上文所述，层深度通常由模型需要提取和学习的特征数量决定。层的类型，无论是卷积网络还是循环神经网络，通常由需要学习的特征类型决定。例如，使用 CNN(Convolutional Neural Network，卷积神经网络)层来学习特征的聚类，并使用 RNN(Recurrent Neural Network，循环神经网络)来确定特征如何对齐或以什么顺序排列。

因此，大多数深度学习模型的网络大小和层类型是由数据的方差和需要学习的特征类型所驱动的。对于图像分类问题，CNN 层用于提取视觉特征，如眼睛或嘴巴。另一方面，RNN 层用于处理语言或时间数据，其中需要了解一个特征如何与其他特征在序列中相互关联。

这意味着在大多数情况下，深度学习从业者需要关注的基础函数包括激活函数、优化器和损失函数。激活函数通常由问题的类型和数据形式决定。我们通常避免修改激活函数，直到最终的调优步骤完成。

大多数情况下，优化器和损失函数的选择决定了模型训练的好坏。例如，图 5-5 展示了在最后一个练习中选择三种不同的优化器进行训练的实验结果，使用的 middle_layer 超参数为 25。注意，从图 5-5 中可以看出，随机梯度下降(SGD)和 Adagrad 与 Adam 和 RMSprop 相比表现较差。

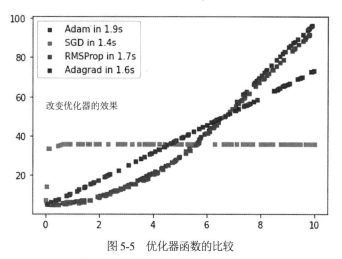

图 5-5　优化器函数的比较

同样，用于评估网络学习形式的损失函数也可以对模型训练产生重大影响。在我们简单的回归示例中，只有两个选项：均方误差(MSE)和平均绝对误差(MAE，也称 L1 损失)。图 5-6 显示了在最后一个样本练习中使用的两种损失函数的比较。从图中可以看出，对于上一个示例来说，可能更好的损失函数是 L1 损失(或 MAE)。

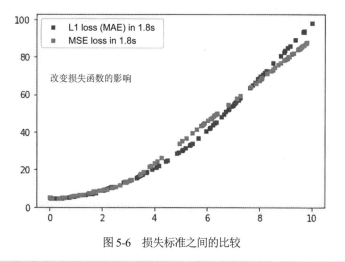

图 5-6　损失标准之间的比较

超参数训练规则#6：更改模型
一般来说，只要模型架构或关键模型选项(如优化器和/或损失函数)发生变化，就需要重新调整所有超参数。

到目前为止，希望你意识到，如果没有敏锐的眼光和对细节的关注，很容易错过为问题找到最优模型的机会。事实上，你可能花费无数小时调整模型超参数，但发现通过使用更好的损失函数或优化器可以提供更好的表现。

超参数调优和模型选项的选择，很容易出错，即使对于经验最丰富的深度学习从业者也是如此。在第 4 章中，首先通过使用进化计算来训练模型超参数介绍了 EDL。

在构建有效的深度学习模型时，通常会定义模型并选择最适合你的问题的选项。然后，可以修改和调整各种超参数，从先前提到的策略开始。然而，遗憾的是，这种情况经常发生，有时你可能决定更改模型选项，如优化器或损失函数。这反过来通常需要你回溯并根据已更改的模型重新调整超参数。

5.2　使用随机搜索自动化超参数优化过程

我们刚刚通过一个函数逼近问题来了解了深度学习的手动超参数优化。在这个场景中，提供了一组工具，让实践者可以使用不同的超参数连续运行 notebook，以生成比较。正如你从完成该练习中可能发现的那样，手动超参数优化非常耗时且无聊。

当然，现在有许多工具可以自动执行超参数优化。这些工具从 Python 包到整合到云计算技术中的完整系统，作为 AutoML 解决方案的一部分。我们当然可以使用其中的任何工具来与进化计算方法进行基准比较，但考虑到我们的目的，我们希望更深入地了解自动化和搜索过程。

随机搜索超参数优化(Random Search HPO)正如其名称所示，是从给定范围内的一组已知超参数中随机采样值并评估其有效性的过程。随机搜索的希望是最终找到最佳或期望的解决方案。该过程类似于一个人盲目地投掷飞镖，希望击中靶心。蒙眼的人可能在几次投掷中无法击中靶心，但随着投掷次数的增加，我们期望他们可能会命中靶心。

将随机搜索应用于超参数优化

注意：EDL_5_2_RS_HPO.ipynb 是我们之前使用简单随机搜索算法自动执行超参数优化的 notebook 的升级版本。在 Google Colab 中打开该 notebook 示例，然后通过菜单中的 Runtime | Run All 命令运行所有单元格。作为比较，打开 EDL_5_1_Hyperparameter_Tuning.ipynb。

下面首先探索希望深度学习网络逼近的问题函数。代码的第一行代码回顾了在第 4 章中介绍的多项式函数，如图 5-1 所示。代码清单 5-2 包含了生成训练网络输入和目标数据点的样本集的代码。

代码清单 5-2　EDL_5_2_RS_HPO.ipynb：定义数据

```
def function(x):
 return (2*x + 3*x**2 + 4*x**3 + 5*x**4 + 6*x**5 + 10)     定义多项式目标函数

data_min = -5              设置数据的边界和步长
data_max = 5
data_step = .5                                   生成并重塑输入数据
Xi = np.reshape(np.arange(data_min, data_max, data_step), (-1, 1))
yi = function(Xi)
inputs = Xi.shape[1]       生成目标输出
yi = yi.reshape(-1, 1)
plt.plot(Xi, yi, 'o', color='black')
```

查找网络的输入数量

接下来，回顾一下基础模型/类，它们可作为我们想要学习的逼近该函数的网络，如代码清单 5-3 所示。这是在第 2 章中评估更简单的示例时使用的相同的基础模型。

代码清单 5-3　EDL_5_2_RS_HPO.ipynb：定义模型

```
class Net(nn.Module):
  def __init__(self, inputs, middle):      定义中间层的输入节点和大小
    super().__init__()
    self.fc1 = nn.Linear(inputs,middle)
    self.fc2 = nn.Linear(middle,middle)    建立第一个全连接层
    self.out = nn.Linear(middle,1)

  def forward(self, x):      定义 forward 函数
   x = F.relu(self.fc1(x))
   x = F.relu(self.fc2(x))
 x = self.out(x)
   return x
```

现在介绍自动化的神奇之处。自动化超参数优化的过程包括使用一个新的类来包含和管理搜索。对于随机搜索，这个 Hyperparameters 类的版本如代码清单 5-4 所示。初始化函数(init)接收输入的超参数，并使用 update 将它们转换为类属性。使用这个类时，首先设置基本属性作为输入，然后对于每个超参数属性，定义一个生成器来提供下一个值。在这个基本的 Hyperparameters 对象上调用 next 函数会生成一个新的生成对象，该对象在单次评估中被使用。如果这还不太明显，不要担心，我们正在使用一些将通过后续的代码来解释的高级功能。

代码清单 5-4　EDL_5_2_RS_HPO.ipynb：Hyperparameters 类

```
class Hyperparameters(object):            init 函数将输入的参数放入字典中
  def __init__(self, **kwargs):
```

```
    self.__dict__.update(kwargs)

def __str__(self):          ◄——— 重写 str 函数以实现更好的打印效果
  out = ""
  for d in self.__dict__:
    ds = self.__dict__[d]
    out += f"{d} = {ds}\n"
    return out
                              获取超参数对象的下一个实例的函数
def next(self):        ◄——
  dict = {}                       循环遍历参数字典，然后对实参调用 next
  for d in self.__dict__:   ◄——
    dict[d] = next(self.__dict__[d])      返回超参数对象的新实例
    return Hyperparameters(**dict)  ◄——
```

Hyperparameters 类内部使用 Python 生成器模式循环遍历所有属性，以创建一个新的实例。对于我们的随机搜索方法，使用一个名为 sampler 的函数生成器，如代码清单 5-5 所示。sampler 函数旨在从由 min 和 max 设置的范围内的给定函数中连续采样。Python 支持两种形式的生成器——我们使用其中的一种，即使用 yield 关键字中断循环并返回一个值。要执行一个生成器，需要将函数包装在 next 中，就像在代码清单 5-4 中所看到的。

代码清单 5-5　EDL_5_2_RS_HPO.ipynb：sampler 生成器

```
def sampler(func, min, max):      ◄——    输入是函数和范围，
  while True:                          从最小值到最大值
    yield func(min,max)        ◄——
                                     无限生成器设置成无限循环
    调用函数并设置最小值和最大
    值范围的返回值
```

当我们最初设置基本的或父级的超参数对象时，可以将这些部分组合在一起，如代码清单 5-6 所示。在父级对象中，将每个输入定义为由不同函数和最小/最大范围定义的采样(sampler)生成器。注意所使用的采样函数如何从 random.randint 变为 random.uniform，这两个函数都能生成符合均匀分布的随机变量。调用 next 函数会生成一个子级超参数对象，该对象可用于实验评估。

代码清单 5-6　EDL_5_2_RS_HPO.ipynb：创建超参数父类

```
                                       在生成器函数中添加了
                                       关于训练轮数的输入
hp = Hyperparameters(
  epochs = sampler(random.randint,20,400),   ◄——
  middle_layer = sampler(random.randint, 8, 64),
  learning_rate = sampler(random.uniform,3.5e-01,
  ➥ 3.5e-03),                              通过使用 random.input 基本函
  batch_size = sampler(random.randint, 4, 64)  ◄—— 数添加了额外的输入
)
```

```
print(hp.next())
```
◄—— 采样下一个对象，然后打印

要理解这些代码是如何工作的，跳到代码块中的训练函数 train_function，如代码清单 5-7 所示。在这个函数内部，首先调用 hp.next()生成一个子对象。然后，可以通过将名称作为对象的属性在训练算法中使用这些值。由于每次调用 hp.next()时都使用随机评估器的 sampler 函数，因此输出结果是一组随机的超参数。

代码清单 5-7　EDL_5_2_RS_HPO.ipynb：使用一个超参数子对象

```
def train_function(hp):
  hp = hp.next()    ◄—— 生成一个子超参数对象

  ...
  for i in range(hp.epochs):    ◄—— 通过调用属性来使用超参数
```

最后看看如何将所有这些组合在一起并自动化超参数优化，如代码清单 5-8 所示。由于使用超参数类(hp)封装了所有的随机采样，因此代码的其余部分非常简单。由于这是一个最小化问题，我们希望调整超参数以最小化目标网络的损失，因此将起始最佳值设置为正无穷大。然后，在由运行次数定义的循环中，使用父级超参数对象调用 train_function。在训练函数内部，超参数生成一个新的随机超参数实例，并使用这些超参数评估网络损失。我们通过对模型中所有数据点进行完整预测来评估整体适应度。

代码清单 5-8　EDL_5_2_RS_HPO.ipynb：自动化超参数优化

```
runs = 10000
best = float("inf")    ◄—— 为最佳解(best)设置初始的最大值
best_hp = None
run_history = []
for i in range(runs):    ◄—— 运行训练函数
  span, history, model, hp_out = train_function(hp)
  y_ = model(torch.Tensor(Xi))
fitness = loss_fn(y_, torch.Tensor(yi)).data.item()
  run_history.append([fitness,*hp_out.__dict__.values()])    ◄—— 评估所有数据的适应度
  if fitness < best:    ◄—— 检查这是否是一个新的最佳解
    best = fitness
    best_hp = hp_out
```

图 5-7 展示了使用随机搜索执行自动化超参数优化的结果。在图的顶部是最佳的整体适应度，同时列出了相应的超参数。在其下方有三个图，分别显示了网络训练的损失历史、模型对函数的逼近程度以及到目前为止所有评估的图。评估图以灰度输出显示最佳适应度，其中黑色六边形代表到目前为止评估的最佳整体适应度。在图的底部，可以看到经过 10 000 次运行后的结果，其中单个难以察觉的黑点代表最小的适应度。

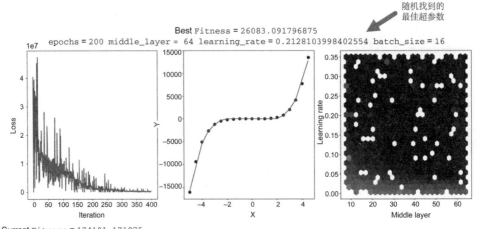

图 5-7   运行随机超参数搜索的结果

最后，回顾生成输出的代码，因为在本章的所有练习中都会使用它。该图首先绘制了最后一次运行的损失历史和函数逼近，如代码清单 5-9 所示。最后是一个 hexbin 图，显示了所有运行的历史，按照学习率和中间层超参数绘制。随着自动化超参数优化的运行，你将会看到这个图随时间而变化。

代码清单 5-9   EDL_5_2_RS_HPO.ipynb：绘制输出结果

```
clear_output()

fig, (ax1, ax2, ax3) = plt.subplots(1, 3,          使用三个水平子图创建组合图
➥    figsize=(18,6))
fig.suptitle(f"Best Fitness {best} \n{hp_out}")
ax1.plot(history)
ax1.set_xlabel("iteration")            绘制损失训练历史
ax1.set_ylabel("loss")

ax2.plot(Xi, yi, 'o', color='black')
ax2.plot(Xi,y_.detach().numpy(), 'r')            绘制函数逼近
ax2.set_xlabel("X")
ax2.set_ylabel("Y")
                                hexbin 图包含了所有运行的历史记录
rh = np.array(run_history)
hexbins = ax3.hexbin(rh[:, 2], rh[:, 3], C=rh[:, 0],
                     bins=25, gridsize=25, cmap=cm.get_cmap('gray'))
ax3.set_xlabel("middle_layer")
ax3.set_ylabel("learning_rate")

plt.show()
time.sleep(1)
```

图 5-8 中展示的结果需要几个小时才能生成，你可以清楚地看到最佳结果的位置。

在这种情况下，只使用两个超参数进行超参数优化，因此我们可以清晰地在二维空间中对结果进行可视化。当然，可以将所有这些技术应用于两个以上的变量，但就像预期的那样，这可能需要更多的运行和时间。在后续的场景中，我们会介绍更高级的技术来可视化和跟踪多个超参数。

随机搜索对于快速找到答案非常有效，但这种方法的问题在于随机方法本身就是随机的。我们无法知道是否正在接近一个解决方案，甚至不知道可能的最佳解决方案会是什么样子。有几种统计方法可以跟踪进展并促进生成更好的解决方案，但这些方法仍然需要进行数百次甚至数千次迭代。

在我们的简单示例中，只管理了两个超参数，并且它们的范围相对较小。这意味着在相对较短的时间内，可以有一个相当不错的猜测。然而，这个猜测并没有提供任何关于它有多接近最佳解决方案的见解，除了它是在一定数量的随机抽样中最好的结果。随机搜索在快速逼近方面效果很好，但在接下来的章节中会讨论更好的方法。

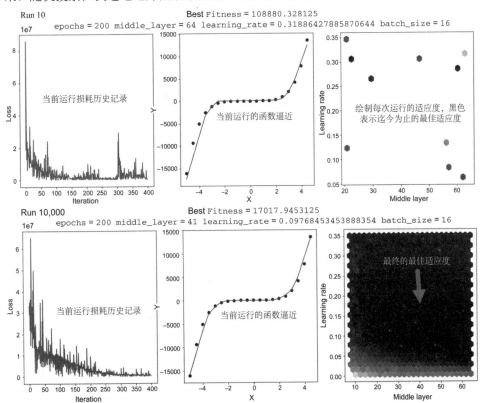

图 5-8　超参数优化随机搜索的示例输出，运行次数从 10 次到 10 000 次

5.3　网格搜索和超参数优化

尽管随机搜索可以快速生成更好的猜测来找到准确的超参数优化,但它非常耗时。生成图 5-7 所示的最终输出需要超过 8 小时的时间,这很慢,但可以得到准确的结果。寻找快速准确的自动化超参数优化需要更高级的技术。

一种简单而有效的技术是网格搜索,可用于从考古挖掘到搜索和救援队伍的各种情况。网格搜索通过将搜索区域或表面按网格图案布置,并系统地遍历网格中的每个单元来工作。网格搜索最适合在二维中进行,但该技术对于任何维度的问题同样有效。

图 5-9 显示了在超参数空间进行随机搜索和网格搜索的比较。该图展示了一种遍历网格的可能模式,并在每个单元格中对学习率(learning_rate)和中间层(middle_layer)变量进行评估。网格搜索是一种以系统和高效的方式评估各种可能组合的有效方法。

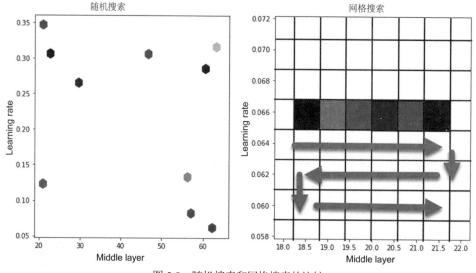

图 5-9　随机搜索和网格搜索的比较

使用网格搜索进行自动化超参数优化

在下一个练习中,我们将升级之前的随机搜索技术,使用更复杂的网格搜索技术。虽然这种技术更健壮和高效,但仍受到网格大小的限制。使用较大的网格单元通常会将结果限制在局部最小值或最大值上。使用更精细和较小的单元格可以找到全局最小值和最大值,但这会增加搜索空间的成本。

在下一个练习的 notebook 示例 EDL_5_3_GS_HPO.ipynb 中的代码源自之前的随机搜索示例。因此,大部分代码都是相同的,如常规操作,我们只关注使此示例独特的部分。在 Colab 中打开 EDL_5_3_GS_HPO.ipynb,并通过 Runtime | Run All 命令运行

所有的代码单元格。

此示例中代码的主要区别是超参数对象现在需要跟踪参数网格。首先看一下新的 HyperparametersGrid 类和其 init 函数的构造。在这个函数中(如代码清单 5-10 所示)，将输入参数的名称提取到 self.hparms 中，然后测试第一个输入是否指向一个生成器。如果是，则使用 self.create_grid 生成一个参数网格；否则该实例将只是一个子超参数容器。

代码清单 5-10　EDL_5_3_GS_HPO.ipynb：HyperparametersGrid 初始化函数

```
class HyperparametersGrid(object):
    def __init__(self, **kwargs):
        self.__dict__.update(kwargs)
        self.hparms = [d for d in self.__dict__]        提取所有输入参数名称
        self.grid = {}
        self.gidx = 0

        if isinstance(self.__dict__[self.hparms[0]],     仅在其为父对象时
            types.GeneratorType):                        创建网格
            self.grid = self.create_grid()               创建参
            self.grid_size = len(self.grid)              数网格       获取网格大小
```

接下来，看看是如何在 self.create_grid 函数中构造参数网格的。该函数展示在代码清单 5-11 中，首先创建一个空的 grid 字典，然后循环遍历超参数列表。它调用超参数生成器，使用 next 返回一个值和值的总数。然后再次循环遍历生成器以提取每个唯一的值，并将其追加到 row 列表中。之后，将该行追加到网格中，最后通过将 grid 注入 ParameterGrid 类来结束。ParameterGrid 是一个来自 scikit learn 的辅助类，它以输入字典和值列表为输入，然后构造一个网格，其中每个单元格表示各种超参数组合。虽然在这个示例中仅使用两个超参数在二维网格上运行，但是 ParameterGrid 可以管理任意数量的维度。

代码清单 5-11　EDL_5_3_GS_HPO.ipynb：create_grid 函数

```
def create_grid(self):                  循环遍历所有
    grid = {}                           超参数生成器
    for d in self.hparms:
        v,len = next(self.__dict__[d])
        row = []                                提取一个值和值的总数
        for i in range(len):
            v,_ = next(self.__dict__[d])
            row.append(v)                       将该值追加到一行中，然后将
        grid[d] = row                           其添加到网格中
    grid = ParameterGrid(grid)
    return grid                                 从字典 grid 中创建一个
                                                ParameterGrid 对象
循环遍历值的范围
```

内部的参数网格保存了所有超参数的组合,现在看看更新后的 next 函数如何工作,如代码清单 5-12 所示。在顶部,有一个 reset 函数,负责重置参数网格中的索引。每次调用 next 都会增加索引,从而从参数网格(self.grid)中提取下一个值。最后一行代码使用**将网格值作为输入解包到一个新的 HyperparametersGrid 实例中。

代码清单 5-12　EDL_5_3_GS_HPO.ipynb: HyperparametersGrid 的 next 函数

使用新的网格超参数类也需要升级所使用的控制超参数创建的生成器。为简单起见,我们定义了两个函数:一个用于浮点数,另一个用于整数。在每个函数内部,我们从最小值到最大值以步长间隔创建一个称为 grid 的数组。遍历这个值列表,产生一个新值和总列表长度,如代码清单 5-13 所示。拥有总列表长度允许我们遍历生成器来创建参数网格。

代码清单 5-13　EDL_5_3_GS_HPO.ipynb: 生成器

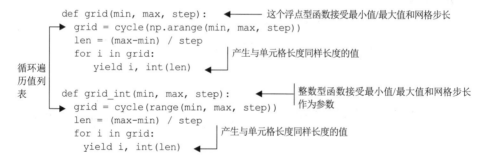

现在,我们可以看到如何使用这个新的类和生成器函数来创建父 hp 对象,如代码清单 5-14 所示。设置变量的方式与我们之前看到的相同,但是这次使用网格生成器函数。在类初始化后,内部会创建一个内部参数网格。我们可以查询有关网格的信息,如获取组合总数或值。然后也可以在父 hp 对象上调用 next 来生成一些子对象。可以通过将每个超参数的取值数量相乘来计算网格组合的数量。在我们的示例中,middle_layer 有 9 个值,learning_rate 有 10 个值,epochs 有 1 个值,batch_size 有 1 个

值，总共有 90 个值，即 10×9×1×1=90。随着处理的变量数量增加和步长减小，网格规模会迅速增大。

代码清单 5-14　EDL_5_3_GS_HPO.ipynb：创建网格

```
hp = HyperparametersGrid(
middle_layer = grid_int(8, 64, 6),
learning_rate = grid(3.5e-02,3.5e-01, 3e-02),
batch_size = grid_int(16, 20, 4),
epochs = grid_int(200,225,25)
)
```
　　　　　　　　　　　　　　◄──── 打印网格组合数量
```
print(hp.grid_size)
print(hp.grid.param_grid)    ◄──── 打印参数网格输入

print(hp.next())
print(hp.next())
```
　　　　　　　　└──── 打印下一个子超参数对象
```
#OUTPUT#
90
[{'middle_layer': [14, 20, 26, 32, 38, 44, 50, 56, 62], 'learning_rate':
➡ [0.065, 0.095, 0.125, 0.155, 0.185, 0.215, 0.245, 0.275, 0.305…,
➡ 0.3349…], 'batch_size': [16], 'epochs': [200]}]
middle_layer = 20 learning_rate = 0.065 epochs = 200 batch_size = 16
middle_layer = 26 learning_rate = 0.065 epochs = 200 batch_size = 16
```

这个示例使用 GPU 进行训练，但实现的代码更改很小，因此不进行显示。相反，我们聚焦于自动化设置中的一些细微变化。现在 runs 由 hp.grid_size 定义，我们创建一个新的变量 grid_size，其定义为运行次数，如代码清单 5-15 所示。第二个变量用于定义我们在 hexbins fitness 评估图上绘制的网格单元大小。

代码清单 5-15　EDL_5_3_GS_HPO.ipynb：创建一个网格

```
runs = hp.grid_size              ◄──── 现在，runs 等于 grid_size
grid_size = int(math.sqrt(runs))-1 ◄
hp.reset()
```
　　　　　　　　　　　　　　　└──── 根据总运行次数定义绘图网
　　　　　　　　　　　　　　　　　　格大小 grid_size
在开始前重置父 hp 对象

图 5-10 显示了运行此练习以完成所有 90 次运行的输出结果，大约用了 10 分钟。这比随机搜索的结果快得多，但不如随机搜索准确。注意，图 5-8 中的最终适应度(~17 000)是图 5-5 中所示适应度的 1/3(~55 000)。因此，网格搜索得到的结果不太准确，但肯定更快、更高效。我们总可以返回并缩小搜索范围，减小步长，以提高准确性。

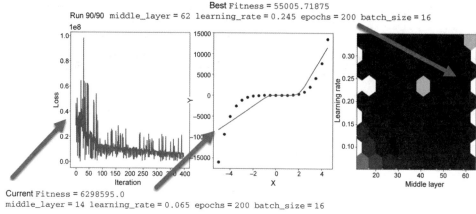

图 5-10　网格搜索的最终输出

最后要看的是根据之前计算的变量来设置 grid_size 以修改输出评估图。我们使用 hexbin 图根据颜色自动映射适应度值。然后，根据组合数量设置 grid_size。在这个简单的示例中，假设了一个参数的方形网格，但这并不总是准确的，如代码清单 5-16 所示。

代码清单 5-16　EDL_5_3_GS_HPO.ipynb：设置 grid_size

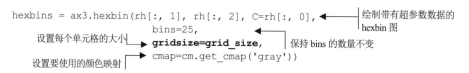

当你希望系统地查看各种超参数组合时，网格搜索是一种优秀的技术。然而，要特别注意图 5-10 中的输出，并注意最佳适应度(暗区域)与最差适应度(亮区域)相差不超过两个单元格。然而，我们可以看到在亮色单元格周围有许多适应度良好的区域，这表明我们很可能错过了全局最小值和/或最大值。修复这个问题的方法是回过头来缩小网格，只覆盖这个两到三个单元格的区域，这需要进行手动干预，以更好地确定最佳超参数。

鉴于我们现在对使用进化计算方法解决各种问题已经有了一些经验，接下来将采取下一步措施，将其应用于超参数优化。在本章的其余部分，将研究如何使用进化计算来提供更好的搜索机制进行超参数优化。

5.4　使用进化计算进行超参数优化

现在我们很好地了解了超参数优化问题，可以开始使用一些进化计算方法来提高速度和准确性。正如我们之前所看到的，进化方法提供了一套优秀的工具来优化各种问题的搜索。因此，使用进化计算来执行超参数优化的实际应用是很有意义的。

5.4.1　将 PSO 用于超参数优化

我们首先通过使用 PSO(粒子群优化)进行超参数优化将进行计算引入深度学习。如第 4 章所讨论的，PSO 使用聚类粒子来寻找最优解。PSO 不仅可以用 DEAP 简单实现，而且它也展示了进化计算解决超参数优化等问题的强大功能。

5.4.2　将进化计算和 DEAP 添加到自动化超参数优化中

在下一个练习中，将重点关注两个关键方面：添加进化计算/DEAP 来执行自动超参数优化，并将进化计算方法(如 PSO)应用于该问题。我们再次使用相同的基本问题来比较不同方法之间的结果差异。这不仅使我们更容易理解代码，而且在比较其他方法时，还提供了一个良好的基线。

在 Google Colab 中打开 notebook 示例 EDL_5_4_PSO_HPO_PCA.ipynb，选择 Runtime | Run All 命令运行所有单元格。向下滚动到 HyperparametersEC 类定义的单元格，如代码清单 5-17 所示。同样，将进化计算和深度学习结合的大部分繁重工作发生在 HyperparametersEC 类中。这次，创建该类的一个专门版本，称为 HyperparametersEC。我们开始关注基本函数。

代码清单 5-17　EDL_5_4_PSO_HPO.ipynb：HyperparametersEC 基础函数

```
class HyperparametersEC(object):
  def __init__(self, **kwargs):        ◄——— 使用输入参数初始化类
    self.__dict__.update(kwargs)
    self.hparms = [d for d in self.__dict__]

  def __str__(self):      ◄——— 覆盖字符串函数
    out = ""
    for d in self.hparms:
      ds = self.__dict__[d]
      out += f"{d} = {ds} "
    return out

  def values(self):     ◄——— 暴露当前值
    vals = []
    for d in self.hparms:
      vals.append(self.__dict__[d])
```

```
            return vals

    def size(self):          ◀──── 返回超参数大小
        return len(self.hparms)
```

在基本函数之后，查看用于调用父 HyperparametersEC 对象以派生子对象的特殊 next 函数。这部分代码比较复杂，在我们了解新的生成器方法之前不会进行全面的解释。注意，代码清单 5-18 中显示的此函数以个体或值向量作为输入。在此示例中，个体表示一个粒子，但它也可以表示我们使用向量描述的任何形式的个体。另一个需要注意的重要细节是生成器上 send 函数的使用。send 函数类似于 Python 中的 next 函数，但它允许对生成器进行初始化或输入值。

代码清单 5-18　EDL_5_4_PSO_HPO.ipynb: HyperparametersEC 的 next 函数

```
def next(self, individual):
    dict = {}                                    对超参数进行枚举
    for i, d in enumerate(self.hparms):  ◀──── 为每个超参数初始化生成器
        next(self.__dict__[d])  ◀────
    for i, d in enumerate(self.hparms):
        dict[d] = self.__dict__[d].send(individual[i])  ◀──┤ 将索引值发送给生成器
    return HyperparametersEC(**dict)                        └ 并生成值

返回子对象
```

由于 send 函数允许将值传递给生成器，我们现在可以重新编写生成器函数以适应这一点。其中两个有趣的函数是 linespace 和 linespace_int 生成器，如代码清单 5-19 所示。这些生成器允许使用 i = yield 将输入传递进来，其中 yield 成为使用 send 函数传入的值。通过应用 clamp 函数，值 i 成为在-1.0~1.0 的线性插值空间中的索引。可能还记得，send 函数从个体中发送了索引值。因此，个体中的每个向量元素将成为超参数的线性空间中的索引，该线性空间由在设置父 hp 对象时使用的最小值/最大值定义。

代码清单 5-19　EDL_5_4_PSO_HPO.ipynb：生成器函数

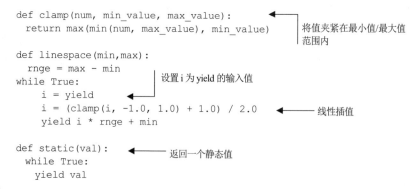

```
def clamp(num, min_value, max_value):          ◀───┐
    return max(min(num, max_value), min_value)     │ 将值夹紧在最小值/最大值
                                                    └ 范围内
def linespace(min,max):
    rnge = max - min
    while True:                    设置 i 为 yield 的输入值
        i = yield          ◀────
        i = (clamp(i, -1.0, 1.0) + 1.0) / 2.0   ◀──── 线性插值
        yield i * rnge + min

def static(val):       ◀──── 返回一个静态值
    while True:
        yield val
```

现在，我们可以在下面的单元格中看到它的工作原理，在单元格中实例化该类并创建一个子对象。同样，通过为我们要跟踪的每个超参数传递生成器来创建父超参数对象。之后，使用-1.0～1.0 范围内的值列表定义一个简单的个体，其中每个值表示由将最小值/最大值设置为生成器定义的线性空间中的索引。在超参数父对象上调用 next 时，得到一个由输入个体的索引值定义的子对象，如代码清单 5-20 所示。

代码清单 5-20　EDL_5_4_PSO_HPO.ipynb：创建父超参数对象

```
hp = HyperparametersEC(                         ← 用最小值/最大值定义的线
  middle_layer = linespace_int(8, 64),             性空间生成器
  learning_rate = linespace(3.5e-02,3.5e-01),
  batch_size = static(16),         ← 配置了静态生成器
  epochs = static(200)
)

ind = [-.5, -.3, -.1, .8]        ← 创建一个大小为 4 的向量来表示个体
print(hp.next(ind))      ← 调用 next 创建新的超参数子对象
```

结果如下所示：

```
middle_layer = 22 learning_rate = 0.14525 batch_size = 16 epochs = 200
```

大量 PSO 设置和操作代码来自第 4 章介绍的 EDL_4_PSO.ipynb 这一 Notebook。这里关注的是工具箱(toolbox)的配置和评估函数。在此代码中，我们基于要跟踪的超参数数量 hp.size 设置粒子的大小。接下来，减小 pmax/pmin 和 smin/smax 的值，以适应较小的搜索空间。务必更改这些值以了解它对超参数优化的影响。在代码清单 5-21 的代码末尾，可以看到 evaluate 函数的注册，其中对每个粒子的适应度进行评估。

代码清单 5-21　EDL_5_4_PSO_HPO.ipynb：创建父超参数对象

```
toolbox = base.Toolbox()                         ← 粒子的大小，由超参数数量定义
toolbox.register("particle",
                 generate, size=hp.size(),
                 pmin=-.25, pmax=.25, smin=-.25, smax=.25)   ←
toolbox.register("population",                    ← 配置粒子搜索空间
                 tools.initRepeat, list, toolbox.particle)
toolbox.register("update",
                 updateParticle, phi1=2, phi2=2)
toolbox.register("evaluate", evaluate)      ← 注册 evaluate 函数
```

现在，evaluate 函数需要通过传递子超参数对象来调用 train_function。注意，这与以前调用网络训练函数的方式略有不同。在这里，通过向父对象传入个体来调用 next 生成子超参数对象。然后，子超参数被输入 train_function 中以生成输出。为了进行完整的评估，我们检查整个数据集上的模型损失，然后将其作为适应度返回，如代码清单 5-22 所示。

代码清单 5-22　EDL_5_4_PSO_HPO.ipynb：创建父超参数对象

```
def evaluate(individual):
    hp_in = hp.next(individual)          ← 通过传入个体生成
    span, history, model, hp_out = train_function(hp_in)  ← 通过传入到子超参数
    y_ = model(torch.Tensor(Xi).type(Tensor))            来调用训练函数
fitness = loss_fn(y_, torch.Tensor(yi).type(Tensor)).data.item()
    return fitness,        ← 返回适应度
预测全模型损失
```

现在可以移动到最后一个代码块，如代码清单 5-23 所示，并检查粒子群针对我们的修改是如何工作的。我们在代码中已经用粗体标出了所做的修改，以更好地跟踪粒子的适应度和相关的超参数。在对粒子进行评估之后，调用 hp.next(part)创建一个子对象的副本。这对于 PSO 的函数并非必须，但它有助于跟踪粒子的历史记录。

代码清单 5-23　EDL_5_4_PSO_HPO.ipynb：创建父超参数对象

```
for i in range(ITS):
  for part in pop:
    part.fitness.values = toolbox.evaluate(part)
    hp_eval = hp.next(part)        ← 捕获超参数子对象
    run_history.append([part.fitness.values[0],
      ➥ *hp_eval.values()])        ← 将值追加到运行
    if part.best is None or part.best.fitness < part.fitness:   历史记录
      part.best = creator.Particle(part)
      part.best.fitness.values = part.fitness.values
    if best is None or best.fitness > part.fitness:
      best = creator.Particle(part)
      best.fitness.values = part.fitness.values      ← 捕获最佳适应度
      best_hp = hp.next(best)        和超参数对象
  for part in pop:
    toolbox.update(part, best)
```

图 5-6 是对应将 PSO 应用于进行 10 次迭代的超参数优化的最终输出的截图。在最左边的适应度评估图中，可以清楚地看到粒子如何围绕一个预测的最佳解收敛。注意，最终的最佳适应度约为 34 000，比网格搜索实现的结果更好。更重要的是，PSO 能够在比网格搜索更短的时间内实现这一结果。

与之前的随机搜索和网格搜索示例相比，图 5-11 中的结果看起来相当令人印象深刻。然而，PSO 也不是没有问题的，尽管它似乎比网格搜索表现更好，但并不总是如此。此外，PSO 受到 smin/smax 和 pmin/pmax 参数的严格限制，正确调整这些值通常需要仔细思考或反复试验。

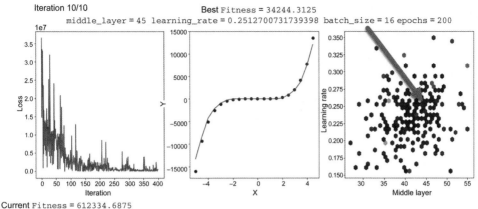

Current Fitness = 612334.6875
middle_layer = 45 learning_rate = 0.2512700731739398 batch_size = 16 epochs = 200

图 5-11　使用 PSO 进行超参数优化的输出结果

回顾图 5-10 中的第三个子图，可以看到 PSO 如何收敛到一个区域，然后在该区域内扩散粒子以寻找更好的最优解。这种方法的问题是，粒子群往往会陷入一个局部最小值或最大值，试图在扩散区域内寻找全局最小值或最大值。如果在该区域内没有这样的全局值存在，粒子群将会陷入一个局部最小值或最大值。

考虑到 PSO 可能面临的这种困境，我们可以寻找其他进化计算方法，这些方法可以更好地执行超参数优化，并避免或减少这种问题。正如在第 4 章中所看到的，有一些先进的进化计算方法可能有助于克服这些问题。

5.5　在超参数优化中使用遗传算法和进化策略

我们在第 3 章花了一些时间来理解遗传算法的工作原理，然后在第 4 章使用进化策略时扩展了这些概念。回想一下，进化策略是遗传算法的一种专门形式，它应用策略来改进遗传操作符，如突变。为了实现自动化超参数优化，将继续对遗传算法和进化策略使用相同的突变策略。

5.5.1　将进化策略应用于超参数优化

在第 4 章中，介绍了如何将进化策略作为控制突变率和应用方式的额外向量来使用。通过这种控制突变的方式，可以使整个种群更快聚焦到解决方案上。在我们的下一个项目中，将采用进化策略来实现自动化超参数优化。

在 Google Colab 中打开 notebook 示例 EDL_5_5_ES_HPO.ipynb，在菜单中选择 Runtime | Run All 命令运行所有的单元格。这个 notebook 以 EDL_4_4_ES.ipynb 为基础，并从中借用了许多代码。我们还从上一个练习中借用了几段代码来构建该示例，这意

味着这些代码可能看起来很熟悉。

我们通过查看进化策略超参数来关注第一个不同之处。第一个修改是将
IND_SIZE 变量设置为超参数的数量。然后，将 MAX_STRATEGY 改为 5，以适应更
大的搜索空间，如代码清单 5-24 所示。

代码清单 5-24　EDL_5_5_ES_HPO.ipynb：设置进化策略超参数

```
IND_SIZE = hp.size()        ◀——— 将个体大小设置为
NGEN = 10                          超参数数量
MIN_VALUE = -1
MAX_VALUE = 1
MIN_STRATEGY = 0.5
MAX_STRATEGY = 5            ◀——— 增加最大策略以适应
                                   更宽广的搜索空间
CXPB = .6
MUTPB = .3
```

接下来，跳到设置工具箱(toolbox)的代码块，如代码清单 5-25 所示。在这里做的
唯一关键更改是修改了一些超参数，用于 mate(配对)操作符的 alpha 以及突变概率。回
想一下，alpha 表示父代之间的混合大小，而不是直接的交叉操作。

代码清单 5-25　EDL_5_5_ES_HPO.ipynb：创建工具箱(toolbox)

```
toolbox = base.Toolbox()
toolbox.register("individual",generateES,creator.Individual,creator.Strategy,
    IND_SIZE, MIN_VALUE, MAX_VALUE, MIN_STRATEGY, MAX_STRATEGY)
toolbox.register("population", tools.initRepeat, list, toolbox.individual)
toolbox.register("mate", tools.cxESBlend, alpha=0.25)   ◀——— 增加 alpha 混合大小
toolbox.register("mutate", tools.mutESLogNormal,
➥ c=1.0, indpb=0.06)
toolbox.register("select", tools.selTournament, tournsize=3)

toolbox.decorate("mate", checkStrategy(MIN_STRATEGY))
toolbox.decorate("mutate", checkStrategy(MIN_STRATEGY))
```

增加突变发生的概率

最后，可以查看代码清单 5-26，看看种群是如何通过进化找到解决方案的。

代码清单 5-26　EDL_5_5_ES_HPO.ipynb：创建工具箱(toolbox)

```
for g in range(NGEN):
 pop, logbook = algorithms.eaMuCommaLambda(pop, toolbox, mu=MU, lambda_=LAMBDA,
        cxpb=CXPB, mutpb=MUTPB, ngen=1,
        stats=stats, halloffame=hof, verbose=False)   ◀——— 使用算法函数进行
 best = hof[0]                                                单次迭代进化

 span, history, model, hp_out = train_function
➥ (hp.next(best))   ◀——— 用进化的最佳结果再次运行训练
```

```
y_ = model(torch.Tensor(Xi).type(Tensor))
fitness = loss_fn(y_, torch.Tensor(yi).type(Tensor)).data.item()
run_history.append([fitness,*hp_out.values()])
best_hp = hp_out
```

用模型预测输出

将适应度和超参数子代
追加到结果中

图 5-12 显示了运行进化策略进行超参数优化的最终输出。注意，右图的适应度评估显示了更紧密的聚集。这个聚集比 PSO 更紧凑，进化策略遇到了一些 PSO 存在的相同问题。

在 PSO 中，我们看到了粒子群陷入局部极小值或极大值的问题。进化策略似乎也存在类似的问题，但需要注意的是，进化策略的收敛速度更快，更集中。增加更大的种群可以减轻或帮助进化策略更可靠地识别全局最小值。

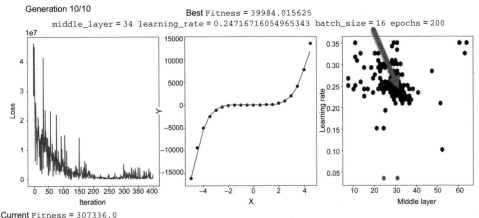

图 5-12 通过进化策略进行超参数优化的示例输出

5.5.2 使用主成分分析扩展维度

到目前为止，我们只是在两个超参数(学习率和批的规模)上测试各种方法，以便于在二维中更直观地对结果进行可视化。如果想在更高维度中可视化更多超参数，需要将维数降低到二或三，以进行可视化。幸运的是，可以采用一种简单的技术来以二维可视化更高维度的输出，这称为主成分分析(Principal Component Analysis，PCA)。

PCA 是将高维向量数据从高维降到低维的过程。在我们的示例中，将四维输出降低到二维以进行可视化。可以把这个过程看作是从高维投影到低维的过程。我们将在下一个练习中展示这是如何工作的，以及如何通过它对超参数优化进行可视化。

在 Google Colab 中打开 notebook 示例 EDL_5_5_ES_HPO_PCA.ipynb，然后在菜单中通过 Runtime | Run All 命令运行所有的单元格。EDL_5_5_ES_HPO.ipynb 的这个变体添加了 PCA，所以可以自动化更多的超参数，并仍然在二维空间对结果进行可视化。

大部分代码都是相同的，但我们着重演示设置 PCA，并以二维的形式绘出一些多维输出。scikit-learn 提供了一个 PCA 类，可以轻松地将数据从高维转换为更简单的成分输出。在代码清单 5-27 中，将四维的示例个体对象降维到两个主成分。

代码清单 5-27　EDL_5_5_ES_HPO_PCA.ipynb：添加 PCA

```
pop = np.array([[-.5, .75, -.1, .8],          创建示例个体的种群
                [-.5, -.3, -.5, .8],
创建一个具有两个维度  [-.5,  1, -.5, -.8],
的 PCA 对象         [ 1, -.3, -.5, .8]])
pca = PCA(n_components=2)

reduced = pca.fit_transform(pop)          拟合数据

t = reduced.transpose()          将结果转置成一个新向量

plt.scatter(t[0], t[1])          在二维空间对结果进行绘图
plt.show()
```

图 5-13 展示了代码清单 5-27 中的示例输出，以及将 PCA 应用于虚拟的种群数据的效果。需要注意的是，每个轴代表一个成分，表示向量空间中元素之间的距离。PCA 输出是通过测量元素之间的方差或差异计算出来的，并生成每个元素在其上投影的值对应的成份或轴。重要的是要理解，PCA 绘图是相对于正在可视化的数据的。如果想更多地了解 PCA 算法，可以查看 sklearn 文档或其他在线资源。

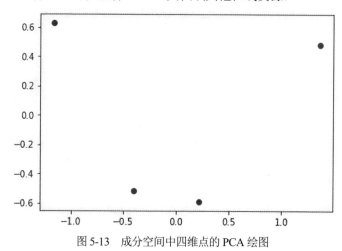

图 5-13　成分空间中四维点的 PCA 绘图

有了可视化超过二维的数据点的能力，也可以扩展我们的超参数对象，以改变额外的输入。现在添加 batch_size 和 epochs 作为要改变的超参数，如代码清单 5-28 所示。考虑一下，将这两个额外的超参数添加到网格搜索问题中。如果假设每个超参数要跨越 10 个单元格或步骤，那么对于四个输入，搜索空间将等于 $10 \times 10 \times 10 \times 10 = 10\ 000$，或 10 000 个单元格。回想一下我们的随机搜索示例被设置为运行 10 000 次，并花了 12 个多小时才完成。这与在同一四维空间上执行网格搜索所需要的时间相同。

代码清单 5-28　EDL_5_5_ES_HPO_PCA.ipynb：添加超参数

```
hp = HyperparametersEC(
  middle_layer = linespace_int(8, 64),
  learning_rate = linespace(3.5e-02,3.5e-01),

  batch_size = linespace_int(4,20),       ◀—— 改变批的大小
  epochs = linespace_int(50,400)          ◀—— 改变训练周期数
)

ind = [-.5, .75, -.1, .8]
print(hp.next(ind))
```

我们需要应用的唯一其他代码更改是修改评估函数的输出图，如代码清单 5-29 所示。可以参考代码清单 5-27 中的代码，用 PCA 将运行历史中超参数输出从高维降到两个成分。然后，使用 hexbins 函数将这两个成分转置后绘制到二维空间中。

代码清单 5-29　EDL_5_5_ES_HPO_PCA.ipynb：绘制适应度评估的代码

```
rh = np.array(run_history)       ┌── 从运行历史中提取超参数
  M = rh[:,1:IND_SIZE+1]   ◀————┘
  reduced = pca.fit_transform(M)
  t = reduced.transpose()                      ┌── 输出 PCA 成分
  hexbins = ax3.hexbin(t[0], t[1], C=rh[ :, 0], ◀┘
          bins=50, gridsize=50, cmap=cm.get_cmap('gray'))
```

图 5-14 显示了将进化策略应用于超参数优化的输出，第三个图现在由 PCA 成分组成。该绘图使我们能够在多个维度上可视化搜索最优超参数。我们仍然可以看到在最佳解决方案上出现了一些聚类，但其他点现在更加分散也更明显。还要注意，与早期示例相比，适应度有了很大改进，这可以归因于额外超参数的变化。

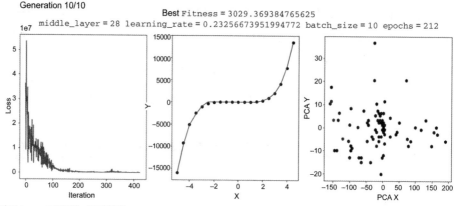

图 5-14　使用 PCA 的进化策略超参数优化输出

只改变两个超参数时，与我们之前的示例之间的差异相对较小。通过在搜索空间中添加其他超参数和维度，可以看到进化策略与网格或随机搜索相比，性能明显提升。然而要记住，进化策略仍容易陷入局部极小值，这意味着我们需要考虑其他方法。

5.6　对超参数优化使用差分进化

在第 4 章结束时，我们看到了差分进化(Differential Evolution，DE)的强大功能，它可以解决进化策略中出现的不连续解。由于差分进化具有进化解决方案的独特方式，因此非常适合用来自动化超参数优化。差分进化也很可能能够克服我们在 PSO 和进化策略中遇到的陷入局部最优的问题。

使用差分进化来进化超参数优化

差分进化采用一个简单的迭代算法，从种群中随机采样三个个体。然后计算其中两个个体之间的差值，并将缩放后的差值添加到第三个个体上，生成新的第四个点，作为进行下一次搜索的目标区域。

图 5-15 描绘了在二维空间中差分进化算法的一个单次评估。在该图中，从种群中随机采样了三个点(A, B, C)。计算从 A 到 B 的差分向量(A-B)，然后将其传递给缩放函数 F。在大多数情况下，我们通过将其乘以一个缩放值 1.0 来保持事情简单化。然后，将缩放后的差分向量添加到第三个点上，以创建一个新的目标搜索点。

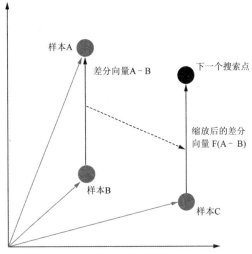

图 5-15 差分进化搜索

差分进化所采用的搜索机制灵活多变，能够摆脱我们之前在 PSO 和进化策略中看到的聚集问题。当然，我们想亲眼看看 DE 的运行，以确认这确实是一个用于超参数优化的更好方法。在下一个练习中，将继续解决相同的问题，通过优化四个超参数来使用差分进化。

在 Google Colab 中打开 notebook 示例 EDL_5_5_ES_HPO_PCA.ipynb，选择 Runtime | Run All 命令运行所有单元格。也可以查看不使用 PCA 的 EDL_5_5_ES_HPO.ipynb 二维版本。我们之前已经看过本练习的所有代码，所以我们只重新查看这里独有的部分，从代码清单 5-30 中的超参数开始。

代码清单 5-30 EDL_5_6_DE_HPO_PCA.ipynb：设置 creator 和工具箱

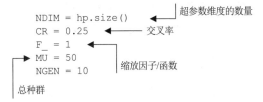

接下来，重新查看设置 creator 和工具箱(toolbox)的 DEAP 代码——我们之前已经介绍过这段代码中的所有内容。注意在代码清单 5-31 中个体注册中使用 NDIM 值来设置大小。在最后一行，可以选择注册为一个随机选择操作符，输出三个元素，k = 3。

代码清单 5-31 EDL_5_6_DE_HPO_PCA.ipynb：设置 creator 和工具箱

```
creator.create("FitnessMin", base.Fitness, weights=(-1.0,))
creator.create("Individual",
          array.array, typecode='d', fitness=creator.FitnessMin)
```

```
toolbox = base.Toolbox()
toolbox.register("attr_float", random.uniform, -1, 1)          创建具有相等超参
toolbox.register("individual", tools.initRepeat,               数维度大小的个体
                 creator.Individual, toolbox.attr_float, NDIM)
toolbox.register("population", tools.initRepeat, list, toolbox.individual)
toolbox.register("select", tools.selRandom, k=3)
```

注册一个大小为3的
随机选择函数

唯一值得关注的其他代码在进化部分。这些是第4章中已经检查过的代码，但值得再次检查。我们称差分进化中的个体(individual)对象为智能体，因为它们的生命周期像粒子一样长，但进化起来像智能体。注意突出显示的行，其中计算缩放向量差异并将其应用于向量 y 的单个组件。这样可以确保对于每个与当前向量组件匹配的随机采样索引，此计算只会发生一次。但是，交叉率确实提供了改变其他组件值以创建新的 y 的机会，如代码清单 5-32 所示。

代码清单 5-32　EDL_5_6_DE_HPO_PCA.ipynb：差分进化的进化

```
for g in range(1, NGEN):                              遍历种群
  for k, agent in enumerate(pop):
    a,b,c = toolbox.select(pop)                       选择三个个体(智能体)
    y = toolbox.clone(agent)
    index = random.randrange(NDIM)                    找到一个随机索引
    for i, value in enumerate(agent):
      if i == index or random.random() < CR:          检查是否存在交叉
        y[i] = a[i] + F_*(b[i]-c[i])
    y.fitness.values = toolbox.evaluate(y)            应用缩放向量函数
    if y.fitness > agent.fitness:
      pop[k] = y
hof.update(pop)
```

图 5-16 展示了用差分进化求解目标问题的超参数优化的十代(generation)的最终输出。特别要注意的是，第三个评估图中的点完全没有聚集。另外，这个方法得到的最佳适应度约为 81，明显超过了我们之前的所有尝试。

如我们所见，将差分进化应用于超参数优化似乎提供了一种出色的机制，可避免使用 PSO 和进化策略观察到的陷入局部极小值的问题。可以通过升级 PSO 示例以使用 PCA 进行比较，就像在 EDL_5_4_PSO_HPO_PCA.ipynb 中演示的那样。随时运行该 notebook，观察 PSO、进化策略和差分进化之间的差异。

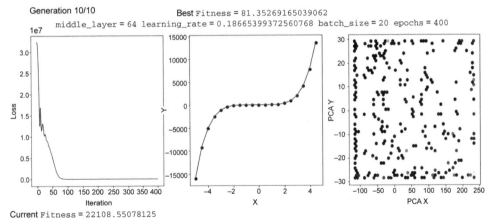

图 5-16　差分进化用于超参数优化的示例输出

图 5-17 显示了 PSO、进化策略和差分进化评估图的比较。注意，PSO 产生了粗略围绕其期望的最佳解的广泛的粒子群。同样，进化策略产生了一个更紧密的尝试聚类，但分布更像是输出上的一个窄带。通过差分进化图，则可以清楚地看到，该算法非常适合探索边界，并避免陷入局部极小值。

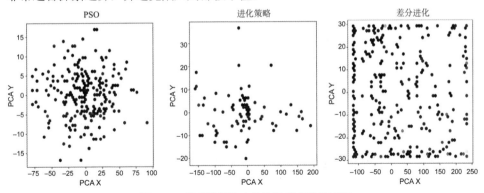

图 5-17　超参数优化中进化计算方法的比较

这是我们首次通过将进化计算与深度学习集成进行超参数优化来应用 EDL 原理的章节。我们首先探索了基本的随机搜索，然后转到网格搜索为其他方法建立基线。在此基础上，扩展应用了带有 PSO、进化策略及差分进化的进化计算方法。

通过本章对技术的探索，可以看出进化计算方法在深度学习中具有明确的应用。正如在本书的其余部分所探讨的，这些方法和其他技术可以用于改进深度学习。

5.7 本章小结

- 本章是将进化计算方法与深度学习相结合的第一章，在这一章中，首次接触到了 EDL。在这个过程中，我们学习了几种新的技术，可以应用于 PyTorch，可能也适用于其他框架。
- 进行深度学习超参数搜索(超参数优化，HPO)需要广泛的知识和经验。
  - 可以使用基本规则和模板来开发执行手动超参数搜索的策略，以解决各种问题。
  - 使用 Python 可以快速演示如何编写一个基本的超参数搜索工具。
- 随机超参数搜索是一种搜索方法，它使用随机采样在图上生成结果。通过观察这些随机观测结果，调参器可以将搜索范围缩小到特定的感兴趣区域。
- 网格搜索是一种将超参数映射到离散值的网格中，然后按顺序进行评估的方法。可视化结果网格可以帮助调参器进行微调，并选择进一步调整的特定感兴趣区域。
- DEAP 可以快速提供多种进化计算方法，供用于超参数优化。
  - 从遗传算法(GA)到差分进化(DE)，进化超参数搜索通常比网格搜索或随机搜索更高效。
  - 对于复杂的多维超参数优化问题，可以使用降维技术生成二维图形来可视化各种搜索形式之间的差异。
  - PCA (主成分分析)是一种用于可视化超参数优化的降维技术。
- PSO (粒子群优化)是一种适用于超参数相对较少的问题的优秀方法。
- 差分进化非常适合更有条理、更高效的超参数搜索，以避免局部极小值聚类。务必评估各种搜索形式之间的关键区别，并了解何时采用哪种搜索以及为何采用它。

第6章

神经进化优化

本章主要内容
- 深度学习网络如何优化或学习
- 用遗传算法替代神经网络的反向传播训练
- 神经网络的进化优化
- 对 Keras 深度学习模型采用进化优化
- 扩展神经进化规模以处理图像分类任务

在第 5 章中，成功地运用了进化算法来优化深度学习网络的超参数。在简单的随机或网格搜索算法之外，我们介绍了进化算法如何改进超参数搜索。采用进化算法的变体，如 PSO(粒子群优化)、进化策略和差分进化，让我们对用于搜索和超参数优化的方法有了更深的理解。

进化深度学习是我们用来包含所有用于改进深度学习的进化方法的术语。更具体地说，神经进化是定义应用于深度学习的特定优化模式的术语。在第 5 章看到的这种模式是将进化算法应用于超参数优化。

神经进化包括用于超参数优化、参数优化(权重/参数搜索)和网络优化的技术。在本章，将深入探讨如何将进化方法应用于直接优化网络参数，从而消除通过网络反向传播误差或损失的需要。

神经进化通常用于改进单个深度学习网络模型。进化算法还可以应用于深度学习的其他地方，如同时搜索多个模型。现在，让我们看看如何用 NumPy 构建一个简单的多层感知器(Multilayer Perceptron，MLP)，作为神经进化的基础。

6.1 使用 NumPy 的多层感知器

在深入了解神经进化网络参数之前，先更仔细地研究一个基本的深度学习系统。最基本的系统之一是用 NumPy 编写的多层感知器。我们不使用任何像 Keras 或 PyTorch 这样的框架，所以可以清楚地看到内部过程。

图 6-1 展示了一个简单的多层感知器网络。图顶部显示了如何通过将计算损失向后推送来实现反向传播。图底部显示了如何通过用基因序列中的值替换网络中的每个权重/参数来实现神经进化优化。实际上，我们正在执行一个类似第 5 章介绍的超参数优化的进化搜索。

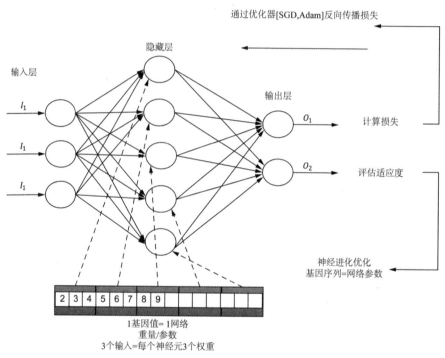

图 6-1 反向传播与神经进化优化

如果你有深度学习的背景，应该已了解多层感知器及其内部工作原理。为完整起见，回顾一下只用 NumPy 实现的多层感知器结构。然后看看这个简单网络在不同分类问题上的训练情况。

在 Google Colab 中打开 notebook 示例 EDL_6_1_MLP_NumPy.ipynb。如需帮助，请参阅附录 A。通过菜单的 Runtime | Run All 命令运行所有单元格。

图 6-2 显示了第二个单元格以及你可以选择的选项。按图中所示的选项，然后选择 Runtime | Run All 命令再次运行 notebook 中的所有单元格。

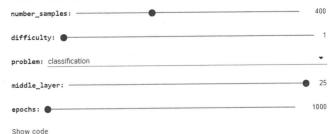

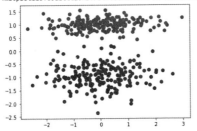

图 6-2　选择问题数据集生成参数

处理错误

一般来说，如果在运行 notebook 时遇到错误，那么可能是重复运行了代码或者代码运行顺序错乱。最简单的解决办法是重置 notebook(选择 Runtime | Factory Reset Runtime 命令)，然后重新运行各个单元格。

生成问题数据集的代码是使用 sklearn 的 make datasets 系列函数构建的。我们不必担心具体的代码，仅专注于表 6-1 中的参数选项即可(参见图 6-2)。

表 6-1　参数和取值范围的摘要描述

参数	描述	范围
number_samples	样本数据点数量	100~1000
difficulty	增加问题难度的任意因子	1~5
problem	定义所用的问题数据集函数	classification = make_classification moons = make_moons circles = make_circles blobs = make_blobs Gaussian quantiles = make_gaussian_quantiles

（续表）

参数	描述	范围
middle_layer	设置中间网络层节点数	5~25
epochs	在多层感知器上运行的训练迭代次数	1000~25 000

图 6-3 显示了难度级别(difficulty)为 1 的每种数据集类型的示例。尝试更改问题类型，以查看每个数据集的变化。对于简单的多层感知器网络来说，最困难的数据集是圆形数据集，但务必探索所有数据集。

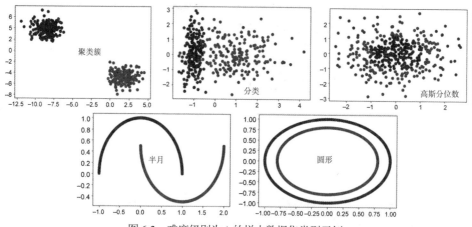

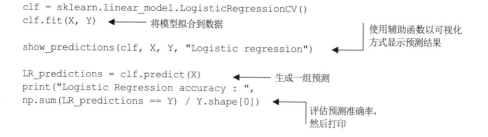

图 6-3　难度级别为 1 的样本数据集类型示例

作为基线，我们比较了来自 sklearn 的简单逻辑回归(分类)模型。将 notebook 向下滚动到代码清单 6-1 所示的代码。

代码清单 6-1　EDL_6_1_MLP_NumPy.ipynb：sklearn 逻辑回归

```
clf = sklearn.linear_model.LogisticRegressionCV()
clf.fit(X, Y)          ◄─── 将模型拟合到数据

show_predictions(clf, X, Y, "Logistic regression") ◄───
                                        使用辅助函数以可视化
                                        方式显示预测结果

LR_predictions = clf.predict(X)  ◄─── 生成一组预测
print("Logistic Regression accuracy : ",
np.sum(LR_predictions == Y) / Y.shape[0]) ◄───
                                        评估预测准确率，
                                        然后打印
```

图 6-4 显示了调用 show_predictions 辅助函数的输出。该函数绘制了模型如何对数据进行分类的良好可视化结果，结果不太理想。

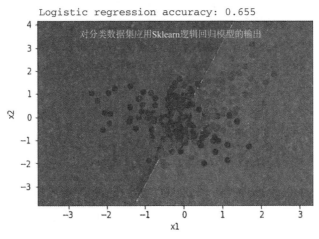

图 6-4　绘制一个逻辑回归模型对分类数据集进行分类的图形

接下来，单击标题为 MLP in Python 的单元格上的 Show Code 链接。仔细查看 init、forward、back_prop 和 train 函数。在此不花时间解读代码，而是使用这个简单的示例演示不同的函数。该代码将在未来的项目中被重用，但不包含 back_prop 和 training 函数。notebook 中的最后一个代码块如代码清单 6-2 所示，创建多层感知器网络，训练它，并将结果进行可视化输出。

代码清单 6-2　EDL_6_1_MLP_NumPy.ipynb：创建和训练网络

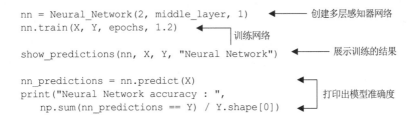

图 6-5 显示了训练多层感知器网络的结果。正如在这个简单的分类示例中看到的，使用多层感知器网络的结果明显优于来自 sklearn 的逻辑回归模型。这部分解释了为什么神经网络和深度学习变得如此成功。然而，这个简单的网络仍然难以处理所有问题数据集。

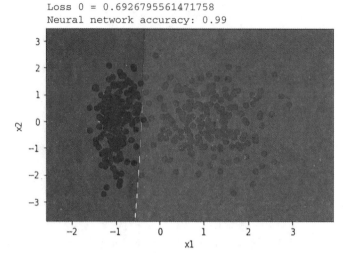

图6-5　在问题数据集上训练简单多层感知器网络的结果

图 6-6 显示了多层感知器网络尝试解决圆形和半月问题集的输出。其中，圆形的准确率峰值为 0.5，即 50%；半月的峰值为 0.89，即 89%。当然可以考虑更强大的优化器，如 Adam，但现在考虑另一种方式。例如，如果使用遗传算法查找最佳网络权重，就像在之前的许多示例中一样，结果会怎样？

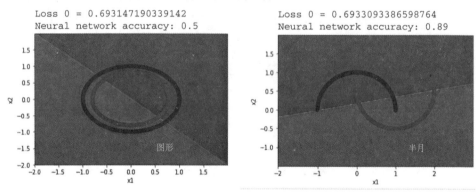

图6-6　在圆形和半月问题数据集上训练多层感知器的结果

练习

通过下面的练习提高你的知识水平。

(1) 增加或减少图 6-2 中样本的数量，然后重新运行 notebook。

(2) 修改图 6-2 中的问题类型和难度，每次修改后都重新运行 notebook。保持模型大小一致。

(3) 修改图 6-2 中的模型参数和中间层，然后重新运行。

现在我们有了一个多层感知器模型，可以在 6.2 节中继续使用遗传算法对其进行优化。

6.2　将遗传算法作为深度学习优化器

在前一个项目中确定了基础，现在可以将多层感知器中使用的深度学习优化方法从反向传播更改为神经进化优化。所以，不使用任何形式的通过梯度下降或 Adam 等优化器的损失反向传播，而完全依赖遗传算法。

接下来要介绍的项目将上一个项目的代码用作基础网络模型，然后使用 DEAP 中的遗传算法包装训练优化过程。现在你对这些代码应该已非常熟悉了，所以我们只关注要点。如果你需要复习使用 DEAP 设置遗传算法，可以回顾第 3~5 章。

在 Google Colab 中打开 notebook 示例 EDL_6_2_MLP_GA.ipynb。如果需要帮助，请参阅附录 A。请务必通过菜单中的 Run | Run All 命令运行模型中的所有单元格。

我们通过查看多层感知器网络类的代码块来关注主要更改。该项目使用相同的多层感知器网络模型，但是用神经网络类(Neural_Network)中新的 set_parameters 函数替换了 train 和 back_prop 函数，如代码清单 6-3 所示。

代码清单 6-3　EDL_6_2_MLP_GA.ipynb：set_parameters 函数

```
def set_parameters(self, individual):
  idx = 0                                    循环遍历模型权重/参数
  for p in self.parameters:  ◄────────────    列表
    size = p.size
    sh = p.shape                             获取参数张量的大小，然
    t = individual[idx:idx+size]             后提取基因集合
    t = np.array(t)
    t = np.reshape(t, sh)  ◄─────────────    从基因序列创建一个新张
    p -= p                                   量，然后将其重新塑形
    p += t
    idx += size  ◄──────────── 更新个体的索引位置
将张量重置为 0，然后添加
一个新张量
```

该代码循环遍历模型中的参数列表，找到大小和形状，之后从个体中提取匹配数量的基因。然后，构造一个新的张量，并重新塑形以匹配原始参数/权重张量。我们从自身减去原始张量以将其归零并维持引用，然后添加新张量。这样就可以有效地将个体基因序列的部分区域交换到张量中，然后将其替换为模型中的新权重。

注意，train 和 back_prop 函数已被完全删除，这样网络就无法执行任何形式的常规反向传播训练。通过 set_parameters 函数设置模型的权重/参数，并允许使用遗传算

法搜索这些值。接下来要看的代码清单 6-4 实例化我们的网络,将所有参数设置为 1.0,然后输出图 6-7 所示的结果。

代码清单 6-4　EDL_6_2_MLP_GA.ipynb：创建网络并设置样本权重

```
nn = Neural_Network(2, middle_layer, 1)          ← 创建多层感知器网络
number_of_genes = sum([p.size for p in nn.parameters])
print(number_of_genes)                                计算模型的参数个数,
                                                      其与基因的个数相等
individual = np.ones(number_of_genes)             将每个模型权重设
nn.set_parameters(individual)                     置为 1
print(nn.parameters)

show_predictions(nn, X, Y, "Neural Network")      ← 生成预测图

nn_predictions = nn.predict(X)
print("Neural Network accuracy : ",               计算准确度,然后打印
    np.sum(nn_predictions == Y) / Y.shape[0])
```

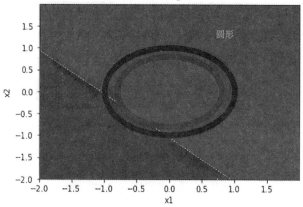

图 6-7　在圆形数据集上,将所有权重设置为 1 的网络预测结果

图 6-7 显示了将所有权重/参数设置为 1.0 后的模型预测输出。设置遗传算法的 DEAP 代码如代码清单 6-5 所示,但现在你应该已很熟悉它们了。

代码清单 6-5　EDL_6_2_MLP_GA.ipynb：DEAP 的工具箱(toolbox)设置

```
toolbox = base.Toolbox()                          创建长度为 number_of_genes
toolbox.register("attr_float", uniform, -1, 1,    的浮点型基因序列
➡ number_of_genes)
toolbox.register("individual", tools.initIterate, creator.Individual,
➡ toolbox.attr_float)
toolbox.register("population", tools.initRepeat, list, toolbox.individual)
                                                  将 select 设置为大小为 5 的锦
toolbox.register("select", tools.selTournament,   标赛
➡ tournsize=5)
```

```
toolbox.register("mate", tools.cxBlend, alpha=.5)
toolbox.register("mutate", tools.mutGaussian, mu=0.0,
   sigma=.1, indpb=.25)
```

使用 Blend 函数进行交叉操作

使用高斯变异

同样，可以查看评估(evaluate)函数，如代码清单 6-6 所示。注意，我们返回准确率的倒数。这允许最小化适应度，从而在进化过程中最大化个体的准确率。

代码清单 6-6　EDL_6_2_MLP_GA.ipynb：evaluate 函数

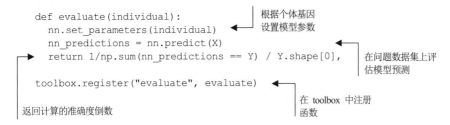

```
def evaluate(individual):
  nn.set_parameters(individual)
  nn_predictions = nn.predict(X)
  return 1/np.sum(nn_predictions == Y) / Y.shape[0],

toolbox.register("evaluate", evaluate)
```

根据个体基因设置模型参数

在问题数据集上评估模型预测

返回计算的准确度倒数

在 toolbox 中注册函数

最后，可以跳到进化种群，以优化模型的代码，如代码清单 6-7 所示。你可能会期望，我们使用 eaSimple 函数在一系列世代上训练种群。然后，输出最后一代种群中的一个示例个体和当前最佳个体进行比较。在代码末尾，如果准确率达到某个值，则检查提前停止条件。通过检查提前停止，代码可以在找到可接受解时立即中断程序的运行。

代码清单 6-7　EDL_6_2_MLP_GA.ipynb：对模型进行进化

```
for g in range(NGEN):
  pop, logbook = algorithms.eaSimple(pop, toolbox,
             cxpb=CXPB, mutpb=MUTPB, ngen=RGEN,
             stats=stats, halloffame=hof, verbose=False)
  best = hof[0]
  clear_output()
  print(f"Gen ({(g+1)*RGEN})")
  show_predictions(nn, X, Y, "Neural Network")
  nn_predictions = nn.predict(X)
  print("Current Neural Network accuracy : ",
     np.sum(nn_predictions == Y) / Y.shape[0])
  plt.show()

  nn.set_parameters(best)
  show_predictions(nn, X, Y, "Best Neural Network")
  plt.show()
  nn_predictions = nn.predict(X)
  acc = np.sum(nn_predictions == Y) / Y.shape[0]
  print("Best Neural Network accuracy : ", acc)
  if acc > .99999: #stop condition
    break
```

调用进化函数来进化种群

显示最后一代中最后一个个体的结果

显示最佳个体的结果

如果满足提前停止条件则中断程序运行

图 6-8 展示了一个示例,该示例将种群进化为能以 100%准确率解决圆形问题的个体。考虑到使用反向传播的多层感知器网络在同样的问题上只能达到 50%的准确率,这是一个非常令人印象深刻的结果。

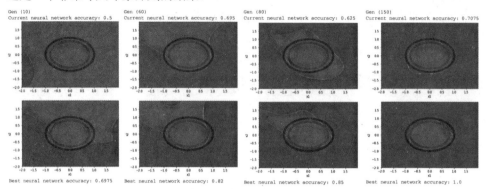

图6-8 使用遗传算法求解圆形问题的进化进程

花些时间使用遗传算法探索其他问题数据集,并了解此方法与简单的反向传播和梯度下降优化相比的优势。同样,存在更强大的优化器(如 Adam)可供之后对比,但请花点时间欣赏遗传算法可以在多大程度上优化一个简单的多层感知器网络。

练习

使用以下练习来提高你的神经进化知识水平。

(1) 增加或减少样本数量,然后重新运行。用更少或更多的样本收敛网络参数更难吗?

(2) 更改交叉率和突变率,然后重新运行。你能为给定问题提高进化性能吗?

(3) 增加或减少中间层的大小,然后重新运行。网络大小对进化有什么影响?

当然,我们还有更强大的进化方法,如进化策略和差分进化,它们的表现可能会更好。我们将在 6.3 节学习这两种更高级的进化方法。

6.3 神经优化的其他进化方法

在第 5 章调优超参数时,我们使用其他进化方法(如进化策略和差分进化)取得了非常好的结果。鉴于这些良好结果,将进化策略和差分计算应用于 6.2 节处理的问题集非常有意义。

在这个项目中,将进化策略和差分进化用作神经进化优化器。这两个代码示例是上一个项目的扩展,位于不同的 notebook 中。我们在两个 notebook 和上一个项目之间来回跳转，以进行比较。

在 Colab 的两个独立标签页中打开 EDL_6_3_MLP_ES.ipynb 和 EDL_6_3_MLP_DE.ipynb。你也可以让之前的 EDL_6_2_MLP_GA.ipynb notebook 保持打开，以便对比参考。如果需要帮助，请参阅附录 A。

从 notebook 的 Dataset Parameters 单元格中选择相同的问题，即圆形或半月。如果不确定选择哪个问题，参考图 6-2 和解释选项更多细节的对应表格。

通过菜单中的 Runtime | Run All 命令运行两个 notebook 中的所有单元格。在它们运行时在两个 notebook 之间切换，以查看每个方法如何优化权重。

图6-9 显示了在圆形和半月问题上运行进化策略和差分进化notebook 直到完成(最多 1000 代)的示例。观察差分进化和进化策略如何为每个问题进化权重十分有趣。注意一下进化策略 notebook 如何进化以及二维可视化产生几条直边。进化策略不仅擅长处理这些复杂的数据集，还有可能解决更难的问题。

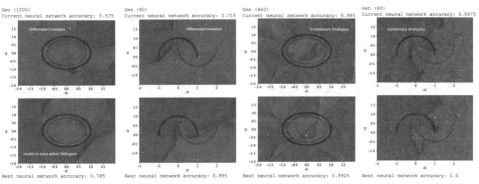

图 6-9　在圆形和半月问题数据集上的进化策略与差分进化比较

我们已经查看了两个notebook 中的所有主要代码元素，所以不会在此重新访问任何代码。然而，你需要自行查看代码结构，以了解从使用遗传算法转换到进化策略和差分进化是多么简单。你也可以返回并尝试其他问题或调整 Dataset Parameters 单元格中的其他设置，以查看进化策略或差分进化的表现。

对于该项目中展示的样本数据集，更简单的遗传算法方法通常表现最佳。虽然这可能有少许变化，但差分进化确实是较差的选择，但是进化策略具有一定的潜力。在后面的章节中，会再次比较这些方法，深入探讨哪种方法才是最佳选择。

练习

完成以下练习以帮助提高你的理解水平。

(1) 找到一类问题，其中进化策略表现优于差分进化，反之亦然。

(2) 调优各种超参数选项，然后观察它们对差分进化或进化策略 notebook 的影响。

(3) 调整具体的进化方法超参数——进化策略的最小和最大策略，以及差分进化的 pmin/pmax 和 smin/smax。

在本节中，探讨了如何使用其他进化方法来进行简单的 NumPy 网络权重优化。在 6.4 节中，将应用相同的原理，但这次是针对 Keras 等深度学习框架。

6.4　将神经进化优化应用于 Keras

坦率地说，在前面项目中进行比较的多层感知器网络有些弱小和受限。为了进行有效的比较，我们应该"提高自己的水平"，去了解一个更强大的深度学习平台，如 Keras。Keras 和 PyTorch 及许多其他深度学习框架一样，提供了广泛的高级优化器，可以开箱即用。

在接下来的项目中，我们搭建了一个 Keras 多层深度学习网络来解决分类数据集问题。这不仅提供了使用稳健而成熟的优化器(如 Adam)进行比较的机会，还展示了如何将神经进化优化(Neuroevolution Optimization，NO)融入 Keras 网络中。

在 Google Colab 中打开 notebook 示例 EDL_6_4_Keras_GA.ipynb。如果需要帮助，参阅附录 A。先不要运行笔记本中的所有单元格，我们一步一步来。

定位并选择 Keras 模型设置代码单元格，如代码清单 6-8 所示，然后通过菜单中的 Runtime | Run Before 命令运行 notebook 中所有前面的单元格。该代码创建一个带输入层、隐藏层和输出层的简单 Keras 模型。输出是一个二值节点。我们使用二进制交叉熵计算损失。由于可训练参数的数量后期也与基因数量相关，因此我们也确定了模型的可训练参数数量。

代码清单 6-8　EDL_6_4_Keras_GA.ipynb：设置 Keras 模型

```
model = tf.keras.models.Sequential([
  tf.keras.layers.Dense(16, activation='relu',
  ➥ input_shape=(X.shape[1],)),          创建一个简单的 Keras
  tf.keras.layers.Dense(32, activation='relu'),   Sequential 模型
  tf.keras.layers.Dense(1, activation='sigmoid')
])

optimizer = tf.keras.optimizers.Adam        创建一个 Adam 类型的学
  ➥ (learning_rate=.001)          ◀——         习率优化器

                                          将损失设置为二元交叉熵
model.compile(optimizer=optimizer,
              loss='binary_crossentropy',  ◀——
              metrics=['accuracy'])   ◀——
                                          使用准确性指标
```

```
model.summary()
trainableParams = np.sum([np.prod(v.get_shape()) for v in
➥  model.trainable_weights])
print(f"Trainable parameters: {trainableParams}")
```

打印模型摘要并输出
可训练参数

运行 Keras 设置单元格，会得到图 6-10 所示的输出。输出显示了模型摘要和每层的参数/权重数量。底部还打印出可训练参数的总数。这很重要，因为它表示个体中的基因数。

```
Model: "sequential"

Layer (type)              Output Shape            Param #
=================================================================
dense (Dense)             (None, 16)              48

dense_1 (Dense)           (None, 32)              544

dense_2 (Dense)           (None, 1)               33

=================================================================
Total params: 625
Trainable params: 625
Non-trainable params: 0
_____
Trainable parameters: 625
```
这直接对应于基因数

图 6-10　模型摘要输出和参数计数

回到图 6-2 中显示的 Dataset Parameters 单元格，并选择一个困难问题，如 moons 或 circles。然后重新运行该单元格，生成问题数据集的视图。

滚动到模型训练代码单元格，如代码清单 6-9 所示，并运行该单元格。在这个训练代码中，使用了一个有用的回调函数：来自 LiveLossPlot 模块的 PlotLossesKeras。

代码清单 6-9　EDL_6_4_Keras_GA.ipynb：拟合模型

```
model.fit(X, Y, epochs=epochs,
          callbacks=[PlotLossesKeras()],
          verbose=0)
```
在数据集上训练模型指定轮数
使用 PlotLossesKeras
输出训练进度图
关闭嘈杂输出

运行训练单元格，会得到类似于图 6-11 的输出。

运行接下来的几个单元格，以评估模型的准确性并输出结果。图 6-12 显示了 show_predictions 辅助方法的输出。彩虹图案代表了模型的输出，它是一个 0 到 1 的值。类间分割线是中间的 0.5，由黄色带表示。

前往下一个代码单元格，其中有一个辅助函数，该函数将个体的基因提取出来，并将它们插入到 Keras 模型的权重/参数中。这段代码很像我们在简单的多层感知器网络中设置模型权重的方式。它循环遍历模型层和模型权重，提取权重的张量。根据这些信息，从个体权重的下一部分重建张量，并将其添加到张量列表中。

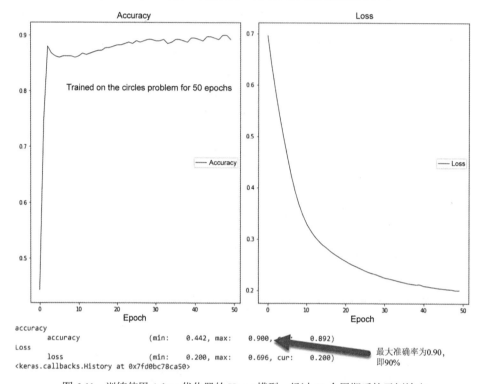

图 6-11　训练使用 Adam 优化器的 Keras 模型，经过 50 个周期后的示例输出

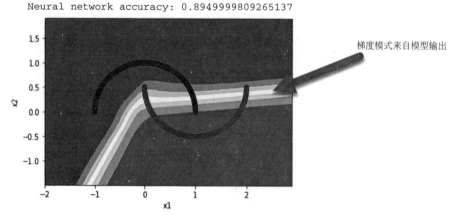

图 6-12　使用 show_predictions 的模型输出

最后，模型权重使用 set_weights 函数设置，如代码清单 6-10 所示。

代码清单 6-10　EDL_6_4_Keras_GA.ipynb：拟合模型

```python
def set_parameters(individual):
    idx = 0
    tensors=[]
    for layer in model.layers:
        for na in layer.get_weights():
            size = na.size
            sh = na.shape
            t = individual[idx:idx+size]
            t = np.array(t)
            t = np.reshape(t, sh)
            idx += size
            tensors.append(t)
    model.set_weights(tensors)
```

循环遍历模型层

循环遍历层的权重张量

将新张量追加到列表中

从张量列表中设置模型权重

接下来的单元格将所有模型权重设置为 1，并使用 show_predictions 输出结果。我们再次遵循在多层感知器项目中使用的相同过程。

剩下的代码与前面的遗传算法示例完全相同，所以继续通过菜单中的 Runtime | Run After 命令运行其余单元格。只需确保你已经选择了一个单元格，其中的代码和之前的单元格已经完全运行。如果不确定上一个运行的单元格是哪一个，也可以简单地运行所有单元格。

图 6-13 显示了使用 Keras 网络运行遗传算法优化的输出。注意，模型优化得如此出色，而且没有使用任何深度学习优化器。如果你是有经验的 Keras 使用者，可以尝试替换为各种其他优化器，看看是否有优化器可以打败进化优化器。

练习

下面的练习旨在展示 Keras 中神经进化的局限性。

(1) 将问题类型更改为圆形(circles)，然后重新运行问题。网络进化的权重能够解决问题吗？

(2) 更改代码清单 6-8 中的 Keras 模型，然后重新运行 notebook。从模型中移除层或向模型添加新的层时会发生什么？

(3) 将代码清单 6-8 中的网络损失函数更改为均方误差(MSE)而不是二元交叉熵。这对进化的性能和结果有什么影响？

现在在工具箱中有了一个强大的新工具——这似乎肯定会使所有深度学习受益。遗憾的是，这种方法像进化搜索一样存在一些局限性。6.5 节将介绍一个这些局限的例子。

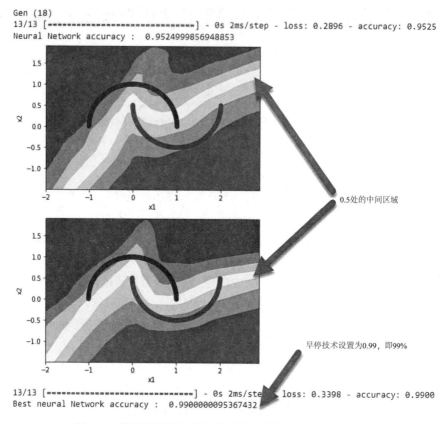

图6-13 使用遗传算法对圆形问题进行优化的Keras模型的输出

6.5 理解进化优化的局限性

深度学习模型的规模不断增长，早期模型只有数百个参数，而最新的transformer模型拥有数十亿个参数。优化或训练这些网络需要大量的计算资源，因此寻找更好的方法始终是一个优先考虑的问题。因此，我们希望远离模拟数据集，转而关注更实际的进化优化的应用。

在下一个项目中，从模拟数据集稍微升级到一个常用的示例问题，即对修改后的美国国家标准与技术研究所(Modified National Institute of Standards and Technology, MNIST)手写数字数据集进行分类。作为深度学习的学习内容，你可能已经在某种程度上使用过MNIST。MNIST通常是学习构建深度学习网络进行分类的第一个数据集。

在Google Colab中打开notebook示列EDL_6_5_MNIST_GA.ipynb。如果需要帮助，参考附录A。运行前两个单元格——pip install和import，以设置notebook代码的

基础。下一个单元格加载 MNIST 数据集，对值进行归一化，并将它们放入训练张量 x 和 y，如代码清单 6-11 所示。

代码清单 6-11　EDL_6_5_MNIST_GA.ipynb：加载数据

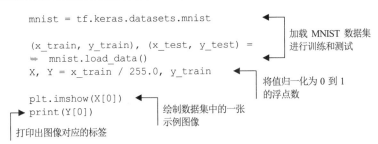

```
mnist = tf.keras.datasets.mnist          加载 MNIST 数据集
                                          进行训练和测试
(x_train, y_train), (x_test, y_test) =
    mnist.load_data()
X, Y = x_train / 255.0, y_train           将值归一化为 0 到 1
                                          的浮点数
plt.imshow(X[0])                          绘制数据集中的一张
print(Y[0])                               示例图像
打印出图像对应的标签
```

图 6-14 显示了数据集中单个数字的样本输出。接下来的单元格包含模型构建代码，因此运行该单元格和代码清单 6-12 中的训练代码。这段代码将训练模型，并且再次使用了模块 LiveLossPlot 的 PlotLossesKeras 函数来实时显示结果。之后，显示模型的准确率并生成一个分类报告。

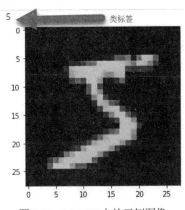

图 6-14　MNIST 中的示例图像

代码清单 6-12　EDL_6_5_MNIST_GA.ipynb：训练模型

```
model.fit(X, Y, epochs=epochs,            使用数据训练模型指定轮数
          validation_data=(x_test,y_test),
          callbacks=[PlotLossesKeras()],  使用测试数据验证模型
          verbose=0)
                                          绘制准确率和损失图
print("Neural Network accuracy : ",
    model.evaluate(X,Y)[1])               进行测试预测
y_pred = model.predict(x_test)
y_pred = np.argmax(y_pred, axis=1)        将最高预测作为类别
print(classification_report(y_test, y_pred))  打印分类报告
```

图 6-15 显示了根据测试预测结果由 sklearn 模块的 classification_report 函数生成的

类别分类报告。如你所见，我们的网络可以清楚地对各个类别的数字进行分类。

Neural network accuracy: 0.9901166558265686

	precision	recall	fy-score	support
0	0.98	0.99	0.98	980
1	0.99	0.98	0.99	1135
2	0.98	0.96	0.97	1032
3	0.98	0.98	0.98	1010
4	0.98	0.97	0.98	982
5	0.98	0.98	0.98	892
6	0.98	0.99	0.98	958
7	0.99	0.96	0.97	1028
8	0.94	0.98	0.96	974
9	0.96	0.98	0.97	1009
accuracy			0.98	10000
macro avg	0.98	0.98	0.98	10000
weighted avg	0.98	0.98	0.98	10000

类别分类报告，显示每个数字类别的准确率

图 6-15　MNIST 数字类别的分类报告

从菜单中选择 Runtime | Run After 命令运行 notebook 中的所有剩余单元格。同样，该 notebook 中的大部分代码与之前的项目相同，所以不需要再次查看。

图 6-16 演示了执行进化的最后一个单元格的示例输出。该图显示了随时间变化的准确率及分类报告。从这个简单的例子可以看出，接近较大的模型时，进化优化存在明显的局限性。

Gen (780)

Best network accuracy: 0.565

	precision	recall	fy-score	support
0	0.06	0.00	0.00	980
1	0.82	0.95	0.88	1135
2	0.61	[illegible]	0.68	1032
3	0.42	0.79	0.55	[illegible]
4	0.52	0.68	0.59	982
5	0.24	0.03	0.05	892
6	0.64	0.88	[illegible]	[illegible]
7	0.00	[illegible]	0.00	1028
8	0.58	0.70	0.63	974
9	0.47	0.76	0.58	1009
accuracy			0.56	10000
macro avg	0.44	0.56	0.47	10000
weighted avg	0.44	0.56	0.48	10000

类别分类结果非常不一致

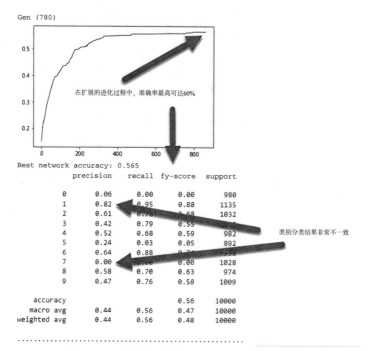

图 6-16　遗传算法进化优化的示例输出，效果很差

如上个项目所见，使用进化优化/搜索寻找最佳网络权重/参数会产生糟糕的结果，而该网络在几个小时的训练中达到 60% 的准确率，这比随机好得多。然而，每个类别的准确率结果都不尽如人意，令人无法接受。

练习

以下练习是为测试神经进化权重/参数优化极限的资深读者准备的。

(1) 通过改变网络大小和形状来更改基础 Keras 模型。使用较小的网络获得了更好的结果吗？

(2) 在模型中添加卷积层和最大池化层。这可以帮助减少要进化的模型参数总数。

(3) 改编 notebook 代码以封装你过去使用或研究的另一个模型。

显然，上一个项目的结果表明，对于更大参数的模型，使用进化搜索进行深度学习优化行不通。但这并不意味着这种技术完全没有价值，我们将在后面的章节中讨论这个问题。

6.6　本章小结

- 可以使用 NumPy 库开发一个简单的多层感知器(MLP)网络。sklearn 可以用来生成各种单一标签分类数据集，以演示使用简单的 NumPy 多层感知器网络进行二进制模型分类。

- 可以使用 DEAP 和遗传算法来寻找简单深度学习网络的权重/参数。

- DEAP 可以与进化策略和差分进化相结合，用于优化简单多层感知器网络上的权重/参数搜索。比较这两种方法对于评估在各种进化优化方法和问题数据集上的各种样本分类任务中使用的工具非常有用。

- Keras 深度学习模型可以改编为使用进化搜索来优化权重，而不是传统的差分反向传播方法。

- 进化权重优化可以成功解决复杂的不可导问题。

- 使用自动微分和反向传播的深度学习问题受限于求解连续问题。

- 进化优化可以用来解决之前深度学习网络无法解决的不连续问题。

- 随着问题规模的扩大，进化优化的成功率大大降低。将进化优化应用于更复杂的问题(如图像分类)通常不太成功。

第 **7** 章

进化卷积神经网络

本章主要内容

- Keras 入门之卷积神经网络
- 使用基因序列定义神经网络架构
- 构建自定义交叉运算符
- 应用自定义突变运算符
- 为给定数据集进化最佳卷积网络架构

上一章展示了将进化算法应用于参数搜索等复杂问题的局限性。正如所见，遗传算法在某些问题类别上可以提供出色的结果。然而，当用于更大的图像分类网络时，它们却不能取得理想的效果。

在本章中，继续研究用于图像分类的更大网络。但是，与之前不同的是，不再优化参数权重或模型超参数，而是着重改进卷积神经网络(CNN)的网络架构。

卷积神经网络对于深度学习在图像分类和其他任务中的应用至关重要。它们是深度学习从业者工具箱中的绝佳工具，但常常被误解和未被充分利用。在下一节中，将回顾在 TensorFlow 和 Keras 中构建 CNN 模型的过程。

7.1　回顾 Keras 中的卷积神经网络

本节项目是回顾在 Keras 中构建用于图像分类的 CNN 模型。虽然会涵盖一些 CNN 的基础知识，但会更关注构建这类网络时的细节和困难之处。

CNN 的未来

卷积神经网络层正在迅速被更先进的技术所取代,比如残差网络和注意力机制(也称为 transformers)。本章学到的原理同样适用于优化这些其他架构。

在本项目中,对 Fashion-MNIST 数据集进行图像分类,如图 7-1 所示。这是一个很好的基本测试数据集,可以削减数据量,而不会对结果产生太大的影响。削减用于训练或推理的数据量可以减少后续进化的运行时间。

图 7-1 Fashion-MNIST 数据集

使用 GPU 进行训练

本节中使用的 notebook 项目需要进行大量的计算,因此已经准备好使用 GPU。然而,Colab 可能会对 GPU 实例设置限制或限制你的访问。如果你发现这是一个问题,并且你可以访问带有 GPU 的机器,则可以通过连接到本地实例来运行 Colab。

在 Google Colab 中打开 notebook 示例 EDL_7_1_Keras_CNN.ipynb。如果需要帮助,

请查看附录 A。与往常一样，前几个单元格是安装、导入和设置。可以忽略这些，然后通过在菜单中使用 Runtime | Run All 运行整个 Notebook。

首先想要查看的单元格是数据加载，如代码清单 7-1 所示。我们加载了 Fashion 数据集，将数据规范化并重塑为 28×28×1 张量，其中最后的 1 代表通道数。我们这样做是因为该数据集以二维数组形式提供，没有定义通道数。在代码块的末尾，从原始数据中提取前 1000 个样本用于训练，提取 100 个样本用于测试。

缩小数据集的规模并不理想，但在后面尝试优化数十个或数百个个体或多代(generation)时，这样做可以节省数分钟或数小时的时间。

代码清单 7-1　EDL_7_1_Keras_CNN.ipynb：载入数据

```
dataset = datasets.fashion_mnist
(x_train, y_train), (x_test, y_test) =        载入数据集
➡  dataset.load_data()

x_train = x_train.reshape(x_train.shape[0], 28, 28, 1)
      .astype("float32") / 255.0               对数据进行规范化
x_test = x_test.reshape(x_test.shape[0], 28, 28, 1)   和重塑
      .astype("float32") / 255.0

x_train = x_train[:1000]
y_train= y_train[:1000]
x_test = x_test[:100]                    提取更小的数据子集
y_test= y_test[:100]
```

接下来的两个单元格构建了如图 7-1 所示的输出。我们在这里不再赘述。

图 7-2 演示了如何定义一个单独的卷积层，从代码到视觉实现。每个 CNN 层定义了一组描述图像块或内核的过滤器或神经元。一个单独的内核通过一个固定的步长(通常为 1 像素)在图像上移动。为简单起见，我们将步长固定为 1, 1。

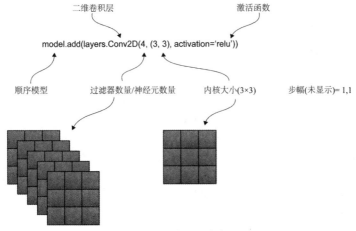

图 7-2　在 Keras 中如何定义 CNN 层

建立模型的卷积层的代码如代码清单 7-2 所示。每个 Conv2D 层定义了应用于输入的卷积操作。在每一层中，过滤器或通道的数量从上一层扩展。例如，第一个 Conv2D 层将输入通道从 1 扩展到 64。然后，后续的层将其减少为 32，然后是 16，其中每个卷积层后面都是一个 MaxPooling 层，用于收集或总结特征。

代码清单 7-2　EDL_7_1_Keras_CNN.ipynb：构建 CNN 层

```
                                              第一个 CNN 层获取 tensor 输入形状
model = models.Sequential()
model.add(layers.Conv2D(64, (3, 3), activation='relu', padding="same",
  ➥ input_shape=(28, 28, 1)))
model.add(layers.MaxPooling2D((2, 2), padding="same"))      最大池化层
model.add(layers.Conv2D(32, (3, 3), activation='relu',
  ➥ [padding="same"]))    中间的 CNN 层

model.add(layers.MaxPooling2D((2, 2)))        最大池化层
model.add(layers.Conv2D(16, (3, 3), activation='relu'))
model.add(layers.MaxPooling2D((2, 2)))        中间的 CNN 层

model.summary()                 最大池化层
```

图 7-3 展示了如何将单个过滤器或卷积核操作应用于单个图像补丁，并且它是如何提取与输出对应的值。相应的输出是通过在图像上滑动过滤器补丁来产生的，其中每个卷积核操作表示一个输出值。注意，过滤器中的卷积核值或权重/参数是经过学习的。

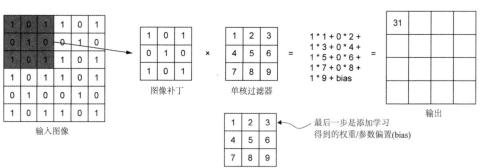

图 7-3　卷积过滤器操作的演示

通常，这种卷积操作的输出非常大且嘈杂。请记住，每个内核/过滤器产生的输出补丁类似于图像。减少数据量的一个有用操作是使用另一种称为池化的层类型。图 7-4 演示了最大池化层如何减少前面操作的输出。最大池化是一种选择；还可以使用其他变体来获取汇总特征的最小值或平均值。

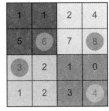

对输出补丁以步长2,2应用
最大池化的结果

单个过滤器或卷积核的输出

图 7-4 最大池化操作

在设置模型的卷积和最大池化层后，使用 model.summary()打印摘要，如代码清单 7-3 所示。请记住，这只是完整模型中顶部或特征提取器部分的摘要。

代码清单 7-3 EDL_7_1_Keras_CNN.ipynb：CNN 模型摘要

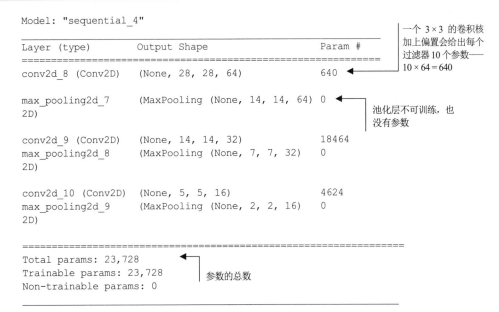

```
Model: "sequential_4"

Layer (type)            Output Shape                  Param #
=================================================================
conv2d_8 (Conv2D)       (None, 28, 28, 64)            640

max_pooling2d_7         (MaxPooling (None, 14, 14, 64)  0
2D)

conv2d_9 (Conv2D)       (None, 14, 14, 32)            18464
max_pooling2d_8         (MaxPooling (None, 7, 7, 32)   0
2D)

conv2d_10 (Conv2D)      (None, 5, 5, 16)              4624
max_pooling2d_9         (MaxPooling (None, 2, 2, 16)   0
2D)

=================================================================
Total params: 23,728
Trainable params: 23,728
Non-trainable params: 0
```

一个 3×3 的卷积核加上偏置会给出每个过滤器 10 个参数——$10\times64=640$

池化层不可训练，也没有参数

参数的总数

在下一个单元格中，CNN 层的输出被展平并输入到一个单一的全连接层，它输出到 10 个类，如代码清单 7-4 所示。

代码清单 7-4 EDL_7_1_Keras_CNN.ipynb：完成模型

```
model.add(layers.Flatten())
model.add(layers.Dense(128, activation='relu'))
model.add(layers.Dense(10))

model.summary()
```

将二维卷积的输出展平为一维

添加一个用于分类推断的全连接层

添加最终全连接层以输出 10 个类

图 7-5 展示了模型在大幅减少的数据集上进行训练的输出。通常情况下，这个数

据集可以在约 98%的准确率上进行优化。然而，由于前面提到的原因，在完整数据集上进行训练非常耗时，并且在应用进化算法时并不实际。因此，我们关注在这个精简的数据集上看到的准确率；我们不会回顾模型编译和训练代码，因为在第 6 章已经讨论过它们。

你的结果可能会有所不同，但你应该会看到训练或验证数据的准确率最大在 81%左右。如果你决定在这个项目中使用其他数据集，注意你的结果可能会有很大的变化。Fashion-MNIST 适用于这个应用，因为它的类别变化很少。然而，对于像 CIFAR-10 或 CIFAR-100 这样的数据集，情况肯定不同。

请参考图 7-5；注意训练和测试的损失和准确率之间的差异。可以看到，在第 3 个时期左右，模型在对盲测试数据进行有效推理方面失效了。这很可能与数据的减小有关，但也部分与模型的构建有关。在下一节中，将介绍几种明显的 CNN 层架构，并看看它们引入了哪些问题。

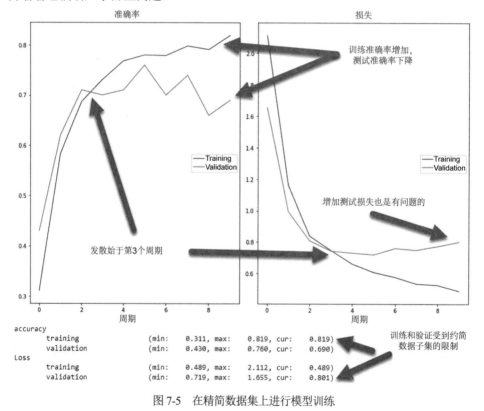

图 7-5　在精简数据集上进行模型训练

7.1.1　理解 CNN 层的问题

在本节中，我们将探讨几个进一步的 CNN 层架构示例，并了解它们引入的问题。

CNN 是一个很好的工具，但如果使用不当，很快就会变成一场灾难。了解问题出现的时机对后面的进化优化尝试很有益处。

重新打开 notebook 示例 EDL_7_1_Keras_CNN.ipynb，然后导航到标有 "SECTION 7.1.1" 的部分。确保在菜单中使用 Runtime | Run All 运行所有单元格。

第一个单元格包含了一个新的模型代码，这次只有一个 CNN 层。我们定义了一个只有一层的模型，其中包含 64 个过滤器/神经元和一个 3×3 的卷积核。图 7-6 显示了运行此单元格的输出；注意这个模型中的总参数数量(超过 600 万)，如代码清单 7-5 所示。注意 600 万与前一个模型中的参数数量(2.3 万)(参见代码清单 7-3)之间的极端差异。

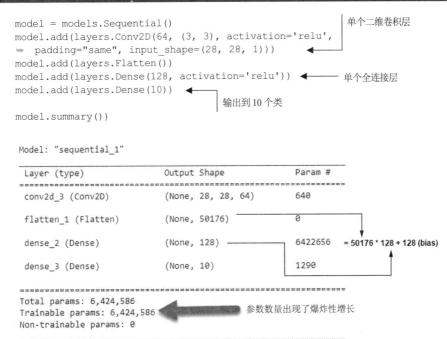

代码清单 7-5　EDL_7_1_Keras_CNN.ipynb：单个 CNN 层

图 7-6　单层 CNN 模型的摘要

图 7-7 显示了运行下一个单元格的模型训练输出。注意模型在训练数据上的表现非常好，但在验证/测试数据上的表现非常差。这是因为该模型拥有超过 600 万个参数，记住了约减后的数据集。因此，可以看到训练集的准确性接近 100%，这很棒。但是，测试/验证集的准确率开始下降。

模型记忆/专门化与泛化能力

我们通常希望构建泛化能力强的模型，因此将数据分为训练集和测试集以验证这种泛化能力。可以应用一些其他技术来帮助泛化，比如批标准化和随机失活，稍后会看到。但是，在某些情况下，泛化可能不是你的最终目标，相反，你可能希望识别非常具体的数据集。如果是这种情况，那么记忆数据的模型是理想的选择。

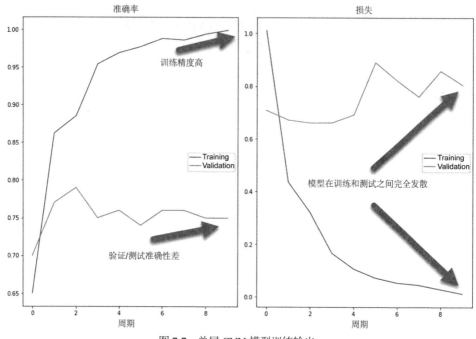

图 7-7　单层 CNN 模型训练输出

现在，讨论池化对卷积输出的影响。代码清单 7-6 显示了模型的更改以及训练参数总数的摘要。值得注意的是，由于添加了池化，这个模型的大小仅为前一个模型的 1/4 左右。我们还在池化层之间添加了批标准化层，以便模型泛化性更好。

代码清单 7-6　EDL_7_1_Keras_CNN.ipynb：添加池化

```
model = models.Sequential()
model.add(layers.Conv2D(64, (3, 3), activation='relu',
    padding="same", input_shape=(28, 28, 1)))
model.add(layers.BatchNormalization())
model.add(layers.MaxPooling2D((2, 2), padding="same"))
model.add(layers.Flatten())
model.add(layers.Dense(128, activation='relu'))
model.add(layers.Dense(10))

model.summary()
…
```

二维卷积层

批标准化层

2×2 核的池化层

```
=======================================================
Total params: 1,607,946
Trainable params: 1,607,818          ◀─── 可训练参数的总数
Non-trainable params: 128
```

图 7-8 显示了在 10 个 epoch(周期)上训练模型的输出。虽然这个模型仍然显示出记忆的迹象，但模型的泛化能力更好。可以通过观察校验准确率的提高和相应的损失降低来看到这方面的迹象。

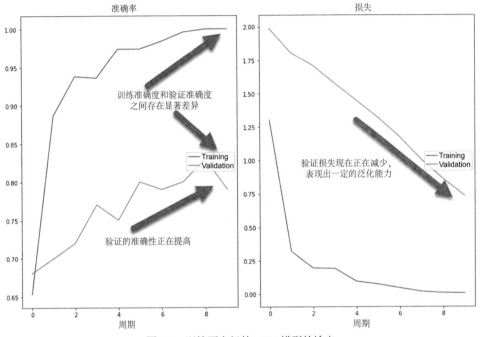

图 7-8　训练更高级的 CNN 模型的输出

当然，可以继续尝试模型的各种变体，添加更多 CNN 层或批标准化层、随机失活层或池化层。然后，将调整各种超参数，如内核大小、神经元数量和过滤器数量，但这显然会花费大量时间。

7.1.2　练习

以下练习有助于加深你对卷积的理解(如果需要)：

(1) 在代码清单 7-6 中增加或减小卷积核大小，然后观察对结果的影响。

(2) 在代码清单 7-6 中增加或减小池化层的大小(以 2,2 为开始)，然后重新运行。

(3) 在代码清单 7-6 的模型中增加一个额外的卷积层，然后重新运行。

最终，理解如何以及在哪里使用 CNN 层需要一些试错——这与超参数优化类似。

即使你深入理解卷积过程，定义正确的 CNN 架构也可能很困难。当然，这使其成为应用某些进化过程来优化 CNN 网络架构的理想候选。

7.2 将网络架构编码成基因

在本节的项目中，我们将学习如何将 CNN 模型的网络架构编码到基因序列中。这是为给定数据集进化产生最佳模型的前期准备工作。

有几篇论文和一些工具发表了关于进化网络架构的内容。本项目的代码部分来源于一篇名为 "Evolving Deep Convolutional Neural Networks for Image Classification" 的论文，作者是 Yanan Sun 等。在这篇论文中，作者开发了一个名为 EvoCNN 的过程，用于构建 CNN 模型架构。

EvoCNN 定义了一个过程，将卷积网络编码为可变长度的基因序列，如图 7-9 所示。在构建基因序列时，我们希望定义一个基本规则，即所有序列都以卷积层开始，以馈入另一个全连接输出层的全连接层结束。为简化起见，我们不考虑在此编码最后的输出层。

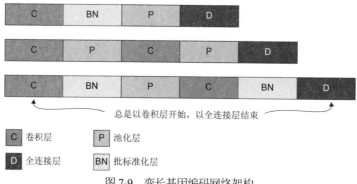

图 7-9 变长基因编码网络架构

在每个主要组件层内，还要定义相应的超参数选项，例如过滤器/神经元数量和内核大小。为了编码这些不同的数据，使用求反(否定)技巧来区分主层组件和相关的超参数。这个接下来的 notebook 项目中的代码仅查看构建编码序列；我们稍后再处理其余部分。

在 Google Colab 中打开 notebook 示例 EDL_7_2_Encoding_CNN.ipynb。如果你不能在这个项目中使用 GPU，不要担心；我们只是看一下架构编码，还没有进行进化训练。

首先看到的代码块(代码清单 7-7)是我们设置的常量，用于帮助定义层类型和长度，以封装各种相关的超参数。

首先定义了常量，用于定义总的最大层数和各种层超参数的范围。接下来，可以看到每种类型的块标识符及其相应的大小。这个大小值表示每个层定义的长度，包括超参数。

代码清单 7-7　EDL_7_2_Encoding_CNN.ipynb：设定常量

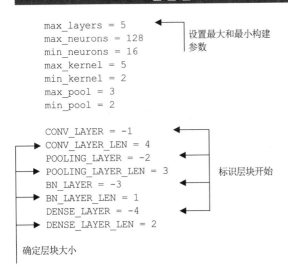

```
max_layers = 5
max_neurons = 128
min_neurons = 16
max_kernel = 5
min_kernel = 2
max_pool = 3
min_pool = 2

CONV_LAYER = -1
CONV_LAYER_LEN = 4
POOLING_LAYER = -2
POOLING_LAYER_LEN = 3
BN_LAYER = -3
BN_LAYER_LEN = 1
DENSE_LAYER = -4
DENSE_LAYER_LEN = 2
```

设置最大和最小构建参数

标识层块开始

确定层块大小

图 7-10 展示了一个基因序列的样子，其中包含了编码层块及其对应的超参数。注意负值-1、-2、-3 和-4 表示一个层组件的开始。然后，根据层类型，进一步定义了额外的超参数，包括过滤器数量/神经元数量和卷积核大小。

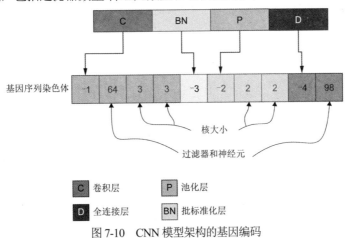

图 7-10　CNN 模型架构的基因编码

现在看看构建个体的基因序列(染色体)的代码，如代码清单 7-8 所示。首先，看一下创建后代的函数 create_offspring，它是构建序列的基础。这段代码循环遍历最大层数，并以 50%的概率添加卷积层。如果添加了卷积层，它进一步以 50%的概率添加批标准化层和/或池化层。

代码清单 7-8　EDL_7_2_Encoding_CNN.ipynb：创建后代(基因序列)

```
def create_offspring():
  ind = []
  for i in range(max_layers):
    if random.uniform(0,1)<.5:
      ind.extend(generate_conv_layer())        ← 添加一个卷积层
      if random.uniform(0,1)<.5:
        ind.extend(generate_bn_layer())         ← 添加一个批标准化层
      if random.uniform(0,1)<.5:
        ind.extend(generate_pooling_layer())    ← 添加池化层
  ind.extend(generate_dense_layer())
  return ind
```

为了完整起见，还可以回顾各种构建层的函数。代码清单 7-9 没有显示所有的代码，但显示的部分应该可以让你了解这些辅助函数的工作原理。

代码清单 7-9　EDL_7_2_Encoding_CNN.ipynb：层组件辅助函数

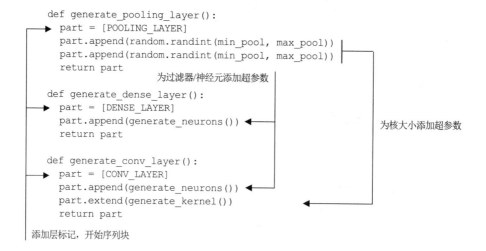

```
def generate_pooling_layer():
  part = [POOLING_LAYER]
  part.append(random.randint(min_pool, max_pool))
  part.append(random.randint(min_pool, max_pool))
  return part
                  为过滤器/神经元添加超参数
def generate_dense_layer():
  part = [DENSE_LAYER]
  part.append(generate_neurons())   ←
  return part                                     为核大小添加超参数

def generate_conv_layer():
  part = [CONV_LAYER]
  part.append(generate_neurons())   ←
  part.extend(generate_kernel())
  return part
```

添加层标记，开始序列块

调用 create_offspring 会生成一个基因序列，如运行最后一个单元格的输出所示。请随意运行该单元格几次，查看生成的基因序列的变化，如代码清单 7-10 所示。

代码清单 7-10　EDL_7_2_Encoding_CNN.ipynb：检查生成的基因序列

```
individual = create_offspring()      ←
print(individual)                           创建一个后代个体
```
```
[-1, 37, 5, 2, -3, -1, 112, 4, 2, -4, 25]
```
随机基因序列的示例输出

现在有了基因序列，可以继续构建模型，实际上是解析基因序列并创建一个 Keras 模型。从代码中可以看出，build_model 函数的输入是一个基因序列，它生成一个 Keras 模型。否则，代码是一个标准的令牌解析器，用于查找层组件标记-1、-2、-3 或-4。在定义层后，它根据层类型添加其他超参数，如代码清单 7-11 所示。

代码清单 7-11　EDL_7_2_Encoding_CNN.ipynb：构建模型

```
def build_model(individual):
  model = models.Sequential()
  il = len(individual)
  i = 0
  while i < il:
    if individual[i] == CONV_LAYER:          ◄── 添加一个卷积层
     n = individual[i+1]
     k = (individual[i+2], individual[i+3])
     i += CONV_LAYER_LEN
     if i == 0:
       model.add(layers.Conv2D(n, k, activation='relu', padding="same",
        ⮑ input_shape=(28, 28, 1)))
      else:
       model.add(layers.Conv2D(n, k, activation='relu', padding="same"))
    elif individual[i] == POOLING_LAYER:     ◄── 添加池化层
     k = k = (individual[i+1], individual[i+2])
     i += POOLING_LAYER_LEN
     model.add(layers.MaxPooling2D(k, padding="same"))
    elif individual[i] == BN_LAYER:          ◄── 添加一个批标准化层
     model.add(layers.BatchNormalization())
     i += 1
    elif individual[i] == DENSE_LAYER:       ◄── 添加一个全连接层
     model.add(layers.Flatten())
     model.add(layers.Dense(individual[i+1], activation='relu'))
     i += 2
  model.add(layers.Dense(10))
  return model
```

向第一个卷积层添加一个输入 shape

接下来的代码块创建了一个新的个体基因序列，从该序列建立模型，然后训练模型，输出我们已经看过的训练/验证图。

根据随机初始序列的不同，你的结果可能非常糟糕或者相对较好。继续运行最后这个单元格几次，看看不同的随机初始个体之间的区别。

练习

通过以下练习加深你的理解：

(1) 通过在循环中调用 create_offspring，从代码清单 7-8 创建编码新基因序列的列表。打印并比较各个体。

(2) 修改代码清单 7-6 中的最大/最小范围超参数，然后生成一个新后代列表(参考练习 1)。

(3) 向 create_offspring 添加一个新输入，将静态概率从 0.5 改为新值。然后，生成后代列表(见练习 1)进行比较。

现在我们有一种定义代表模型架构的基因序列的方法，我们可以继续构建支持这种序列的遗传运算符。遗憾的是，我们不能只使用 DEAP 中的内置运算符，而必须创建自己的配对(交叉)和突变运算符。

7.3　创建交叉配对操作

DEAP toolbox 中的标准遗传运算符对我们的自定义网络架构基因序列而言是不充分的。这是因为任何标准配对运算符很可能会破坏我们的基因序列的格式。相反，需要为配对(交叉)和突变构建我们自己的自定义运算符。

图 7-11 展示了当应用于两个交配的父代时，这个自定义的交叉操作是如何实现的。该操作通过将两个父代提取出的不同层集合分别存储到列表中——一个用于卷积层，一个用于池化层，等等。然后，从每个列表中随机选择一对层，交换它们在基因序列中的位置。用产生的基因序列生成后代。

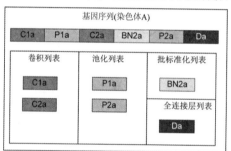
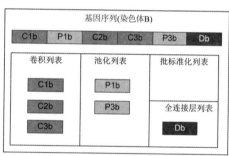
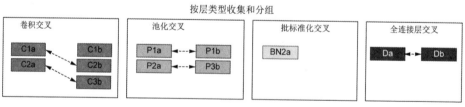

图 7-11　交叉操作的可视化表示

执行此自定义交叉操作的代码在我们的下一个 notebook 中，但实际上它是我们上一个查看的 notebook 的扩展。在查看此代码时请记住，这只是执行交叉的一种选择，你可能还会考虑其他选择。重要的是在交叉操作后维持正确格式化的基因序列。

在 Google Colab 中打开 notebook 示例 EDL_7_3_Crossover_CNN.ipynb。运行所有的单元格(Runtime | Run All)，然后滚动到 notebook 的底部附近。同样，这个 notebook 只是在我们最后的练习的基础上构建的，这里不再赘述。

向下滚动到 "Custom Crossover Operator" 标题的单元格。这里有不少代码，所以将其分解为几个部分进行复习，从主交叉函数开始，如代码清单 7-12 所示。这个主函数为每组层调用 swap_layers 函数。

代码清单 7-12　EDL_7_3_Crossover_CNN.ipynb：自定义交叉函数

```
def crossover(ind1, ind2):          ◄── 该函数接收两个个体作为输入
  ind1, ind2 = swap_layers(ind1, ind2, CONV_LAYER,
  ➥ CONV_LAYER_LEN)
  ind1, ind2 = swap_layers(ind1, ind2, POOLING_LAYER,        交换不同
  ➥ POOLING_LAYER_LEN)                                       的层组
  ind1, ind2 = swap_layers(ind1, ind2, BN_LAYER, BN_LAYER_LEN)
  ind1, ind2 = swap_layers(ind1, ind2, DENSE_LAYER, DENSE_LAYER_LEN)
  return ind1, ind2          ◄── 返回结果是两个新的后代
```

swap_layers 函数是从序列中提取每种类型的层然后随机交换的地方。首先从每个序列中按类型获取层列表。c1 和 c2 都是我们循环遍历以确定交换点的索引列表。从这些列表中，我们随机获取每个序列的交换值，然后使用 swap 函数执行交换，如代码清单 7-13 所示。

代码清单 7-13　EDL_7_3_Crossover_CNN.ipynb：交换层

```
def swap_layers(ind1, ind2, layer_type, layer_len):
    c1, c2 = get_layers(ind1, layer_type),
    ➥ get_layers(ind2, layer_type)     ◄── 获取每个序列的层类型列表
  min_c = min(len(c1), len(c2))
  for i in range(min_c):
        if random.random() < 1:
        i1 = random.randint(0, len(c1)-1)      从每一层组中随机
        i2 = random.randint(0, len(c2)-1)      选择索引
        iv1 = c1.pop(i1)
        iv2 = c2.pop(i2)
        ind1, ind2 = swap(ind1, iv1, ind2, iv2, layer_len)
  return ind1, ind2                                    ◄── 对层进行交换
```

找出最小长度的层列表

get_layers 函数是从每个基因序列中提取层索引的地方。这可以用列表推导式非常简洁地完成，方法是检查序列中的每个值，并在列表中提取匹配的位置，如代码清

单 7-14 所示。

代码清单 7-14　EDL_7_3_Crossover_CNN.ipynb：查找层索引

```
def get_layers(ind, layer_type):
  return [a for a in range(len(ind)) if ind[a]
    == layer_type]
```

输入一个序列和要提取的层的类型

按顺序返回层类型的索引列表

我们在这里看到的最后一个函数是 swap 函数，如代码清单 7-15 所示，它负责交换每个个体的层块。swap 的工作原理是从给定索引的序列中提取每个层块。由于层类型的长度总是相同的，因此简单的索引替换是可行的。请记住，如果我们的层块长度是可变的，就必须开发一个更高级的解决方案。

代码清单 7-15　EDL_7_3_Crossover_CNN.ipynb：swap 函数

```
def swap(ind1, iv1, ind2, iv2, ll):
  ch1 = ind1[iv1:iv1+ll]
  ch2 = ind2[iv2:iv2+ll]
  print(ll, iv1, ch1, iv2, ch2)
  ind1[iv1:iv1+ll] = ch2
  ind2[iv2:iv2+ll] = ch1
  return ind1, ind2
```

从序列中提取块

打印交换层的输出

交换块的顺序

图 7-12 显示了对两个初始后代执行交叉函数的结果。从图中可以看出，交换了三个卷积层、一个池化层、一个批标准化层和一个全连接层组。生成的输出序列如图 7-12 所示。

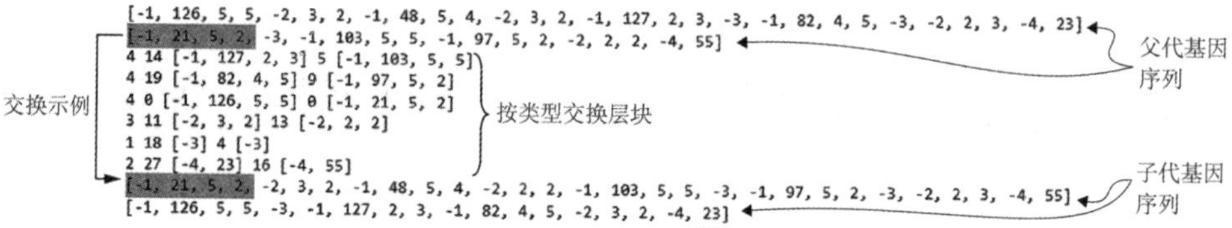

图 7-12　检查交叉输出

notebook 的其余部分构建、编译和训练生成的个体，并输出结果。请务必检查最后的单元格，以确认交叉操作没有破坏基因序列格式。现在我们对配对和产生后代有了交叉操作，可以继续开发最后一个操作：突变。

7.4　开发一个自定义突变操作符

同样，DEAP 中可用的标准突变操作符对我们的自定义基因序列无用。因此，我们需要开发一个自定义突变操作符来模拟希望对基因序列应用的突变类型。为了这个项目的目的，保持突变相当简单，只改变当前的层块。在更高级的应用中，突变可以添加或删除新的层块，但我们将这部分留给读者实现。

在 Google Colab 中打开 notebook 示例 EDL_7_4_Mutation_CNN.ipynb。运行所有的单元格(Runtime | Run All)。滚动到 notebook 底部附近，找到标题为"Custom Mutation Operator"的部分。

首先看主要的突变函数，如代码清单 7-16 所示。该函数首先检查个体是否不为空。如果不为空，则继续使用 mutate_layers 函数对每个层组进行突变。最后，按照 DEAP 的约定，将结果返回为一个元组。

代码清单 7-16　EDL_7_4_Mutation_CNN.ipynb：一个自定义的突变操作符

```
def mutation(ind):
  if len(ind) > CONV_LAYER_LEN:          ← 只改变卷积网络
    ind = mutate_layers(ind, CONV_LAYER,
    ➥ CONV_LAYER_LEN)
    ind = mutate_layers(ind, DENSE_LAYER,     按类型对层进行突变
    ➥ DENSE_LAYER_LEN)
    ind = mutate_layers(ind, POOLING_LAYER,
    ➥ POOLING_LAYER_LEN)
  return ind,          ← 按照 DEAP 约定返回元组
```

mutate_layers 函数循环遍历特定类型的层，并仅对相应的超参数进行突变。首先，使用 get_layers 提取给定类型的层组索引，就像在上一节中看到的那样。然后，在 try/except 块中，通过调用 mutate 函数替换给定索引的层块，如代码清单 7-17 所示。

代码清单 7-17　EDL_7_4_Mutation_CNN.ipynb：mutate_layers 函数

```
                                               使用 get_layers 按类型提取
def mutate_layers(ind, layer_type, layer_len):  层索引
  layers = get_layers(ind1, layer_type)  ←
    for layer in layers:  ←
      if random.random() < 1:  循环遍历索引
      try:
        ind[layer:layer+layer_len] = mutate(      调用 mutate 函数以替换层块
          ind[layer:layer+layer_len], layer_type)  ←
      except:
        print(layers)  ←
    return ind          打印引起错误的层
```

mutate 函数是所有工作发生的地方。首先检查提取的部分是否具有正确的长度，如代码清单 7-18 所示。这是为了防止可能发生在个体上的任何潜在的格式破坏问题。接下来，取决于层类型，可以更改过滤器/神经元数量和内核大小。注意，我们将内核大小限制在原始最小值/最大值范围内的值，而过滤器/神经元的数量可以增长或减少。

在这一点上，我们还检查个体基因序列是否有任何损坏的块——与所需长度不匹配的块。如果我们确实发现基因序列在突变过程中被破坏了，那么会抛出一个异常。这个异常将在突变函数中被捕获。

代码清单 7-18　　EDL_7_4_Mutation_CNN.ipynb：mutate 函数

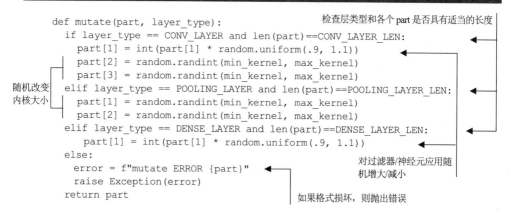

图 7-13 展示了在单个基因序列上运行突变函数/操作符的结果。注意，定义层组的超参数(神经元/过滤器数量或核大小)是唯一被修改的部分。当你运行 notebook 时，可能会看到不同的结果，但是你仍应该观察到图 7-13 中突出显示的变化。

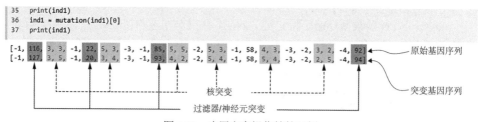

图 7-13　应用突变操作符的示例

同样，notebook 的其余部分构建、编译和训练突变的基因序列，以确认我们仍然可以生成一个有效的 Keras 模型。继续运行突变代码块几次，以确认输出的基因序列是有效的。有了用于处理交叉和突变操作的自定义操作符，现在可以在下一节应用进化了。

使用 Keras 的优势

Keras 模型编译健壮且容错性强，这在随机构建的某些模型可能存在问题且无法生成良好结果时非常有用。相比之下，像 PyTorch 这样的框架容错性较差，在几个构建问题上会报错并产生阻止错误。使用 Keras，可以只需要最少的错误处理就可以继续，因为大多数模型可以运行，但是运行效果可能不佳。如果在 PyTorch 上应用相同的进化算法，可能会遇到更多由小问题导致的构建错误，产生更少的幸存后代。相反，Keras 会产生更多可行的后代，这些后代可以发展成一个更合适的解决方案。这不一定意味着 PyTorch 作为一个深度学习框架比较差，而是指出了两个框架的刚性差异。

7.5 卷积网络架构的进化

进化卷积网络架构现在只需要添加 DEAP 来运用遗传算法。我们在这一节中讨论的很多内容都是对前几章的复习，但它应该有助于理解自定义操作符的工作原理。在本节中，我们将继续基于前面的 notebook，并将其扩展为执行进化架构搜索。

在 Google Colab 中打开 notebook 示例 EDL_7_5_Evo_CNN.ipynb。继续运行所有单元格(Runtime | Run All)。注意，在这个 notebook 的顶部，我们使用 pip 安装了 DEAP，并导入了在前几章中使用的标准模块。

滚动到标题为"Evolutionary CNN"的部分，检查 DEAP toolbox 的设置代码，如代码清单 7-19 所示。注意我们如何重用来自代码清单 7-8 的 create_offspring 函数，并使用 network 这个名字将其注册到 toolbox。这个函数负责创建新的第一代后代。然后，使用一个列表保存个体的基因序列。这里使用列表的好处是一组个体的长度可以变化。

代码清单 7-19 EDL_7_5_Evo_CNN.ipynb：DEAP toolbox 设置

```
toolbox = base.Toolbox()
toolbox.register("network", create_offspring)          添加一个名为network的自定
                                                       义 create_offspring 函数
toolbox.register("individual", tools.initIterate,
    creator.Individual, toolbox.network)               注册新的网络初始化
                                                       函数
toolbox.register("population", tools.initRepeat,
    list, toolbox.individual)
                                                       使用一个列表包含种
                                                       群中的个体
toolbox.register("select", tools.selTournament,
    tournsize=5)
                                    使用标准的锦标赛选
                                    择操作符
```

向下滚动一点，看看如何注册之前创建的自定义交叉函数(代码清单 7-12)和突变函数(代码清单 7-16)，如代码清单 7-20 所示。

代码清单 7-20 EDL_7_5_Evo_CNN.ipynb：注册自定义函数

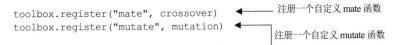

```
toolbox.register("mate", crossover)          注册一个自定义 mate 函数
toolbox.register("mutate", mutation)         注册一个自定义 mutate 函数
```

在下一个单元格中，如代码清单 7-21 所示，包含了构建、编译、训练和评估模型的代码。评估函数首先使用 build_model 函数(见代码清单 7-11)构建模型，然后使用新

的函数 compile_train 编译和训练模型。接着，它返回 1/accuracy，将其限制在接近 0 和 1 之间的范围内。我们这样做是因为希望通过 1/accuracy 最小化适应度。注意，我们将代码包装在 try/except 中，以确保在任何失败情况下都能优雅地恢复。我们的代码仍有可能构建出不合理的模型，这是一种防止失败的保护机制。如果代码失败，则返回 1/.5 或 50%的准确率，而不是返回 0 或接近 0。通过这样做，可以保留这些失败的个体，并希望它们在后续突变中变得更好。

代码清单 7-21　EDL_7_5_Evo_CNN.ipynb：evaluate 函数

```
def evaluate(individual):
  try:
    model = build_model(individual)      ← 构建模型
    model = compile_train(model)          ← 编译并训练模型
    print('.', end='')
    return 1/clamp(model.evaluate(x_test,
      ⮑ y_test, verbose=0)[1], .00001, 1),  ← 返回限制后的 1/accuracy
  except:
      return 1/.5,       ← 如果失败，则返回基准精度

toolbox.register("evaluate", evaluate)     ← 注册函数
```

适者生存

通过允许失败的个体拥有一定的基本适应度，我们鼓励这些基因序列有可能继续留在种群中。在自然界中，有严重突变的个体几乎肯定会很快失败。合作的物种，比如人类，更擅长照顾那些有潜力的较弱个体。这也是人类婴儿可能出生时如此虚弱，但他们可以成长并存活并成为有贡献的个体的原因。

compile_train 函数与之前的训练代码非常相似，让我们快速查看一下，如代码清单 7-22 所示。在这里没有太多不同，但注意我们已经将训练固定为三个周期，以简洁为目标。同样，可以修改这个值，观察对结果产生的影响。

代码清单 7-22　EDL_7_5_Evo_CNN.ipynb：编译和训练函数

```
def compile_train(model):
  model.compile(optimizer='adam',                              训练准确性
    loss=tf.keras.losses.SparseCategoricalCrossentropy(from_logits=True),
            metrics=['accuracy'])
  model.fit(x_train, y_train, epochs=3,   ← 拟合 3 个周期的模型
              verbose=0)
  return model
```

在之前的章节中已经设置了遗传算法的演化过程。现在看一下在五代(generation)演化后种群的输出结果，如图 7-14 所示。由于我们的基因序列相对较小，通常可以期

望快速收敛。你的结果可能会有所不同，但大多数情况下，你的准确率应该在 0.81 左右，即 81%。可以尝试增加种群的大小或代(generation)数的数量，看看这会产生什么影响。

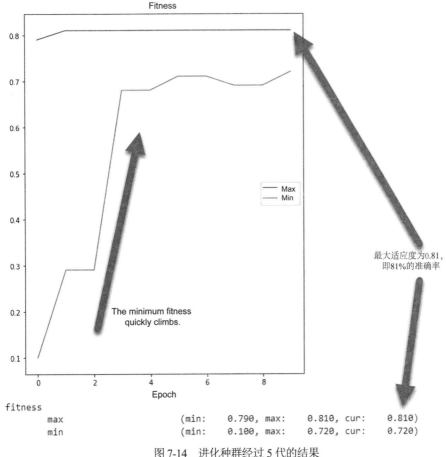

fitness
max   (min: 0.790, max: 0.810, cur: 0.810)
min   (min: 0.100, max: 0.720, cur: 0.720)

图 7-14　进化种群经过 5 代的结果

进化完成后，我们构建、编译和训练最佳个体，查看图 7-15 的结果。在进行三个周期后仍然可以看到发散的现象，这表明如果我们想要一个更稳定的模型，可能需要增加进化中的训练周期。这可以很容易实现，但会大大增加进化所需的时间。

最后，可以查看图 7-16 中演化模型架构的摘要。你的结果可能会略有不同，但你应该能看到与图中显示的相似的层次结构。实际上，如果你之前曾使用过 FashionMNIST 数据集，这可能是你见过的一个应用过的架构。

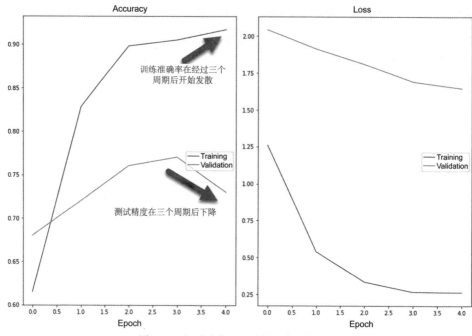

图 7-15　经过进化后评估最佳个体的结果

Model: "sequential_192"

Layer (type)	Output Shape	Param #	
conv2d_503 (Conv2D)	(None, 28, 28, 36)	468	← 从单个卷积层开始
conv2d_504 (Conv2D)	(None, 28, 28, 127)	41275	
batch_normalization_184 (Ba tchNormalization)	(None, 28, 28, 127)	508	
max_pooling2d_195 (MaxPooli ng2D)	(None, 10, 10, 127)	0	← Conv2D >批量归一化> 最大池化
flatten_179 (Flatten)	(None, 12700)	0	
dense_366 (Dense)	(None, 37)	469937	
dense_367 (Dense)	(None, 10)	380	

Total params: 512,568
Trainable params: 512,314
Non-trainable params: 254

图 7-16　进化产生的模型摘要结果

　　你可以根据需要修改这个 notebook，并添加我们在整个章节中讨论的一些自定义内容。以下是你可能想要对这个 notebook 进行的修改摘要。

- 数据集大小：我们大大减小了原始数据集的大小以减少运行时间。如果你增加数据集的大小，预计模拟运行时间也会增加。
- 训练周期：在之前的评估中，我们决定将训练周期限制为三个。根据你的数据，你可能希望增加或减少这个值。
- 层类型：对于这个简单的演示，我们只使用了标准的层类型，比如卷积层、池化层、批标准化层和全连接层。你可以添加不同的层类型，比如 Dropout 层，或者增加全连接层的数量或其他变化。
- 交叉/突变：我们为配对和突变构建的自定义操作符只是一种实现方式。如前所述，在构建突变函数时，还有很多进一步的定制空间，例如让突变添加或删除层块。
- 适应度/评估函数：我们的个体适应度是基于准确率得分的。如果我们想要最小化可训练参数或层数，则可以将其作为逻辑添加到评估函数中。

练习

使用以下练习提高你对 EvoCNN 的理解：

(1) 修改数据集大小或类型。探索不同的数据集，并注意演化的 CNN 模型之间的差异。

(2) 将一个新的 Dropout 层类型添加到基因序列中。这需要一些改动，但可以为增强 CNN 模型构建提供基础。

(3) 考虑如何应用其他形式的进化，从超参数优化到神经网络权重/参数的进化。

希望随着自动机器学习模型的进化优化概念的发展，我们可以期待框架能为我们打包所有这些。然而，如你在本章中所见，执行这种强大优化的代码量并不太难生成。最后，即使出现一个全面的框架，你也可能需要自定义诸如 mate 和 crossover 等函数。

7.6 本章小结

- 卷积神经网络是对深度学习模型的层扩展，可提供局部特征提取：
  - 通常用于二维图像处理，CNN 可以非常成功地增强分类或其他任务。
  - 对于各种图像识别任务来说，CNN 层的设置和定义是复杂的，因为涉及大量的超参数、配置和层次的选择。
- 神经进化是用来描述深度学习优化的进化方法的另一个术语，特指与架构和参数优化相关的方法：
  - 使用遗传算法和 DEAP 可以优化深度学习网络的 CNN 架构。

- CNN 层的复杂架构包括层的类型、大小和位置，这些可以编码在自定义的遗传序列中。

- 这种遗传编码涵盖了各种 CNN 层的数量、核大小、步幅、标准化以及激活函数。

- 需要开发定制的交叉(配对)和突变的遗传操作符来支持定制的遗传编码结构。

- 使用遗传算法进化一个个体种群，以优化特定数据集上的 CNN 模型架构。

- EvoCNN 的自定义编码架构在模型中使用的层数方面有一定的限制。然而，神经进化可以快速帮助定义复杂的 CNN 架构，解决了复杂任务的定义难题。

第Ⅲ部分

高 级 应 用

在进入本书的最后部分时，我们的重点转向更复杂的示例，涵盖生成建模、增强拓扑网络的神经进化、强化学习和本能学习等领域。在引入这些进化方法之前，会介绍每个高级主题。

第 8 章和第 9 章介绍和探索生成建模或生成式深度学习的领域。第 8 章演示了基本的自编码器以及如何将其改进为进化自编码器。然后，在第 9 章中，介绍生成对抗网络的基础知识。由于生成对抗网络在训练过程中通常难以训练，因此演示了如何使用进化方法来更好地优化训练过程。

神经进化用于增强拓扑结构在第 10 章和第 11 章中展示。在第 10 章介绍 NEAT 的基础知识，并展示如何配置这个强大的算法来增强物种的多样性。在第 11 章中，我们将 NEAT 应用于解决 OpenAI Gym 中的深度强化学习问题。

在第 12 章，我们探讨了进化方法在机器学习中的未来，并介绍了本能学习。本能学习是一个更广泛的概念，涉及寻找可重复使用的功能组件或本能。在这一章中，涵盖了一些将本能学习应用于使用基因表达式编程和遗传算法解决 OpenAI Gym 中强化学习问题的示例。这些问题的结果展示了在深度学习系统中如何分离出常见的可重复使用的函数/组件。

第8章

进化自编码器

本章主要内容

- 引入卷积自编码器(AE)
- 讨论卷积自编码器网络中的遗传编码
- 应用突变和交叉配对来开发一个进化自编码器
- 构建和进化自编码器架构
- 引入卷积变分自编码器

在第 7 章中，我们介绍了如何使用进化算法改编卷积神经网络(CNN)架构。我们使用遗传算法对定义 CNN 模型的基因序列进行编码，从而进行图像分类。结果是成功地为图像识别任务构建了更优化的网络。

在本章中，我们将继续扩展基础知识，并探索演化自编码器(AE)。我们利用上一章中构建演化 CNN 架构的经验，将其应用于卷积 AE。然后，转到更高级的变分 AE，并探索演化模型损失的新方法。

AE 是深度学习的基础，引入了无监督学习和表示学习。如果你之前学习过深度学习，很可能已经遇到过自编码器和变分自编码器。从进化深度学习的角度来看，它们引入了一些我们在本章中探索的新颖应用。

AE 有几种变体，从不完全的或标准的到深度和卷积的。深度卷积 AE 是一个很好的起点，因为它扩展了前几章的许多思路，也是本章的起点。

8.1 卷积自编码器

在本节中，我们将探索和回顾使用 Keras 编写的卷积自编码器。这段代码将在本章后面用于构建进化自编码器。对于那些对自编码器不太熟悉的人，下一节将回顾训练、构建和重新训练的主要原则。

8.1.1 自编码器简介

自编码器常用于介绍无监督学习和表示学习的概念。无监督学习是使用没有标签的数据训练模型的过程。表示学习是当我们训练模型来理解输入特征之间的差异。

图 8-1 显示了一个简单的卷积自编码器，由卷积、最大池化和上采样层组成。除了添加了卷积层外，这个模型架构对于自编码器是标准的。

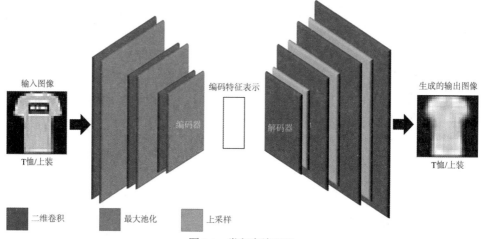

图 8-1 卷积自编码器

自编码器通过将输入数据传递到一个窄的通道中工作，称为潜在或特征表示视图，即中间部分。这个中间部分也被称为图像的潜在或隐藏编码。

图像的潜在编码是通过将图像输入编码器并测量输出之间的差异进行迭代学习的。通常，我们使用均方误差或像素级损失来衡量输入和输出图像之间的差异。通过迭代，中间部分学习将输入图像的特征进行编码。

图 8-2 显示了从在 MNIST 手写数字数据集上训练的自编码器中学习到的编码示例。在该图中，编码/潜在空间使用 t 分布 stochastic neighbor embedding(t-SNE)转换为二维。通过可视化这个绘图，可以清楚地看到模型是如何学习区分各种数字类别的。

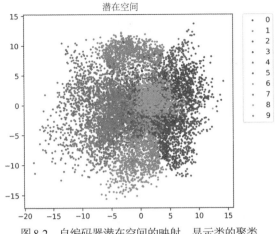

图 8-2　自编码器潜在空间的映射，显示类的聚类

　　自编码器使用无监督学习进行训练,这意味着输入到模型中的数据都不需要标记。从本质上讲,模型通过自我训练来学习,方法是比较输入和生成的输出在多大程度上可以代表编码的特征。这简化了模型的训练,同时创建了一个强大的特征编码提取器。

　　表示学习,也可以称为生成式深度学习,是一个相对较新的领域。我们在下一章详细介绍 GDL,但现在,让我们回到代码中,看看自编码器是如何工作的。

8.1.2　构建卷积自编码器

　　我们在下一个 notebook 中查看的自编码器采用卷积层来更好地提取图像中的特征。将卷积应用于自编码器模型会在网络架构中引入额外的复杂性。在未来的章节中,这个示例还演示了应用进化来优化这些网络的优势。

　　在 Google Colab 中打开 notebook 示例 EDL_8_1_Autoencoders.ipynb。如果你需要复习在 Colab 中打开 notebook 的方法,请参阅附录 A。

　　向下滚动,然后选择 Stage 1: AEs 单元格。从菜单中,选择 Runtime | Run Before。这将运行 notebook,加载数据并显示示例图,如图 8-3 所示。过去几章已经介绍了几段代码,在这里就不再重复了。

　　接下来,我们来到第一个有趣的代码块,如代码清单 8-1 所示:构建 AE。设置的第一层是输入层,由图像形状(28×28 和 1 个通道)定义。接下来,添加了一个卷积层,具有 64 个过滤器,核大小为 3×3。然后,在每个 CNN 层之后,MaxPool 层将输入减少/聚合到下一层。添加的最后一层是代表输入的潜在或隐藏视图的 MaxPool 层。

图 8-3　Fashion-MNIST 标准训练数据集

代码清单 8-1　EDL_8_1_AE.ipynb：编码器

```
input_layer = Input(shape=(28, 28, 1))          ←——— 定义输入层

encoded_layer1 = layers.Conv2D(64, (3, 3),
➥ activation='relu', padding='same')(input_layer)
encoded_layer1 = layers.MaxPool2D( (2, 2),
➥ padding='same')(encoded_layer1)
encoded_layer2 = layers.Conv2D(32, (3, 3),
➥ activation='relu', padding='same')(encoded_layer1)     ←———  二维卷积层
encoded_layer2 = layers.MaxPool2D( (2, 2),
➥ padding='same')(encoded_layer2)
encoded_layer3 = layers.Conv2D(16, (3, 3),
➥ activation='relu', padding='same')(encoded_layer2)
latent_view = layers.MaxPool2D( (2, 2),
➥ padding='same')(encoded_layer3)          ←——— MaxPool 层
```

现在已经构建了编码器模型，可以输出潜在或编码视图，我们需要使用进一步的卷积层和一个称为 UpSampling 的特殊层来重新构建图像。UpSampling 层可以被看作池化层的相反操作。它们的作用是将由编码器生成的潜在视图转换回完整的图像。这是通过逐层地对输入进行卷积和上采样来实现的。在输出链的末端，我们添加一个最后的 CNN 层，将卷积输出转换为单通道。如果我们使用彩色图像，则会将输出转换为三个通道，如代码清单 8-2 所示。

代码清单 8-2　EDL_8_1_AE.ipynb：解码器

```
decoded_layer1 = layers.Conv2D(16, (3, 3), activation='relu',
➥ padding='same')(latent_view)
decoded_layer1 = layers.UpSampling2D((2, 2))
➥ (decoded_layer1)                                         二维卷积层
decoded_layer2 = layers.Conv2D(32, (3, 3),
➥ activation='relu', padding='same')(decoded_layer1)
decoded_layer2 = layers.UpSampling2D((2, 2))
➥ (decoded_layer2)
decoded_layer3 = layers.Conv2D(64,(3,3),activation='relu')(decoded_layer2)
decoded_layer3 = layers.UpSampling2D((2, 2))
➥ (decoded_layer3)

output_layer = layers.Conv2D(1, (3, 3),            最后的 CNN 层，用于
➥ padding='same')(decoded_layer3)                  输出单个通道

二维上采样层
```

通过将相应的输入和输出层传递给 Keras 模型来组合这些模型。然后，使用 Adam 优化器和均方误差(MSE)作为损失函数来编译模型。

最后，绘制模型的摘要，并使用 plot_model 输出一个漂亮的可视化完成的模型，如代码清单 8-3 所示。

代码清单 8-3　EDL_8_1_AE.ipynb：创建模型

```
model = Model(input_layer, output_layer)      从输入层和输出层构建模型
model.compile(optimizer='adam', loss='mse')
                                               使用 Adam 优化器和均方误差
model.summary()                                (MSE)编译模型
             输出模型的摘要
plot_model(model)
生成模型的可视化图
```

运行构建编码器和解码器以及构建模型的代码块。图 8-4 显示了构建模型的摘要输出。通过查看每个连续的层，可以可视化模型如何在潜在编码中缩小输入空间，然后再次重建。需要注意各个 CNN 层的大小以及它们如何缩小和增大。

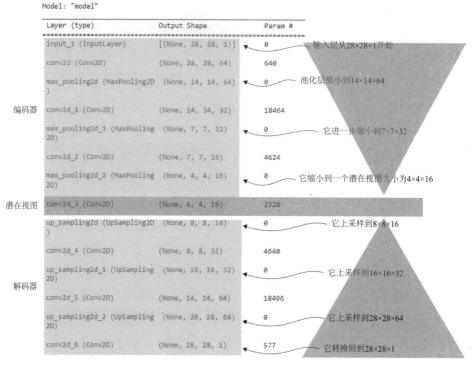

图 8-4 AE 模型概述解释

接下来的几个代码块设置了训练模型的输出代码。请继续运行这些代码块,包括训练代码。由于之前已经回顾过这些代码,在这里不会再进行复述,只是看一下经过10 个周期训练后的示例输出,如图 8-5 所示。

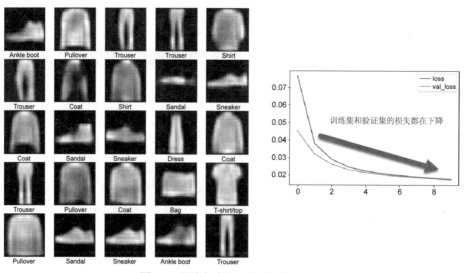

图 8-5 训练自编码器的示例代码输出

随着模型训练的进行，输出(如图 8-5 所示)从模糊的表示逐渐变得清晰。自编码器可能需要大量的训练，而这个简单的例子很可能永远无法准确地描绘细粒度的特征。然而，它确实有效地区分了不同的类别。一个衡量模型训练效果的好指标是将凉鞋(sandal)类别的图像与原始图像或与运动鞋(sneaker)对比。

8.1.3 练习

使用下面的练习提高你对 AE 的理解：

(1) 尝试使用不同的数据集，比如 MNIST 手写数字数据集。

(2) 改变模型的超参数，比如学习率和批量大小，观察对训练的影响。

(3) 在编码器和解码器中添加或删除卷积层。确保保持自编码器两侧的平衡。

虽然这个简单的自编码器表现得还不错，但我们希望进一步提高模型泛化学习表示的能力。在接下来的部分，将添加一些泛化特性，比如 dropout 和批量归一化层。

8.1.4 卷积 AE 的泛化

在第 7 章中，我们深入讨论了卷积层的工作原理，它可以通过提取特征来实现。我们还了解 CNN 模型在识别特征方面可能表现得过于优秀。为了补偿这一点，我们经常添加一个称为"Dropout"的层，它可以帮助泛化特征提取。

图 8-6 展示了 Dropout 层的工作原理，它通过在每个训练迭代中随机禁用网络节点(而不是每个周期)来实现。在每个训练迭代中禁用随机神经元可以使模型更好地泛化并减少记忆。这导致训练损失和验证损失保持一致。

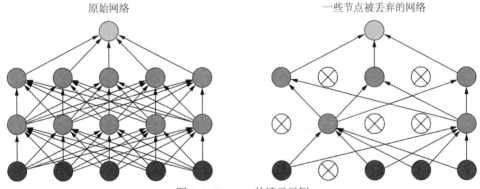

图 8-6 Dropout 的演示示例

在训练 CNN 和特别具有多个层的网络时，还会出现梯度消失和梯度爆炸等因素。这是因为网络中的权重/参数可能需要变得非常大或非常小，因为输入经过多个层。为了补偿这一点，我们在层之间引入了一种称为"BatchNormalization"的标准化步骤。

图 8-7 展示了如何在卷积特征图上计算 BatchNormalization。在图中,对每个特征图计算平均值和方差,并将其用于将特征图的值标准化为下一层的输入。这使得数据保持在大约 0 附近,并显著减少了梯度消失或梯度爆炸的问题。

标准化使用以下方程进行:每个输入值减去平均值,然后除以方差的平方根,即标准差 σ。

标准化使用以下方程进行:每个输入值减去平均值,然后除以方差的平方根,即标准差 σ。

$$X_{new} = \frac{x - \mu}{\sigma}$$

现在我们了解了如何创建更具泛化性的模型并避免梯度爆炸和梯度消失,我们可以开始将这些特性融入 AE 中。

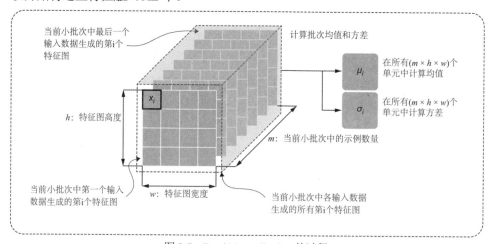

图 8-7 BatchNormalization 的过程

8.1.5 改进自编码器

通过添加 BatchNormalization 和 Dropout 层,可以改进之前查看的简单 AE。继续使用相同的 notebook,但现在查看在以下演练中添加这些新层类型。

在 Google Colab 中重新打开 notebook 示例 EDL_8_1_Autoencoder.ipynb。如果需要帮助,请参考附录 A。继续通过菜单中的 Runtime | Run All 来运行 notebook 中的所有单元格。向下滚动到 "Improving the Autoencoder" 开始的部分。

首先查看模型中更新的编码器部分的代码,如代码清单 8-4 所示。大部分代码与我们上次查看的代码相同,但注意这回包含了批标准化层和 dropout 层。传递到 dropout 层的参数是在每个训练迭代中将禁用的神经元的数量或百分比。

代码清单 8-4　EDL_8_1_AE.ipynb：一种改进的编码器

```
inputs = layers.Input(shape=(28, 28 ,1))

x = layers.Conv2D(32, 3, activation='relu', padding='same')(inputs)
x = layers.BatchNormalization()(x)
x = layers.MaxPool2D()(x)
x = layers.Dropout(0.5)(x)                    BatchNormalization 层
x = layers.BatchNormalization()(x)
x = layers.MaxPool2D()(x)
x = layers.Dropout(0.5)(x)
x = layers.Conv2D(64, 3, activation='relu', padding='same')(x)
x = layers.BatchNormalization()(x)
encoded = layers.MaxPool2D()(x)
```

Dropout 层

在此之后，我们当然要查看改进的解码器部分，如代码清单 8-5 所示。同样，唯一的区别是在解码器部分包含 BatchNormalization 和 Dropout 层。

代码清单 8-5　EDL_8_1_AE.ipynb：改进后的解码器

```
x = layers.Conv2DTranspose(64, 3,activation='relu',strides=(2,2))(encoded)
x = layers.BatchNormalization()(x)
x = layers.Dropout(0.5)(x)                     BatchNormalization 层
x = layers.Conv2DTranspose(32, 3, activation='relu',strides=(2,2),
    padding='same')(x)
x = layers.BatchNormalization()(x)
x = layers.Dropout(0.5)(x)
x = layers.Conv2DTranspose(32, 3, padding='same')(x)
x = layers.LeakyReLU()(x)
x = layers.BatchNormalization()(x)
decoded = layers.Conv2DTranspose(1, 3, activation='sigmoid',strides=(2,2),
    padding='same')(x)
```

Dropout 层

图 8-8 展示了对这个"改进"的模型进行 10 个周期训练后的输出。如果你将这个图与图 8-5 进行比较，会清楚地看到这些"改进"并没有像原始模型那样有效。

那么，如果这些层类型是关于改进模型性能的，为什么我们得到如此差的结果呢？在这种情况下，答案很简单：我们过度使用了 BatchNormalization 和 Dropout 的功能。这通常意味着我们需要以手动方式调优网络架构以改进模型性能。相反，我们接下来看看如何使用 EC 优化 AE 模型开发。

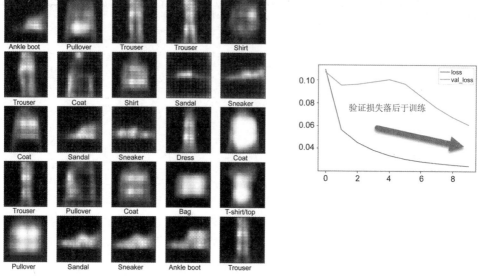

图 8-8　训练改进的 AE 示例单元输出

8.2　进化自编码器(AE)优化

我们已经看到了如何使用称为 EvoCNN 的 GA 自动优化 CNN 模型。在以下演示中，采用与以前相同的方法，但引入了 AE 的额外复杂性。这意味着我们的模型架构需要遵循更严格的准则。

8.2.1　构建 AE 基因序列

构建 GA AE 优化器的第一步是构建一个模式将架构编码到基因序列中。我们在以前例子的基础上进行构建，但这次引入了 AE 的约束。同样，该模型还通过允许添加 BatchNormalization 和 Dropout 来改进 EvoCNN 项目。

在 Google Colab 中打开 notebook 示例 EDL_8_2_Evo_Autoencoder_Encoding.ipynb。如果需要，请参阅附录 A 中的说明。继续通过 Runtime | Run All 来运行 notebook 中的所有单元格。向下滚动到 "Encoding the Autoencoder" 部分。我们在第 7 章中对以下代码进行了大部分回顾，所以在这里只对重点进行回顾。

从 create_offspring 函数开始看起。如果你还记得的话，这是创建整个基因序列的主要函数，但这个版本有所不同。这次，函数被分成了两个循环：一个用于编码器部分，另一个用于解码器部分。编码器部分循环遍历层，并随机检查是否应该添加另一个卷积层。如果添加了一层，然后它会继续随机检查是否还应该添加 BN 层和/或 Dropout 层。注意，在这个例子中，我们自动添加了一个 MaxPool 层，以考虑自编码器的漏斗或降维结构。

第二个解码器的循环被设置为与编码器的结构相对应。因此，它循环遍历的次数与编码器相同。这次，它添加了卷积层代码，以表示 UpSampling(上采样)和卷积层的组合。之后，会有一个随机检查，用于添加 BatchNormalization 层和/或 Dropout 层，如代码清单 8-6 所示。

代码清单 8-6　EDL_8_2_Evo_AE_Encoding.ipynb：创建基因序列

```
def create_offspring():
  ind = []
    layers = 0
  for i in range(max_layers):          第一层始终是卷积层
    if i==0:
      ind.extend(generate_conv_layer())
      layers += 1                        有机会添加另一层卷积层
    elif random.uniform(0,1)<.5:
      ind.extend(generate_conv_layer())
      layers += 1                        有机会添加一个 BatchNormalization 层
      if random.uniform(0,1)<.5:
        ind.extend(generate_bn_layer())
      if random.uniform(0,1) < .5:       有机会添加一个 Dropout 层
        ind.extend(generate_dropout_layer())
  for i in range(layers):
    ind.extend(generate_upconv_layer())  循环遍历编码器层来创建解码器
    if random.uniform(0,1)<.5:
      ind.extend(generate_bn_layer())
    if random.uniform(0,1) < .5:
      ind.extend(generate_dropout_layer())
  return ind
```

注意，我们改变了基因序列的编码模式，以考虑卷积/最大池化层和上采样/卷积层。你可以在代码单元中看到这个小改变。现在，表示编码器卷积层的编码标记被定义为 CONV_LAYER，而解码器的上采样或卷积层则被定义为 UPCONV_LAYER，如代码清单 8-7 所示。

代码清单 8-7　EDL_8_2_Evo_AE_Encoding.ipynb：基因序列标记

```
CONV_LAYER = -1
CONV_LAYER_LEN = 4          编码器卷积/池化层
BN_LAYER = -3
BN_LAYER_LEN = 1
DROPOUT_LAYER = -4
DROPOUT_LAYER_LEN = 2        解码器上采样/卷积层
UPCONV_LAYER = -2
UPCONV_LAYER_LEN = 4
```

同样，生成编码器层(CONV_LAYER)和解码器层(UPCONV_LAYER)的功能变得简单化，如代码清单 8-8 所示。

代码清单 8-8　EDL_8_2_Evo_AE_Encoding.ipynb：生成层

```
def generate_conv_layer():
  part = [CONV_LAYER]
  part.append(generate_neurons())
  part.extend(generate_kernel())
  return part

def generate_upconv_layer():
  part = [UPCONV_LAYER]
  part.append(generate_neurons())
  part.extend(generate_kernel())
  return part
```

←── 编码器卷积/池化层

←── 解码器上采样/卷积层

同样地，添加 BN 和 Dropout 层的函数也被简化，如代码清单 8-9 所示。

代码清单 8-9　EDL_8_2_Evo_AE_Encoding.ipynb：生成特殊层

```
def generate_bn_layer():
  part = [BN_LAYER]
  return part

def generate_dropout_layer():
  part = [DROPOUT_LAYER]
  part.append(random.uniform(0,.5))
  return part
```

←── 生成 BN 层

←── 生成 Dropout 层

接下来，通过解析基因序列构建模型。这段代码非常长，因此我们将其分解成相关的几个部分，从代码清单 8-10 中的初始解析开始。我们从循环遍历每个基因开始，并检查它是否匹配一个层标记。如果匹配，则将相应的层和选项添加到模型中。对于编码器卷积层(CONV_LAYER)，如果输入形状大于(7,7)，则添加一个 MaxPool 层。这可以确保我们的模型保持一个固定的潜在视图。

代码清单 8-10　EDL_8_2_Evo_AE_Encoding.ipynb：构建模型——解析

```
def build_model(individual):
  input_layer = Input(shape=(28, 28, 1))
  il = len(individual)
  i = 0
  x = input_layer
  while i < il:
    if individual[i] == CONV_LAYER:
      pad="same"
      n = individual[i+1]
      k = (individual[i+2], individual[i+3])
      i += CONV_LAYER_LEN
      x = layers.Conv2D(n, k, activation='relu', padding=pad)(x)
      if x.shape[1] > 7:
        x = layers.MaxPool2D( (2, 2), padding='same')(x)
```

←── input_layer 总是相同的

←── 基因上的循环

←── 编码器卷积层

←── 如果形状大于(7,7)，添加池化稍微向下查看代码，可以看到从检查标记继续添加层，如代码清单 8-11 所示。但这次对于 UPCONV_LAYER 解码器层，检查模型是否与输入大小相同。毕竟，我们不希望结果图像太大或太小。

代码清单 8-11 EDL_8_2_Evo_AE_Encoding.ipynb：构建模型——层

```
elif individual[i] == BN_LAYER:            ◄──── 添加一个 BN 层
  x = layers.BatchNormalization()(x)
  i += BN_LAYER_LEN
elif individual[i] == DROPOUT_LAYER:       ◄──── 添加一个 Dropout 层
  x = layers.Dropout(individual[i+1])(x)
  i += DROPOUT_LAYER_LEN                    添加解码器上采样/卷积层
elif individual[i] == UPCONV_LAYER:        ◄────
  pad="same"
  n = individual[i+1]
  k = (individual[i+2], individual[i+3])
  x = layers.Conv2D(n, k, activation='relu', padding=pad)(x)
  x = layers.UpSampling2D((2, 2))(x)
  i += CONV_LAYER_LEN
  if x.shape[1] == (28):                   ◄──── 检查模型是否完整
      break #model is complete
else:
  break
```

在完成函数之前，通过检查最后一个解码器层的形状来确认模型不会过小，如代码清单 8-12 所示。如果输出太小，则会添加另一个上采样层，将大小从 14×14 加倍为 28×28。

代码清单 8-12 EDL_8_2_Evo_AE_Encoding.ipynb：构建模型——编译

```
if x.shape[1] == 14:                       ◄──┐
    x = layers.UpSampling2D((2, 2))(x)        确保最终模型不会太小

output_layer = layers.Conv2D(1, (3, 3),
⮩ padding='same')(x)                       ◄──── 转换回单通道
model = Model(input_layer, output_layer)   ◄──┐
model.compile(optimizer='adam', loss='mse')   组合输入/输出层
return model
```

为了测试 build_model 函数，下面的代码块创建了 100 个随机后代并评估模型的大小，如代码清单 8-13 所示。该代码生成随机的基因序列，然后根据这些序列构建相应的模型。在此过程中，代码跟踪生成的最小和最大模型。

代码清单 8-13 EDL_8_2_Evo_AE_Encoding.ipynb：评估 build_model 函数

```
max_model = None
min_model = None
maxp = 0
```

```
minp = 10000000

for i in range(100):
  individual = create_offspring()        创建一个随机的基因序列
  model = build_model(individual)        从序列构建模型
  p = model.count_params()
  if p > maxp:                           计算模型的参数数量
    maxp = p
    max_model = model
  if p < minp:
    minp = p
    min_model = model

max_model.summary()
min_model.summary()
```

向下滚动显示输出，如图 8-9 所示。在图中，使用最小尺寸参数模型在 10 个周期内训练模型。

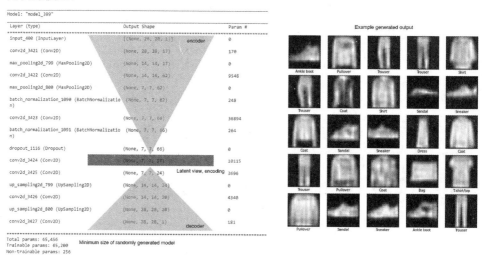

图 8-9　从随机生成的后代构建的最小尺寸模型的输出

使用 create_offspring 和 build_model 随机生成的模型似乎比我们最后的"改进"的 AE 更好，这很有希望，因为它也是一个近似的最小尺寸模型。一定要检查代码并测试最大尺寸模型的训练。请记住，此示例中的样本量仅使用 100 个变体。

8.2.2　练习

通过下面的练习加深你的理解：

(1) 通过在循环中调用 create_offspring 来创建个体列表，然后打印并比较各种模型。

(2) 将代码清单 8-6 中的基本概率从 0.5 更改为另一个值。查看这对使用练习(1)

生成的模型有何影响。

我们现在有一种方法可以创建基因序列，然后可以用它构建 AE 模型。正如我们在第 6 章中了解的，我们的下一个阶段是构建自定义函数来配对和突变这些基因序列。这就是我们在下一节中主要的研究内容。

8.3　配对和突变自编码器基因序列

就像我们在第 7 章为 EvoCNN 项目所做的那样，我们也需要创建自定义的突变和配对/交叉操作符。这些自定义操作符与我们以前使用的非常相似，所以这里再次只回顾一些要点。在添加遗传操作符之后，我们测试 EvoAE。

在 Google Colab 中打开 notebook 示例 EDL_8_3_EvoAutoencoder.ipynb。如果需要帮助，请参阅附录 A。向下滚动到"Creating Mating/Mutation Operators"部分，然后选择下一个代码单元格。从菜单中，选择 Runtime | Run Before 来执行 notebook 中的所有前面的单元格。要有耐心，等待示例训练完成。

图 8-10 展示了交叉过程——这次使用表示 AE 架构的修改过的基因序列。注意编码器卷积层和解码器卷积层的数量总是相等的。这是实现 AE 的漏斗效应所必需的。

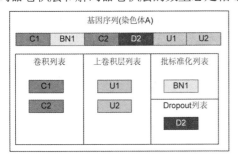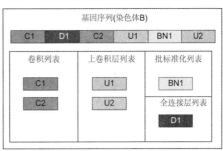

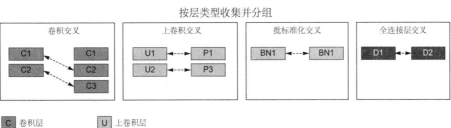

图 8-10　进化自编码器交叉

幸运的是，在第 7 章中编写的大部分交叉/配对代码适用于我们更新后的基因序列，因此不需要在此重新讨论它。DEAP 在进化过程中调用交叉函数/操作符，在其中传入两个父代个体。在此函数内部，核心工作发生在之前介绍的 swap_layers 函数中。如代码清单 8-14 所示，此函数中的唯一区别是我们想要支持的主要层结构的修改：卷积(编码器)、上卷积(解码器)、批标准化和 Dropout。

代码清单 8-14 EDL_8_3_EvoAE.ipynb：执行交叉操作

```
def crossover(ind1, ind2):
  ind1, ind2 = swap_layers(ind1, ind2, CONV_LAYER,          ← 交换编码器卷积层
    ➡ CONV_LAYER_LEN)
  ind1, ind2 = swap_layers(ind1, ind2, UPCONV_LAYER,        ← 交换解码器上卷积层
    ➡ UPCONV_LAYER_LEN)
  ind1, ind2 = swap_layers(ind1, ind2, BN_LAYER,
    ➡ BN_LAYER_LEN)                                          ← 交换批标准化
  ind1, ind2 = swap_layers(ind1, ind2, DROPOUT_LAYER,
    ➡ DROPOUT_LAYER_LEN) ←
  return ind1, ind2          交换 Dropout
```

执行突变需要更多注意，以对架构中的各种层类型进行修改。首先查看主要的突变函数，该函数由 DEAP 进化调用，并传入一个单独的个体。此函数大量使用 mutate_layers 函数，并将其仅应用于可以修改的层。注意，我们省略了 BN 层，因为它们不需要额外的参数，如代码清单 8-15 所示。

代码清单 8-15 EDL_8_3_EvoAE.ipynb：突变函数

```
def mutation(ind):
  ind = mutate_layers(ind, CONV_LAYER,       ← 突变编码器卷积层
    ➡ CONV_LAYER_LEN)
  ind = mutate_layers(ind, DROPOUT_LAYER,
    ➡ DROPOUT_LAYER_LEN)                      ← 对 dropout 层进行突变
  ind = mutate_layers(ind, UPCONV_LAYER,
    ➡ UPCONV_LAYER_LEN) ←
  return ind,               突变解码器上卷积层
```

mutate_layers 函数突显了如何选择每个层进行突变。层按类型进行收集，并检查是否存在突变的机会。注意，当前的机会始终是 100%。如果选择对某个层进行突变，它的序列将传递到 mutate 函数中进行突变，如代码清单 8-16 所示。

代码清单 8-16 EDL_8_3_EvoAE.ipynb：mutate_layers 函数

```
def mutate_layers(ind, layer_type, layer_len):
  layers = get_layers(ind1, layer_type)     ← 获取特定类型的层
  for layer in layers:
    if random.random() < 1:    ← 检查是否有机会进行突变
      try:
        ind[layer:layer+layer_len] = mutate(   ← 对该层进行突变
          ind[layer:layer+layer_len], layer_type)
      except:
```

捕获异常

```
        print(layers)
  return ind
```

mutate 函数对相应的层类型执行特定的突变，如代码清单 8-17 所示。每种层类型都有略微不同的突变形式，适用于该层类型。如果传递给 mutate 的是未知的层类型，将会抛出一个错误，意味着基因序列可能已损坏或被破坏。这就像在自然界中一样，会导致一个有缺陷的后代，这将被终止，不再继续执行。

代码清单 8-17 EDL_8_3_EvoAE.ipynb：mutate 函数

```
def mutate(part, layer_type):
  if layer_type == CONV_LAYER and                突变编码器 CNN 层
  len(part)==CONV_LAYER_LEN:
    part[1] = int(part[1] * random.uniform(.9, 1.1))
    part[2] = random.randint(min_kernel, max_kernel)
    part[3] = random.randint(min_kernel, max_kernel)
  elif layer_type == UPCONV_LAYER and
  len(part)==UPCONV_LAYER_LEN:                    突变解码器 CNN 层
    part[1] = random.randint(min_kernel, max_kernel)
    part[2] = random.randint(min_kernel, max_kernel)
  elif layer_type == DROPOUT_LAYER and
  len(part)==DROPOUT_LAYER_LEN:                   突变 Dropout 层
    part[1] = random.uniform(0, .5)
  else:
    error = f"mutate ERROR {part}"               如果层的代码不匹配，就抛出一
    raise Exception(error)                        个错误
  return part
```

在配对/突变部分的末尾，有代码通过创建新的后代并将它们通过交叉或突变函数来测试各自的操作符。有了构建的配对/突变操作符，则可以继续在下一节中进化一个自编码器(AE)架构。

8.4 进化自编码器介绍

现在，进化自编码器只需要简单地添加 DEAP。再次强调，这里很多代码与之前的示例相同。因此，在这里我们只关注重点、更改和感兴趣的地方。

请在 Google Colab 中打开 notebook 示例 EDL_8_4_EvoAutoencoder.ipynb，并通过菜单中的 Runtime | Run All 运行整个 notebook。由于这个 notebook 可能运行时间较长，因此最好尽快开始运行。

AE 架构的进化可能需要相当长的时间。因此，使用之前介绍过的数据减少技巧来减少进化的时间消耗。在数据加载单元格中，注意如何通过简单地对原始数据集进行切片来减少训练和验证集的大小，如代码清单 8-18 所示。这仅用于演示代码的运行和操作方式。显然，如果目标是创建一个优化的模型，最好使用完整的数据集。

代码清单 8-18 EDL_8_4_EvoAE.ipynb：减少数据集大小

```
train_images = train_images[1000:]     ◄──── 减少训练集大小
test_images = test_images[100:]  ◄───┐
                                      └─ 减少测试集和验证集的大小
```

接下来，回顾所有基本的 DEAP 设置代码，以创建遗传算法(GA)求解器，用于执行架构优化，如代码清单 8-19 所示。我们将主要的适应度函数注册为 FunctionMin，因为我们的目标是最小化适应度。接下来，create_offspring 函数被注册用于创建新个体。然后，代码通过注册自定义的交叉和突变函数来完成。

代码清单 8-19 EDL_8_4_EvoAE.ipynb：设置 DEAP

```
creator.create("FitnessMin", base.Fitness, weights=(-1.0,))
creator.create("Individual", list,
    fitness=creator.FitnessMin)  ◄───┐
                                      └─ 注册目标函数和最小适应度
toolbox = base.Toolbox()
toolbox.register("AE", create_offspring)  ◄───── 注册初始的自编码器(AE)函数
toolbox.register("individual", tools.initIterate, creator.Individual,
    toolbox.AE)
toolbox.register("population", tools.initRepeat, list, toolbox.individual)

toolbox.register("select", tools.selTournament, tournsize=5)
                                    ┌─ 注册自定义交叉
toolbox.register("mate", crossover)  ◄───┘
toolbox.register("mutate", mutation)  ◄───┐
                                          └─ 注册自定义的突变函数
```

如代码清单 8-20 所示，接下来是 evaluate 函数。在这里，对每个网络模型架构进行评估。之前，我们注册了一个名为 fitness 的列表来保存所有评估过的适应度值。我们这样做是为了更好地跟踪最大观察到的适应度值。在函数内部，首先调用 build_model 以根据个体基因序列创建模型。然后，调用 train 函数以训练模型并返回模型和训练历史。从训练历史中，我们提取最后一个验证历史值，并将其作为模型的适应度。如果生成模型和训练时没有出现错误，则返回适应度，取值在 0 和最大适应度之间。使用 np.nanman 函数避免返回 nan 值。如果遇到错误，则返回观察到的最大适应度值。

代码清单 8-20　EDL_8_4_EvoAE.ipynb：evaluate 函数

```
fits = []          ◄──── 用于跟踪适应度的全局变量 fitness

def evaluate(individual):
  global fits
  try:
    model = build_model(individual)   ◄──── build_model 函数用于根据基因序列构建模型
    model, history = train(model)     ◄──── 训练模型
    fitness = history.history["val_loss"]
    fits.append(fitness)
    print(".", end='')
      return clamp(fitness, 0, np.nanmax(fits)),   ◄──── 返回经过截断处理的适应度值
  except:
      return np.nanmax(fits),          ◄──── 如果出现错误，则返回观察到的最大适应度值

toolbox.register("evaluate", evaluate)
```

图 8-11 展示了初始种群中有 100 个个体，并运行三代(generation)后进化架构的结果。从这些初始结果可以看出，这是一种有趣的自优化模型架构的方法。

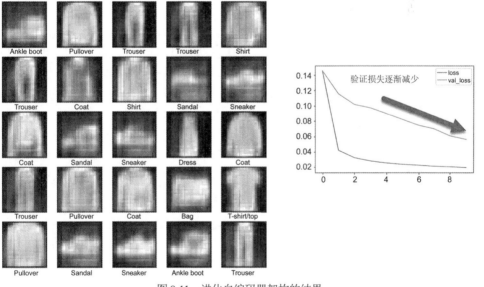

图 8-11　进化自编码器架构的结果

很可能你的结果会有所不同，这个示例在更大的初始种群下运行效果更好，但同样可能需要更长的时间来运行。将图 8-11 与图 8-5 和图 8-8 进行比较。结果是比你预期得更好还是更差？

训练自编码器和其他强化学习网络可能会耗费很多时间，通常需要比上一个 notebook 中的三个周期更多的训练周期。这个 notebook 中的进化输出展示了通过进化自编码器架构所带来的可能性。

练习

通过完成这些练习继续探索进化式自编码器：

(1) 增加或减少代码清单 8-18 中的训练样本数量。

(2) 更换目标数据集。一个很好的选择是 MNIST 手写数字数据集。

(3) 尝试调整学习率和批大小的超参数，观察这对于进化模型有什么影响。

下面继续研究自编码器(AE) —— 但有一个变化。在接下来的部分，我们尝试添加一个采样层来实现变分自编码器(Variational Autoencoders，VAE)，而不是直接将编码映射到解码。

8.5　构建变分自编码器

变分自编码器(VAE)是对自编码器的扩展，通过理解采样损失中学习的表示差异来进行学习。在进入下一章关于进化生成深度学习的内容之前，这是一个需要理解的重要概念。

在下一个 notebook 项目中，将构建一个变分自编码器，来执行与之前 notebook 相同的分析任务。有经验的深度学习从业者可能对这个模式很熟悉，但为了确保大家都能理解，我们将在接下来的部分进一步进行复习。

8.5.1　变分自编码器：综述

在结构上，变分自编码器(VAE)与普通自编码器几乎完全相同，唯一的关键区别在于中间的编码层：在 VAE 中，中间层变成了一个采样层，它学习表示编码输入，并将这个学习到的表示翻译回原始图像。通过学习输入的表示，VAE 能够基于这种理解生成新的输出。

图 8-12 展示了 VAE 与图 8-1 中的传统 AE 架构的不同之处。从图中可以看出，潜在编码向量被两个学习参数替代：均值(μ)和方差(σ)。然后，使用这些学习参数对一个新的潜在编码向量 Z 进行采样或生成，然后将其输入解码器。

与 AE 中学习压缩和提取相关特征不同，VAE 通过训练网络输出输入的均值和方差来学习输入的表示。然后，基于这个学习到的表示，一个采样层生成一个新的潜在编码向量 Z，然后通过解码器进行反馈。

由于 VAE 学习在已知空间中表示数据，因此可以通过遍历模型学习到的均值和方差范围来生成这个空间的值。图 8-13 通过迭代均值和方差的范围来输出模型学习的内容，展示了 VAE 的结果。现在已经对 VAE 有了一个概述，可以继续在下一部分构建它。

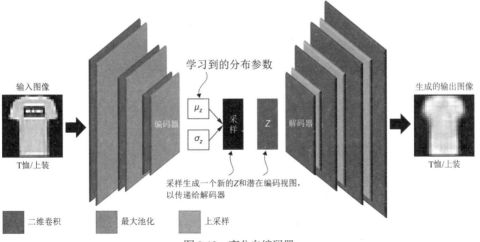

图 8-12 变分自编码器

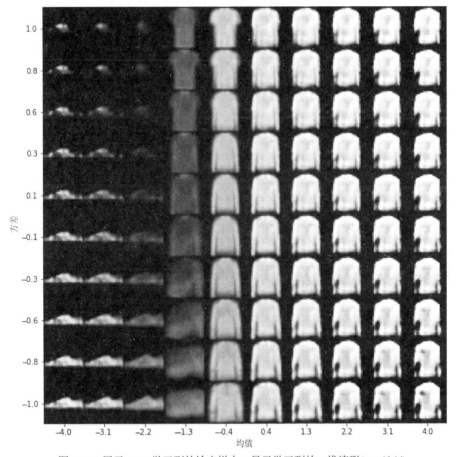

图 8-13 展示 VAE 学习到的输出样本，显示学习到的二维流形(manifold)

8.5.2 VAE 的实现

VAE 只是一个将中间编码替换为采样机制的 AE。在结构上，VAE 和 AE 是相同的，但在这个 notebook 中，我们介绍了另一种实现这个架构的模式。这不仅简化了架构，而且为后面章节中的其他创新奠定了基础。

在 Google Colab 中打开 notebook 示例 EDL_8_5_VAE.ipynb。如果需要帮助，请参考附录 A。然后通过选择菜单中的 Runtime | Run All 运行 notebook 中的所有单元格。

请向下滚动到标有"Network Hyperparameters"的单元格。我们将详细查看 notebook 的超参数，如代码清单 8-21 所示，因为其中引入了几个新的输入。代码首先使用之前加载数据集时提取的图像大小设置 input_shape。然后，设置了基础卷积核大小和过滤器数量；稍后会看到这些是如何使用的。接下来，将 latent_dim 设置为 2，表示编码器输出的中间维度数。在这种情况下，潜在维度 2 表示输入的均值和方差。

代码清单 8-21　EDL_8_5_VAE.ipynb：VAE 超参数

```
input_shape = (image_size, image_size, 1)        ← input_shape 由图像大小和
batch_size = 128                                     通道数定义
kernel_size = 3          ← 卷积层的卷积核大小
filters = 16
latent_dim = 2          卷积神经网络(CNN)的基
epochs = 5              础过滤器数量

潜在/中间维度的大小
```

下一个单元格展示了构建编码器的卷积层，与 AE 的构建方式(见代码清单 8-22)相比，VAE 的构建方式有很大的不同。VAE 是通过循环添加连续的 CNN 层来构建的。在每次迭代中，下一层会将过滤器数量加倍。值得注意的是，为了创建 AE 的漏斗效果，减少池化层的使用。相反，我们将步幅从 1 增加到 2，这样输出维度就会减少 1/2。因此，28×28 的图像在输出中会减少到 14×14。

代码清单 8-22　EDL_8_5_VAE.ipynb：构建编码器 CNN

```
inputs = Input(shape=input_shape, name='encoder_input')   ← 设置初始输入层
x = inputs
for i in range(2):              在每一步的 CNN 中将过滤
    filters *= 2          ←    器数量加倍
    x = Conv2D(filters=filters,
               kernel_size=kernel_size,
               activation='relu',
               strides=2,
捕获最终的形状  padding='same')(x)   ← 通过增加步幅替换池化层

    shape = K.int_shape(x)
```

往下滚动到下一个单元格，可以看到编码器 CNN 层的输出如何减少到潜在维度，并输出均值和方差，如代码清单 8-23 所示。为了实现这一点，我们添加了一个 Flatten 层以将编码器的输出压平到一个全连接层。然后，再添加两个全连接层，产生采样均值 z_mean 和方差 z_log_var。然后，这些值被传递到采样层 z，这是一个使用 lambda 构建的自定义层，它将采样函数、期望的输出形状以及均值和方差作为输入。特别注意 latent_space 超参数如何用来定义采样层的输入和输出形状。

代码清单 8-23 EDL_8_5_VAE.ipynb：构建潜在采样

```
x = Flatten()(x)                                    ← 对编码器的输出进行扁平化处理
x = Dense(16, activation='relu')(x)
z_mean = Dense(latent_dim, name='z_mean')(x)
z_log_var = Dense(latent_dim, name='z_log_var')(x)
                                                    将输出减少到潜在维度
                                                    (latent_dim)以生成均值和方差
z = Lambda(
    sampling,
    output_shape=(latent_dim,),
    name='z')([z_mean, z_log_var])                  ← 生成采样层

encoder = Model(inputs, [z_mean, z_log_var, z],
⇒   name='encoder')                                 ← 实例化编码器模型
encoder.summary()
```

图 8-14 展示了编码器模型的 model.summary，侧边标注了层结构。注意模型如何将编码器的卷积层扁平化，然后将输入推入大小为 16 的全连接层。这进一步分为两个并行层，一个用于均值，另一个用于方差。这些值后来在采样层中合并，然后输出一个大小为潜在维度的向量，供解码器使用。

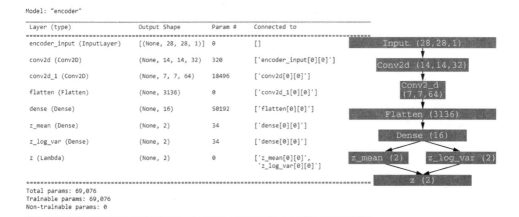

图 8-14 编码器模型的带注释汇总

在我们学习解码器之前，先回顾 sampling 函数，它在代码单元格中位于文件的顶

部,如代码清单 8-24 所示,该函数以均值和方差作为输入。在函数内部,从 args 中解包出均值和方差的值。然后,从均值输入中提取两个形状值,首先使用 K.shape 返回张量形状,然后使用 K.int_shape 返回一个元组。简单来说,这设置了采样向量输出的大小。然后,创建一个大小为(batch, dim)的随机采样张量——epsilon,它成为基本的随机化向量。然后,通过应用均值和方差缩放该向量,从而确定最终输出向量 z。

代码清单 8-24　EDL_8_5_VAE.ipynb:sampling 函数

```
def sampling(args):
    z_mean, z_log_var = args
    batch = K.shape(z_mean)[0]          提取了批参数的张量大小
    dim = K.int_shape(z_mean)[1]

提取一个用于维度的元组
                                        从正态分布中采样
    epsilon = K.random_normal(shape=(batch, dim))
    return z_mean + K.exp(0.5 * z_log_var) * epsilon
返回采样向量,并用 epsilon 进行偏移
```

解码器模型的架构也被简化了,但我们仍然需要处理来自编码器的 z 采样层的输出。这次,我们构建了一个大小为 latent_dim 的输入层,它与编码器的最终采样输出 z 大小匹配,如代码清单 8-25 所示。接下来,一个新的全连接层被扩展到与最终的解码器输出大小匹配,然后通过一个 Reshape 层对其进行重新整形,使其与原始的编码器输出匹配。简单来说,新的中间采样函数只是将用 AE 构建的中间潜在编码进行了交换。然而,仍然需要保持数据的维度一致。

代码清单 8-25　EDL_8_5_VAE.ipynb:解包解码器的输入

```
                                                输入层构建完毕
latent_inputs = Input(shape=(latent_dim,),
    ⮡ name='z_sampling')
                                                添加一个全连接层来重
x = Dense(shape[1] * shape[2] * shape[3],       建形状
    ⮡ activation='relu')(latent_inputs)
x = Reshape((shape[1], shape[2], shape[3]))(x)
重新整形输出以匹配解
码器的输入
```

之后,可以看到解码器的其余部分被构建,如代码清单 8-26 所示。需要注意的第一件事是,使用了 Conv2DTranspose 层而不是之前使用的 Conv2D 和 UpSampling。简单地说,这种层类型是卷积过程的更明确的逆过程。同样,这些层是在一个循环中添加的,但是这次,在每次迭代后过滤器的数量会减少,留下在构建编码器后剩余的过滤器。之后,使用一个 Conv2DTranspose 层将输出减少到单个通道。

代码清单 8-26　EDL_8_5_VAE.ipynb：构建解码器

```
for i in range(2):
    x = Conv2DTranspose(filters=filters,        ← 使用 Conv2DTranspose 层
                        kernel_size=kernel_size,
                        activation='relu',       扩展时的步幅(strides)值被
                        strides=2,               设置为 2
                        padding='same')(x)

        filters //= 2

outputs = Conv2DTranspose(filters=1,           ← 添加了一个最后的转置
                          kernel_size=kernel_size,  层，以获得单通道的输出
                          activation='sigmoid',
                          padding='same',
                          name='decoder_output')(x)

                                                实例化模型
decoder = Model(latent_inputs, outputs, name='decoder')  ←
decoder.summary()
```

在每一层后逐渐减少过滤器的数量

图 8-15 显示了解码器模型摘要的注释视图。如你所见，这个部分比 AE 更简单、模块化。注意，模型中的输入现在只是来自编码器采样层的两个输入。然而，这允许我们在解码器学习生成的空间中进行遍历或采样。

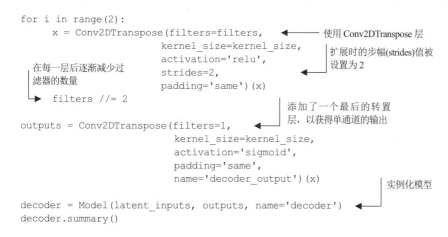

图 8-15　解码器模型的注释视图

VAE 和 AE 之间的另一个主要区别是计算损失的方式。回想在 AE 中，我们使用 MSE 计算像素级损失来计算损失。这很简单且表现良好。然而，如果我们以这种方式为 VAE 计算损失，将错过学习输入分布的细微差别。相反，在 VAE 中，使用一种分布间差异度量来衡量输入和输出之间的分布损失。

这需要向 Keras 模型添加一个专门的损失确定方法。首先，计算基本的重构损

失——通过比较输入图像和输出图像来计算的损失。然后，计算 kl_loss，即
Kullback-Leibler 散度，它是两个概率分布之间的统计距离。计算从输入和学习到的表
示中确定此差异量的过程如代码清单 8-27 所示。我们在第 9 章中会更深入地介绍类似
的统计距离和损失计算方法。最后，使用 add_loss 函数将 kl_loss 和 reconstruction_loss
的均值作为新的损失指标添加到模型中。

代码清单 8-27　EDL_8_5_VAE.ipynb：构建 VAE 模型

```
use_mse = False
if use_mse:
  reconstruction_loss = mse(
        K.flatten(inputs), K.flatten(outputs))        ◀──── 构建基本的重构损失
else:                                                        (reconstruction_loss)
      reconstruction_loss = binary_crossentropy(     ◀────
        K.flatten(inputs), K.flatten(outputs))

reconstruction_loss *= image_size * image_size    ◀────  通过图像大小扩展基本的重
kl_loss = 1 + z_log_var - K.square(z_mean) -             构损失(reconstruction_loss))
➥ K.exp(z_log_var)
kl_loss = K.sum(kl_loss, axis=-1)     │ 计算 kl_loss
kl_loss *= -0.5

vae_loss = K.mean(tf.math.add(reconstruction_loss,
➥ kl_loss))
vae.add_loss(vae_loss)        ◀──── 取 reconstruction_loss 和 kl_loss 的均值

vae.compile(optimizer='adam')
vae.summary()
```

将损失度量添加到模型中

　　向下滚动一点，查看图 8-16 中的训练输出。在这个例子中，我们使用标准化的损
失度量，即将损失除以最大观测损失，来跟踪模型的训练过程。通过跟踪标准化的损
失，我们可以在重构和统计距离/散度度量之间切换。尝试将重构损失的标志从 MSE
切换到二元交叉熵，观察训练差异。这两种度量生成的输出处于不同的尺度上，但通
过对损失进行标准化，我们可以进行比较。

　　最后，可以观察类似于图 8-13 的输出，它展示了通过循环采样均值和方差参数生
成样本图像。该代码创建了一个大小为 10×10 的大网格图像，它实际上是一个 NumPy
数组。针对均值和方差的一系列值生成线性空间或值列表，如代码清单 8-28 所示。然
后，代码循环遍历这些值，作为输入传递给解码器模型。解码器模型使用 predict 函数
基于均值和方差的值生成图像。将这个预测或生成的图像绘制到网格中，如图 8-13 的
结果所示。

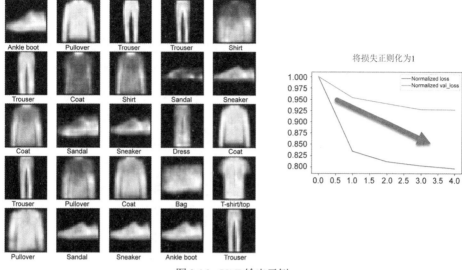

图 8-16　VAE 输出示例

代码清单 8-28　EDL_8_5_VAE.ipynb：生成流形图像

```
n = 10
digit_size = 28
figure = np.zeros((digit_size * n, digit_size * n))
grid_x = np.linspace(-4, 4, n)              │创建线性空间的值
grid_y = np.linspace(-1, 1, n)[::-1]

for i, yi in enumerate(grid_y):             │循环遍历数值
    for j, xi in enumerate(grid_x):
        z_sample = np.array([[xi, yi]])
        x_decoded = decoder.predict(z_sample)      │解码器生成输
        digit = x_decoded[0].reshape             │出图像
           (digit_size, digit_size)
        figure[i * digit_size: (i + 1) * digit_size,
               j * digit_size: (j + 1) * digit_size] = digit
```

创建一个采样参数张量

将图像绘制到图像网格中

VAE 生成的结果在短时间内可能会非常好。而且，我们对模型有更多的控制权，并且可以轻松地识别模型正在学习的内容。这反过来使得优化模型变得更容易，因为我们有几个选项可以选择。

8.5.3　练习

下面的练习可以帮助你加深对 VAE 的理解：

(1) 修改代码清单 8-21 中的各种超参数，然后重新运行 notebook。观察每个超参数对生成的结果产生的影响。

(2) 在代码清单 8-22 和代码清单 8-26 中增加或减少编码器和解码器模型的层数，

然后重新运行 notebook。观察每个模型层数的变化对生成的结果产生的影响。

(3) 调整和优化 VAE 模型，使其生成图 8-13 的最佳版本。

复习和理解 VAE 的工作原理是第 9 章的重要背景。抓住机会理解我们刚刚覆盖的基础知识，特别是理解如何从学习到的表示空间生成图像。这些信息是学习第 9 章的基础。

8.6 本章小结

- AE 是生成建模/学习的基础，使用无监督学习训练模型。

- AE 通过将数据编码为潜在/中间表示，然后重建数据或将数据解码回其原始形式来发挥作用。

- 内部中间/潜在表示需要一个中间瓶颈来减少或压缩数据。压缩过程使模型能够学习数据的潜在表示。

- 使用卷积(CNN)层的复杂自编码器可以很复杂。神经进化可以用来构建定义编码器和解码器部分的分层架构。在编码器和解码器中使用卷积层需要额外的上采样层和匹配的层配置。这些特殊配置可以编码成自定义的基因序列。

- 可以开发自定义的突变和交叉操作符来处理构建进化型自编码器所需的自定义遗传编码。

- 训练一个建立进化架构的进化型自编码器可能需要一些时间探索多种架构。

- 在变分自编码器中学习的潜变量表示，可被利用来形象地展示内部表征的样貌。变分自编码器是自编码器的扩展，它采用了一个中间的采样层将编码器与解码器断开连接。断开编码器或解码器的连接有助于获得更佳的性能。

第 9 章

生成式深度学习与进化

本章主要内容

- 概述生成对抗网络
- 理解生成对抗网络优化中的问题
- 通过应用 Wasserstein 损失来解决生成对抗网络的问题
- 为进化优化创建生成对抗网络编码器
- 使用遗传算法进化深度卷积生成对抗网络

在上一章中，我们介绍了自编码器(AE)并学习了如何提取特征。我们学习了如何将进化应用于自编码器的网络架构优化，并且我们还介绍了变分自编码器，引入了生成式深度学习或表示学习的概念。

在本章中，我们将继续探索表示学习，这次我们将研究生成对抗网络(Generative Adversarial Network，GAN)。GAN 是一个引人入胜的话题，值得写多本书来讨论，但对于我们来说，只需要探索基础知识即可。

因此，在本章中，我们将研究 GAN 的基础知识以及如何通过进化来优化它。

生成对抗网络(GAN)训练起来非常困难，因此通过进化来优化这个过程将会非常有帮助。接下来，我们将在下一节介绍基础的 GAN，通常被称为"vanilla" GAN。

9.1 生成对抗网络(GAN)

GAN 被称为深度学习中的"艺术家"，它可以创建优雅的表示，但同时也有一些弊端。虽然在本节中我们不会探索那些极端的用途，但我们会了解基本的 GAN 工作原理。在开始编码之前，快速介绍或回顾一下 GAN 的工作原理。

9.1.1　GAN 简介

我们经常使用艺术伪造者和艺术鉴赏家、侦探或评价器的类比来形象化地解释 GAN 的工作原理。艺术伪造是一个利润丰厚的行业，艺术伪造者试图生成能够欺骗艺术评价器或侦探的伪造艺术品。同样，侦探利用他们的知识库判断生成的艺术品的有效性，并防止伪造品被出售。

图 9-1 是艺术生成器与艺术鉴赏家或侦探之间这场对抗性的较量的一个经典表示。鉴赏家通过评估真实的艺术作品和伪造者生成的伪品来学习。生成器或伪造者对真实的艺术作品并不了解，它只从鉴赏家或侦探的反馈中学习。

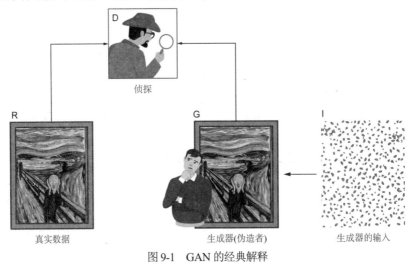

图 9-1　GAN 的经典解释

图 9-2 将图 9-1 中的过程表示为一个深度学习系统。生成器(G)接收带有一些噪声的随机潜在空间作为输入。这代表了艺术伪造者从图 9-1 中获取的随机想法作为输入。从这些随机想法生成的图像被发送给鉴赏家(D)来验证艺术品的有效性——即它是真品还是伪造的。

同样，D 以真实图像的样本和来自 G 的伪造生成图像作为输入。D 通过对其预测结果的反馈来学习如何检测真品与赝品——如果 D 将真品预测为赝品，则为负反馈；成功检测真实图像则为正反馈。

相反，G 从 D 的反馈中学习。同样，如果生成器可以欺骗 D，则此反馈为正；如果失败，则为负。反过来，如果 D 将赝品鉴定为真品，则接收负反馈；如果检测到赝品，则接收正反馈。

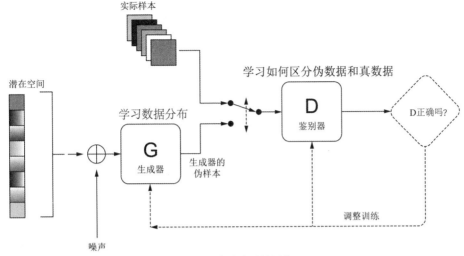

图 9-2　生成式对抗网络

从表面上看，对抗训练过程的简单优雅性被其训练的困难所掩盖。当 G 和 D 以相同的速率学习时，GAN 的效果最佳。如果任一方的学习速度更快或更慢，则系统会崩溃，双方都不会从这种互利关系中受益。

正如本节所讨论的，GAN 训练和优化非常适合应用进化优化。然而，在进入下一步之前，回顾 GAN 的技术实现以及如何构建 GAN 将大有裨益，这将在下一节介绍。

9.1.2　在 Keras 中构建卷积生成对抗网络

在本节中，我们将查看使用卷积的基本 "vanilla" GAN，我们通常将其称为双卷积 GAN(DCGAN)。添加 DC 仅表示 GAN 通过添加卷积变得更专业化。我们在这里涵盖的许多内容是对之前关于卷积和自编码器章节的复习。因此，不在这里介绍这些细节，而是简单地研究如何构建和训练 GAN。

在 Google Colab 中打开 notebook 示例 EDL_9_1_GAN.ipynb。如果需要帮助，请参阅附录 A。通过从菜单中选择 Runtime | Run All，运行 notebook 中的所有单元格。

在本节中，使用 MNIST 手写数字和 Fashion-MNIST 数据集。但是，为了减少训练时间，使用 extract 函数从数据集中提取单个图像类，如代码清单 9-1 所示。extract 函数以图像批次、标签和要提取的类别编号作为输入。第一行提取与类别编号相等的标签的索引。然后，使用索引列表从与类匹配的原始数据集中隔离子集图像。结果是一个只包含一类图像的数据集：train_images。可以从对 extract 函数的调用中看到，使用类别 5 表示数据集中的数字 5，如绘图输出所示。

代码清单 9-1 EDL_9_1_GAN.ipynb：extract 函数

```
def extract(images, labels, class_):        提取与类别匹配的图像的索引
    idx = labels == class_
    print(idx)
    imgs = images[idx]        提取与索引匹配的图像
    print(imgs.shape)
    return imgs               打印出一个新图像数据集
train_images = extract(train_images, train_labels, 5)   的形状/大小
```

接下来，设置一些生成器和鉴别器的基本超参数和优化器。第一个参数是一个超参数，它定义了输入到生成器的潜在空间或随机想法的大小。接下来，我们为生成器和鉴别器创建不同的优化器，以尝试平衡训练，如代码清单 9-2 所示。然后，计算一个卷积常数，将用于构建网络，并提取通道数和图像形状。该 notebook 还支持各种其他示例数据集，包括 CIFAR。

代码清单 9-2 EDL_9_1_GAN.ipynb：优化器和超参数

```
latent_dim = 100        定义潜在空间输入大小

g_optimizer = Adam(0.0002, 0.5)
d_optimizer = RMSprop(.00001)        为 G 和 D 创建优化器

cs = int(train_images.shape[1] / 4)        计算卷积空间常数
print(train_images.shape)
channels = train_images.shape[3]
img_shape = (train_images.shape[1],
➥    train_images.shape[2], channels), 5)        提取图像通道和大小
```

如代码清单 9-3 所示，GAN 是通过将鉴别器和生成器分别构建为单独的模型，然后将它们组合在一起来构建的。生成器的架构类似于 AE 中的解码器，build_generator 函数创建了一个卷积网络，用于从随机且带有噪声的潜在空间生成图像。

代码清单 9-3 EDL_9_1_GAN.ipynb：构建生成器

```
                def build_generator():
                    model = Sequential()                        第一层接收潜在空间作为
重塑卷积           model.add(Dense(128 * cs * cs, activation="relu",   输入
的输出          ➥    input_dim=latent_dim))
           └──→ model.add(Reshape((cs, cs, 128)))        使用上采样增加分辨率
                    model.add(UpSampling2D())
                    model.add(Conv2D(128, kernel_size=3, padding="same"))
                    model.add(BatchNormalization(momentum=0.8))
                    model.add(Activation("relu"))
                    model.add(UpSampling2D())
                    model.add(Conv2D(64, kernel_size=3, padding="same"))
                    model.add(BatchNormalization(momentum=0.8))
                    model.add(Activation("relu"))
```

```
model.add(Conv2D(channels, kernel_size=3,
 ⮡  padding="same"))
model.add(Activation("tanh"))          ◄────── 将通道展平以匹配图像输出
model.summary()

noise = Input(shape=(latent_dim,))     ◄──────
img = model(noise)                            将随机噪声作为输入添加到模型中
return Model(noise, img)
```

图 9-3 展示了运行 build_generator 函数后的模型摘要。注意，这只是内部模型的摘要，并且我们还会在基本生成器周围添加另一个模型包装器来添加噪声输入。

```
Layer (type)                          Output Shape            Param #
=================================================================
dense_4 (Dense)                       (None, 6272)            633472
reshape_3 (Reshape)                   (None, 7, 7, 128)       0
up_sampling2d_6 (UpSampling2D)        (None, 14, 14, 128)     0
conv2d_13 (Conv2D)                    (None, 14, 14, 128)     147584
batch_normalization_9 (BatchNormalization)  (None, 14, 14, 128)  512
activation_9 (Activation)             (None, 14, 14, 128)     0
up_sampling2d_7 (UpSampling2D)        (None, 28, 28, 128)     0
conv2d_14 (Conv2D)                    (None, 28, 28, 64)      73792
batch_normalization_10 (BatchNormalization)  (None, 28, 28, 64)  256
activation_10 (Activation)            (None, 28, 28, 64)      0
conv2d_15 (Conv2D)                    (None, 28, 28, 1)       577
activation_11 (Activation)            (None, 28, 28, 1)       0
=================================================================
Total params: 856,193
Trainable params: 855,809
Non-trainable params: 384
```

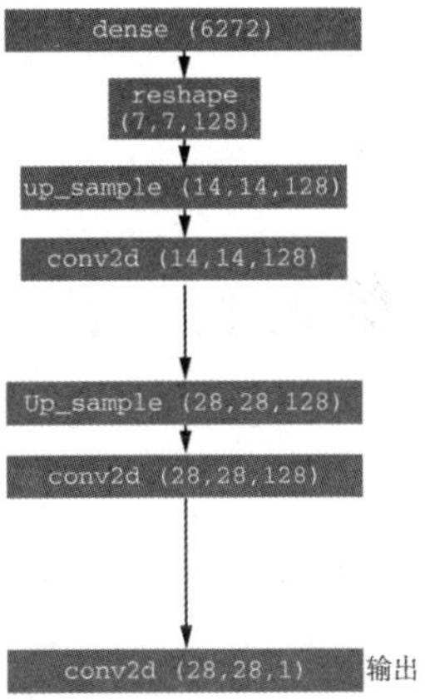

图 9-3　生成器模型的摘要输出

在代码清单 9-4 中以类似的方式构建了鉴别器，但这次添加了一个验证输入。模型以卷积层开始，将图像作为输入，并使用步幅为 2 来减小或池化图像以供后续层使用。在这里增加步幅的作用类似于池化，可以减小图像尺寸。鉴别器的输出是一个单一值，用于对输入图像进行分类，判断其真伪。

代码清单 9-4　EDL_9_1_GAN.ipynb：构建鉴别器

```
def build_discriminator():
    model = Sequential()
    model.add(Conv2D(32, kernel_size=3, strides=2,
     ⮡  input_shape=img_shape, padding="same"))  ◄──────
    model.add(LeakyReLU(alpha=0.2))                     第一个卷积层将图像作为输入
    model.add(Dropout(0.25))
    model.add(Conv2D(64, kernel_size=3, strides=2,
```

```
      padding="same"))
model.add(ZeroPadding2D(padding=((0,1),(0,1))))
model.add(BatchNormalization(momentum=0.8))
model.add(LeakyReLU(alpha=0.2))
model.add(Dropout(0.25))
model.add(Conv2D(128, kernel_size=3, strides=2,
      padding="same"))
model.add(BatchNormalization(momentum=0.8))
model.add(LeakyReLU(alpha=0.2))
model.add(Dropout(0.25))
model.add(Conv2D(256, kernel_size=3, strides=1,
      padding="same"))
model.add(BatchNormalization(momentum=0.8))
model.add(LeakyReLU(alpha=0.2))
model.add(Dropout(0.25))
model.add(Flatten())
model.add(Dense(1, activation='sigmoid'))

model.summary()
img = Input(shape=img_shape)
validity = model(img)
return Model(img, validity))
```

卷积层使用步幅为 2 来
减小池化图像

最终的输出是一个值

第一个卷积层将图像作为输入

将有效性(真实或伪造)作为输入添加到
模型中

返回合并的模型

由于我们将鉴别器和生成器分开训练,因此还使用 d_optimizer 编译创建的模型,并使用二进制交叉熵的损失函数和准确率作为指标,如代码清单 9-5 所示。

代码清单 9-5　EDL_9_1_GAN.ipynb:编译鉴别器

```
d = build_discriminator()
d.compile(loss='binary_crossentropy',
          optimizer=d_optimizer,
          metrics=['accuracy'])
```

使用优化器编译模型

现在,可以使用之前构建的 D 和 G 模型构建组合的 GAN 模型。在代码单元格内,创建了一个表示生成器输入潜在空间的输入,如代码清单 9-6 所示。然后,从 G 创建了一个输出,称为 img,用于生成图像。接下来,关闭了在组合的 GAN 中用于鉴别器模型的训练。在组合的 GAN 中,我们不会对鉴别器进行训练。相反,生成器在组合的 GAN 内部独立进行训练,使用单独的优化器 g_optimizer。从鉴别器 d 输出的图像有效性用于在组合模型中训练生成器。

代码清单 9-6　EDL_9_1_GAN.ipynb:编译鉴别器

```
z = Input(shape=(latent_dim,))
img = g(z)

d.trainable = False

valid = d(img)
```

从潜在空间生成图像

关闭 GAN 中的鉴别器训练

引入对抗性的真实标签

```
gan = Model(z, valid)                            构建了一个合并的模型
gan.compile(loss='binary_crossentropy',
➥   optimizer=g_optimizer)])                    使用损失函数和优化器进行编译
```

由于我们有单独的训练流程，因此不能简单地使用 Keras 的 model.fit 函数。相反，必须分别训练鉴别器和生成器。代码如代码清单 9-7 所示。首先，创建用于真实图像和生成图像的对抗性 ground truth，其中对于有效图像是一个由 1 组成的张量，对于伪造图像是一个由 0 组成的张量。训练是在两个循环中进行的：外部循环由 epochs 控制，内部循环由计算得到的批次数控制。在循环内部，我们先随机采样一组真实图像 imgs，然后使用随机噪声生成一组伪造图像 gen_images。然后，在鉴别器上训练并计算真实图像和伪造图像的损失。注意，在每个训练集上，传递相应的 ground truth。最后，通过针对生成的伪造图像传入有效的 ground truth，来训练组合的 GAN 或仅训练生成器。

代码清单 9-7　EDL_9_1_GAN.ipynb：训练 GAN

```
batches = int(train_images.shape[0] / BATCH_SIZE)

# Adversarial ground truths
valid = np.ones((BATCH_SIZE, 1))              生成对抗性 ground truth
fake = np.zeros((BATCH_SIZE, 1))

for e in range(EPOCHS):
  for i in tqdm(range(batches)):
    idx = np.random.randint(0, train_images.shape[0],
➥    BATCH_SIZE)
    imgs = train_images[idx]                  一个随机抽样的真实图像批次
    noise = np.random.normal(0, 1, (BATCH_SIZE,
➥    latent_dim))
    gen_imgs = g.predict(noise)               创建噪声并生成伪造图像

    d_loss_real = d.train_on_batch(imgs, valid)      训练鉴别器并计算真实
    d_loss_fake = d.train_on_batch(gen_imgs, fake)   图像和伪造图像的损失
    d_loss = 0.5 * np.add(d_loss_real, d_loss_fake)

    g_loss = gan.train_on_batch(noise, valid)   使用有效的 ground truth
                                                训练生成器
```

图 9-4 显示了在 10 个周期内对一个类别的数据(数字 5)进行 GAN 训练的结果。我们可以看到生成器开始创建类似手写的数字 5 的图像。除了生成的图像之外，还可以看到鉴别器的损失训练结果，包括真实图像和伪造图像以及生成器的损失。不深入涉及数学，训练"传统"GAN 的目标是最大化伪造图像的损失并最小化真实图像的损失。实质上，鉴别器需要在识别真实图像方面变得更好，但同时在识别伪造图像方面变得

更差。与此相反，生成器必须最小化生成伪造图像的损失。在图中，看起来是相反的，但这是因为它仍处于训练的早期阶段。

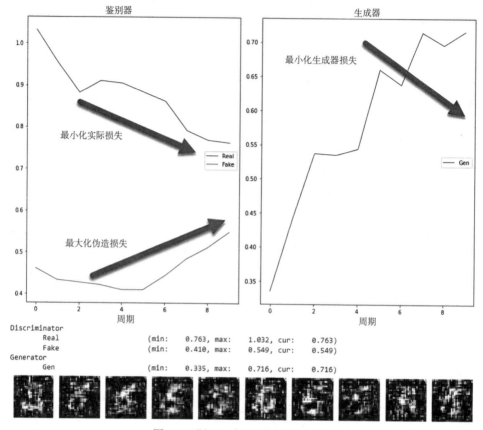

```
Discriminator
    Real              (min:  0.763, max:  1.032, cur:  0.763)
    Fake              (min:  0.410, max:  0.549, cur:  0.549)
Generator
    Gen               (min:  0.335, max:  0.716, cur:  0.716)
```

图 9-4　进行 10 个周期的 GAN 训练

请增加 GAN 的训练周期数，然后再次通过菜单选择 Runtime | Run All 运行 notebook。将看到各种真实图像和伪造图像的损失相应地增大和减小。

9.1.3　练习

使用以下练习帮助提高你对基本 GAN 的理解：

(1) 增加或减少 BATCH_SIZE，然后重新运行 notebook。这个超参数的变化对 GAN 的训练有什么影响？

(2) 增加或减少代码清单 9-2 中 g_optimizer 和 d_optimizer 的学习率。改变任一优化器对 GAN 的训练有什么影响？

(3) 不要使用 extract 函数将数据集限制为一个类别，观察 GAN 的训练结果会有什么变化？

现在，我们有了一个可学习生成给定类别的逼真和准确数字的工作 GAN。虽然概念简单，但希望你也能欣赏到，在这一点上，我们刚刚快速介绍的代码中微妙的复杂性和细微差别。在下一节中，我们将探讨这些技术细节，并试图理解训练 GAN 的难点。

9.2 训练 GAN 的挑战

可将 GAN 描述为鉴别器与生成器的平衡行为。任一模型超过另一模型，整体就失败。鉴别器单独训练，可能产生有效模型。但这在广泛应用中罕有用处。

> **鉴别器再利用**
>
> 尽管建立和训练 GAN 的目标是能够生成逼真的假图像，但另一个好处是能够区分真实图像和假图像的强大鉴别器。鉴别器本质上成了可以识别给定数据集中真实图像和假图像之间差异的分类器，这使得模型可以被重用为整个数据集的简单分类器。例如，如果你在人脸上训练了一个 GAN，结果鉴别器可以被用来对任何图像进行面部或非面部的分类。

建立和训练一个能够进行这种平衡行为并产生出色结果的 GAN，这项工作一直以来都很困难。在本节中，我们将探讨在训练 GAN 时一些明显和不太明显的失败点。然后，当然，随着本节的进展，我们将查看各种策略以手动解决这些问题，以及通过进化解决这些问题。让我们先回顾为什么 GAN 优化是个问题。

9.2.1 GAN 优化问题

GAN 训练的主要问题是，生成器与鉴别器不能有效协同收敛。当出现这些问题时，常以各种伪影的形式明显呈现。你在训练 GAN 时，可能遇到以下常见、可识别的问题。

- 梯度消失：如果鉴别器在识别假图像方面变得很强，这通常会减少反馈给生成器的损失量。反过来，这会减少应用于生成器的训练梯度，并导致梯度消失。

- 模式坍塌或过拟合：生成器可能会陷入不断生成几乎没有变化的相同输出的境地。这是因为模型变得过于特化并且在生成的输出上发生了过拟合。
- 无法收敛：如果训练过程中生成器提高太快，鉴别器会不知所措。这会导致鉴别器崩溃，对真实图像或假图像进行随机50/50猜测。

观察这些问题并识别它们的发生，对理解和训练 GAN 很有帮助。在接下来的小节中，我们将修改原始 notebook 来复制和观察这些伪影。

9.2.2   观察梯度消失

为了在生成器中复制梯度消失，我们通常只需要调整鉴别器使用的优化器。网络架构也可能影响梯度消失问题，但我们将展示一些已经采取的措施来解决这个问题。打开浏览器，让我们进入下一个 notebook。

在 Google Colab 中打开 notebook 示例 EDL_9_2_GAN_Optimization.ipynb。在我们查看部分代码之前，暂不要运行整个 notebook。向下滚动几个单元格，找到注释 vanishing gradients 处，如代码清单9-8所示。取消注释为鉴别器优化器 disc_optimizer 设置的行。注释原鉴别器优化器，取消注释标记为 vanishing gradients 的优化器。

代码清单9-8   EDL_9_2_GAN_Optimization.ipynb：设置优化器

```
gen_optimizer = Adam(0.0002, 0.5)
#disc_optimizer = RMSprop(.00001)    ◀——— 注释掉原来的优化器

# vanishing gradients
disc_optimizer = Adam(.00000001, .5)    ◀——— 取消 Adam 优化器的注释
```

更换鉴别器的优化器的结果是，使其更好或非常善于识别假图像和真实图像。因此，随着训练的进行，我们应该看到生成器的损失最小化，而输出没有明显改进。

更改后，通过菜单的 Runtime | Run All 来运行 notebook 中的所有单元格。向下滚动到训练输出，应该看到类似图9-5所示的输出。结果显示生成器由于梯度消失而遇到问题的典型迹象。GAN 可能遇到此问题的两个强烈迹象是生成器损失和对假图像的鉴别器损失。正如在图9-5中所见，整个训练期间，鉴别器的假图像损失保持在一个小范围内不变。对于生成器，这导致损失随时间变化较小，产生梯度消失。

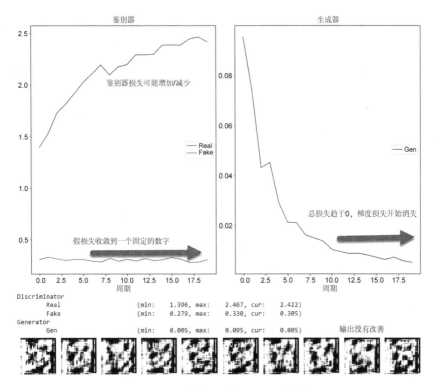

图 9-5　显示梯度消失的 GAN 训练输出

通常，当我们在 DL 模型中观察到梯度消失时，会检查模型架构，寻找可能导致 VG 的区域。如果你参考生成器模型的构建位置，可能会注意到我们使用的是 ReLU 激活函数。可以通过交换代码中的注释来改变这一点，如代码清单 9-9 所示。

代码清单 9-9　EDL_9_2_GAN_Optimization.ipynb：尝试 LeakyReLU

注释掉原始的激活函数

```
model.add(Dense(128 * cs * cs, activation="relu", input_dim=latent_dim))
model.add(Reshape((cs, cs, 128)))
model.add(UpSampling2D())
model.add(Conv2D(128, kernel_size=3, padding="same"))
model.add(BatchNormalization(momentum=0.8))
#model.add(Activation("relu"))
model.add(LeakyReLU(alpha=0.2))
model.add(UpSampling2D())
model.add(Conv2D(64, kernel_size=3, padding="same"))
model.add(BatchNormalization(momentum=0.8))
#model.add(Activation("relu"))
model.add(LeakyReLU(alpha=0.2))
model.add(Conv2D(channels, kernel_size=3, padding="same"))
model.add(Activation("tanh"))
```

取消 LeakyReLU 激活函数的注释

运行菜单中的 Runtime | Run All，执行 notebook 中的所有单元格。遗憾的是，我们几乎没有观察到改进。这是因为交换生成器的激活函数几乎没有效果，问题出在鉴别器上。如果你想观察这个 GAN 应该如何工作，请继续通过代码的注释和取消注释然后重新运行 notebook 来切换回原来的代码。

解决 GAN 中的梯度消失的典型方法是调整优化器或改变损失计算方式。我们试图在本节后面理解和改进损失计算，但在此之前，让我们在下一节回到观察 GAN 失败的其他形式。

9.2.3　观察 GAN 中的模式坍塌

模式坍塌发生在 GAN 难以在输出中产生变化时。这在生成器只找到少量输出可欺骗鉴别器时发生。之后，随鉴别器改进，生成器会陷入只产生少变化输出的困境。

在 Google Colab 中打开 notebook 示例 EDL_9_2_GAN_Optimization.ipynb。如果你在上一节做了任何修改，请确保从代码仓库加载一个新的副本。再次向下滚动到优化器设置部分，然后如代码清单 9-10 所示，取消 mode collapse 标记的代码注释。

代码清单 9-10　EDL_9_2_GAN_Optimization.ipynb：重新设置优化器

```
gen_optimizer = Adam(0.0002, 0.5)
#disc_optimizer = RMSprop(.00001)        ◀——— 注释掉原来的优化器

# mode collapse
disc_optimizer = Adam(.002, .9)))        ◀——— 取消 Adam 优化器的注释
```

更改后，通过菜单中的 Runtime | Run All 运行 notebook 中的所有单元格。图 9-6 显示了在 25 个周期上训练 GAN 的输出。你的结果可能会略有不同，但你应该观察到输出图像的模式坍塌，如图 9-6 所示。

克服模式坍塌的简单修复方法当然是找到正确的优化器。还有其他方法可以帮助最小化这个问题，包括调整损失函数和展开 GAN。

展开 GAN
展开 GAN 的想法是根据鉴别器的当前和未来状态训练生成器。这使生成器可以预判未来，考虑鉴别器的未来变化，一种模拟时间推移的形式。概念不复杂，但实现当前状态和未来状态管理的代码非常复杂。

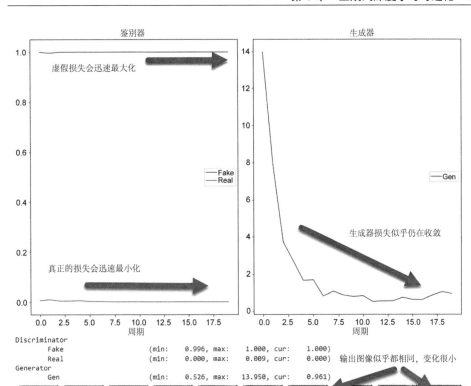

图 9-6　在 GAN 上观察模式坍塌

我们稍后会介绍更换 GAN 损失函数，展开 GAN 对我们的简单需求来说太复杂。相反，选择一个非常简单的方法来减轻模式坍塌：使用噪声。

向下滚动到训练函数；注意新的 ADD_NOISE 布尔形式常数的添加，如代码清单 9-11 所示。可以使用 Colab 表单在 True 和 False 之间切换这个变量。将其切换为 True，然后通过 Runtime | Run All 运行 notebook 中的所有单元格。

代码清单 9-11　EDL_9_2_GAN_Optimization.ipynb：向 ground truths 添加噪声

```
if ADD_NOISE:
  fake_d = np.random.sample(BATCH_SIZE) * 0.2
  valid_d = np.random.sample(BATCH_SIZE) * 0.2 + 0.8
  valid_g = np.ones((BATCH_SIZE, 1))
else:
  valid_d = np.ones((BATCH_SIZE, 1))
  fake_d = np.zeros((BATCH_SIZE, 1))
  valid_g = np.ones((BATCH_SIZE, 1))
```

假的 ground truth 现在在 0 到 0.2 之间

有效 ground truth 现在在 0.8 到 1.0 之间

为生成器保持相同的有效 ground truth

图 9-7 显示了在添加噪声后，在 25 个周期上训练 GAN 的结果。尽管由于优化器

的差异，结果仍然不是特别理想，但我们可以看到输出变化有所改进。

生成的图像变化增加了

图 9-7 一个显示模型输出变化增加的输出示例

从最后一个 notebook 中的更改中可以看出，通过简单地向对抗 ground truth 添加噪声就能纠正模式坍塌问题。在下一节中，我们将解决 GAN 的另一个问题。

9.2.4 观察 GAN 中的收敛失败

收敛是 GAN 中的一个潜在问题，可能是模式坍塌、梯度消失或优化平衡差的结果。因此，可以相对容易地复制收敛失败。然而，在这个例子中，我们想看一下只是生成器或鉴别器无法收敛的情况。

在 Google Colab 中打开 notebook 示例 EDL_9_2_GAN_Optimization.ipynb。如果你修改过，请确保从代码仓库开始一个新的副本。向下滚动到优化器设置单元格，取消注释/注释标有 convergence 的适当行，如代码清单 9-12 所示。

代码清单 9-12　EDL_9_2_GAN_Optimization.ipynb：设置优化器

```
# original optimizers
#gen_optimizer = Adam(0.0002, 0.5)          注释掉原来的生成器
disc_optimizer = RMSprop(.00001)            优化器

# convergence
gen_optimizer = RMSprop(.00001)             取消优化器的注释
```

通过菜单中的 Runtime | Run All 运行 notebook 中的所有单元格。图 9-8 显示了 GAN 生成器的收敛失败。虽然鉴别器看起来收敛很好，但我们可以看到生成器的损失不断增加，导致了无法收敛。

和前面的例子一样，有一个相对简单的方法纠正收敛问题。一种解决方案是打破生成器和鉴别器训练之间的紧密循环。可以通过允许 D 和 G 训练相互独立地循环来做到这一点。

为了支持这种独立迭代方案，我们添加了更多代码和附加输入来控制它，如代码清单 9-13 所示。其中的代码只显示训练循环的关键部分，在此期间我们添加了两个内部循环——一个用于训练鉴别器，另一个用于训练生成器。这些各自的循环运行频率可以通过 Colab 中的变量 CRITIC_ITS(控制鉴别器迭代次数)和 GEN_ITS(控制生成器迭代次数)来控制。

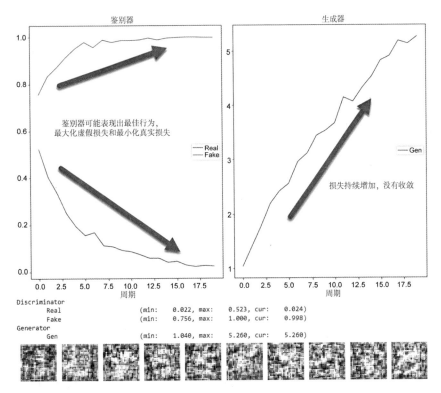

图 9-8　GAN 在生成器上无法收敛

代码清单 9-13　EDL_9_2_GAN_Optimization.ipynb：打破训练循环

```
CRITIC_ITS = 5 #@param {type:"slider", min:1,     控制鉴别器/生成器
⮕  max:10, step:1}                                迭代次数的变量
GEN_ITS = 10 #@param {type:"slider", min:1,
⮕  max:10, step:1}

for e in range(EPOCHS):

    for i in tqdm(range(batches)):              鉴别器的循环
    for _ in range(CRITIC_ITS):  ◄───────
        idx = np.random.randint(0, train_images.shape[0], BATCH_SIZE)
        imgs = train_images[idx]
        noise = np.random.normal(0, 1, (BATCH_SIZE, latent_dim))
        gen_imgs = g.predict(noise)

        d_loss_real = d.train_on_batch(imgs, valid_d)
        d_loss_fake = d.train_on_batch(gen_imgs, fake_d)
        d_loss = 0.5 * np.add(d_loss_real, d_loss_fake)
                                                生成器的循环
for _ in range(GEN_ITS):  ◄───────
  g_loss = gan.train_on_batch(noise, valid_g)
```

将 CRITIC_ITS 的值设置为 5, 将 GEN_ITS 设置为 10, 然后通过 Runtime | Run All 重新运行所有的 notebook 单元格。图 9-9 显示了打破生成器和鉴别器之间紧密依赖关系的结果, 以及 GAN 的收敛。

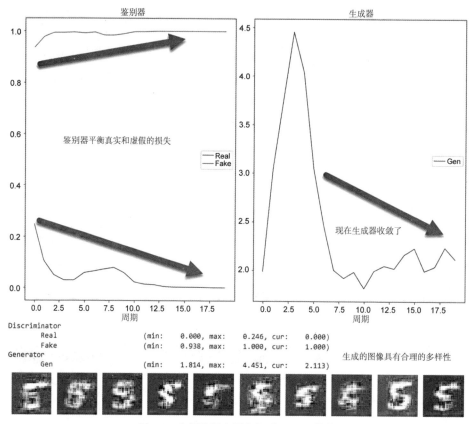

图 9-9　在解除紧密耦合之后, GAN 收敛了

9.2.5　练习

使用以下练习提高你对 GAN 训练的理解:

(1) 在训练 GAN 中的生成器时, 如何降低模式坍塌的可能性?

(2) 生成器在收敛过程中的主要失败原因是什么?

(3) 在 GAN(生成对抗网络)中, 如何减少生成器中的梯度消失问题?

在生成器和鉴别器之间获得正确的迭代次数是一个需要尝试不同值的问题。可以手动尝试, 或者使用某种形式的进化优化算法。虽然这个 GAN 的效果变得更好了, 但在接下来的一节中, 可以通过更新损失函数来添加另一个改进。

9.3 使用 Wasserstein 损失修复 GAN 的问题

在接下来的 notebook 中，我们将探讨如何通过引入一种称为 Wasserstein 损失的替代方法来改善 GAN 的性能并修复问题，例如收敛失败、梯度消失和模式坍塌。在深入了解 notebook 之前，让我们在下一节回顾什么是 Wasserstein 损失。

9.3.1 理解 Wasserstein 损失

在训练 GAN 时，一个关键问题是解决平衡生成器和鉴别器之间的损失。在标准的 GAN 中，鉴别器使用概率衡量损失，即图像是真实还是虚假的概率。然而，通过数学方法测量概率差异(即不确定性的指标)，在连续的训练迭代中变得不稳定。

在 2017 年，Martin Arjovsky 等人在他们的论文 "Wasserstein GAN" 中提出了一种修改后的损失方法：他们用一个评价器(critic)替换了鉴别器。在他们的方法中，评价器不再衡量概率，而是预测一个表示图像真实性或虚假性的值。因此，生成的图像可以根据真实与虚假之间的程度进行衡量。

基本上，当我们训练 GAN 时，我们的目标是缩小或优化真实与虚假之间的距离。当我们使用概率衡量这种距离时，局限于使用一种不确定性的指标。通过引入一个缩放的损失距离，引入了一种替代的距离优化指标。

图 9-10 显示了变分(或概率)距离与 Wasserstein 距离的比较。Wasserstein 距离也被称为地球移动距离，因为它更好地描述了如何测量两个分布之间的差异。Kullback-Liebler 和 Jensen-Shannon 距离衡量了水平方向的距离，而地球移动距离还考虑了垂直方向的差异。

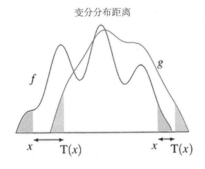
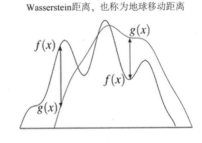

图 9-10　变分距离与 Wasserstein 距离之间的区别

使用地球移动距离的好处在于更准确地量化真实或虚假图像之间的损失或距离，从而产生更稳健的模型。使用 Wasserstein 距离(地球移动距离)还能避免或减少 GAN 可能遇到的模式坍塌、收敛失败和梯度消失等问题，在接下来的章节中，我们将实现使用 Wasserstein 损失的 GAN,以更好地理解这一优势。

9.3.2 使用 Wasserstein 损失改进 DCGAN

现在,我们可以开始学习如何在 GAN 中实现 Wasserstein(或地球移动)损失。本 notebook 与我们刚刚构建的 DCGAN 相同,只是增加了 Wasserstein 损失的扩展部分。

在 Google Colab 中打开 notebook 示例 EDL_9_3_WGAN.ipynb。然后通过菜单中的 Runtime | Run All 运行 notebook 中的所有单元格。

向下滚动到优化器实例化的部分。第一件事是你可能注意到我们将鉴别器模型的名称改为"critic"(评价器),如代码清单 9-14 所示。这是因为"critic"预测图像的真实程度或虚假程度,而不是它们是真实还是虚假的概率。此外,注意我们现在使用相同的优化器来优化生成器和"critic"。这样做的原因是通过使用真实与虚假之间的尺度,可以使得测量结果之间的差异标准化。

代码清单 9-14 EDL_9_3_WGAN.ipynb:优化器设置

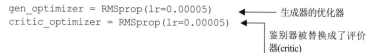

```
gen_optimizer = RMSprop(lr=0.00005)          ◄──── 生成器的优化器
critic_optimizer = RMSprop(lr=0.00005)  ◄──┐
                                            │ 鉴别器被替换成了评价
                                            │ 器(critic)
```

向下滚动到下一个单元格,如代码清单 9-15 所示;可以看到在一个名为 wasserstein_loss 的函数中计算了 Wasserstein 损失。从这一行代码中,你可以看到真实输入的平均值在预测之间进行了乘法运算。这样的输出就是两个分布之间的地球移动距离。

代码清单 9-15 EDL_9_3_WGAN.ipynb:Wasserstein 损失函数

```
def wasserstein_loss(y_true, y_pred):              计算了真实输入和预测
    return K.mean(y_true * y_pred)  ◄──────────    之间的平均值
```

然后可以查看评价器(critic)构建代码来了解如何使用 wasserstein_loss 函数,如代码清单 9-16 所示。请再次注意我们将鉴别器的名称更新为评价器(critic),并在编译模型时使用了 wasserstein_loss 函数。

代码清单 9-16 EDL_9_3_WGAN.ipynb:构建评价器

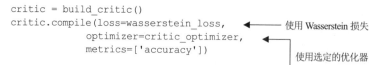

```
critic = build_critic()
critic.compile(loss=wasserstein_loss,     ◄──── 使用 Wasserstein 损失
               optimizer=critic_optimizer,  ◄──┐
               metrics=['accuracy'])           │ 使用选定的优化器
```

最后一个重要的变化是更新评价器的训练代码。使用评价器计算损失与使用鉴别

器时完全相同，除了名称以外没有其他改变。实现 Wasserstein 损失引入了梯度爆炸的
可能性；为了克服这个问题，我们添加了一个裁剪步骤，如代码清单 9-17 所示。对于
评价器的每个训练迭代，我们现在确保将每个模型权重裁剪到 clip_value 超参数内。
这样裁剪权重可以消除梯度爆炸的可能性并减少收敛模型空间。

代码清单 9-17　EDL_9_3_WGAN.ipynb：训练评价器

```
c_loss_real = critic.train_on_batch(imgs, valid)
c_loss_fake = critic.train_on_batch(gen_imgs, fake)
c_loss = 0.5 * np.add(c_loss_real, c_loss_fake)      ◀──── 真实和虚假损失的平均值

for l in critic.layers:      ◀──── 循环遍历评价器层
  weights = l.get_weights()
  weights = [np.clip(w, -clip_value, clip_value)
  ➡  for w in weights]      ◀────
  l.set_weights(weights))          对权重进行裁剪，使其保
                                   持在特定范围内
```

在单独提取的 MNIST 手写数字数据集类上进行了 80 个周期的训练后，图 9-11
展示了这个 GAN 的结果。如果你想查看此模型在 Fashion-MNIST 数据集上的表现，
可以通过在代码清单 9-18 中进行代码更改并重新运行整个 notebook 来实现。你也可
以删除对提取函数的调用，以查看模型在数据集的所有类别上的效果。

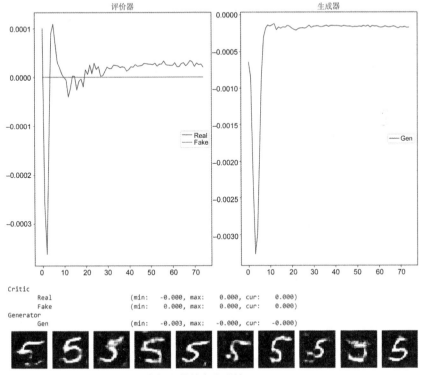

图 9-11　在提取的数字上训练 Wasserstein GAN

代码清单 9-18　EDL_9_3_WGAN.ipynb：切换到 Fashion-MNIST 数据集

```
from tensorflow.keras.datasets import mnist as data   ◄──── 注释掉这一行
#from tensorflow.keras.datasets import fashion_mnist
➡  as data                                          ◄──── 取消该行的注释
```

通过将 Wasserstein 损失引入 DCGAN，使其成为 WGAN 或 WDCGAN，我们可以消除标准 GAN 的一些不足之处。减少了这些额外的复杂性，使得我们可以更轻松地构建一个进化优化器来找到我们最佳的 GAN 模型。在进入下一节的进化优化之前，需要对 WDCGAN 进行一些包装，以便它能够成为一个可以在进化优化过程中使用的编码模型。

9.4　对 Wasserstein DCGAN 编码，以便进行进化优化

在前面的章节中，我们已经对各种模型的超参数或架构进行了编码。对于我们的下一个 notebook，我们期望做同样的事情，但将编码仅限于超参数。这为进化优化器探索一个更简洁的优化空间提供了可能。

对复杂模型进行进化优化

随着我们尝试优化的模型变得越来越复杂，我们需要进行更多的训练操作迭代。现在我们不能仅仅依赖于几个周期的训练就能得到合理的结果；相反，一些模型可能需要进行数百个周期的训练。值得注意的是，GAN 优化是一个耗时的问题，所以如果你想获得有趣或更好的结果，需要花费数小时甚至数天的时间进行训练。

下一个 notebook 是我们一直在开发的 GAN 代码的扩展和整合，整合成一个单一的类。这个类是通过传递一个个体基因序列来实例化的，以填充各种模型超参数。基因序列是一个我们在采用遗传算法时见过多次的简单浮点数数组。

在 Google Colab 中打开 notebook 示例 EDL_9_4_WDCGAN_encoder.ipynb，并通过选择 Runtime | Run All 运行所有的代码单元格。

在这个 notebook 中，通过一个单一的类封装了整个模型，而每个类的变化由一个输入基因序列来控制：这是一个浮点数数组，其中数组中的每个元素对应由索引定义的受控超参数。代码清单 9-19 展示了定义这些索引和超参数值的最小/最大限制。

代码清单 9-19　EDL_9_4_WDCGAN_encoder.ipynb：基因编码参数

```
FILTERS = 0              ◀────── 用于卷积的基本过滤器数量
MIN_FILTERS = 16
MAX_FILTERS = 128
ALPHA = 1                ◀────── 用于 LeakyReLU 激活函数的 Alpha 参数
MIN_ALPHA = .05
MAX_ALPHA = .5
CRITICS = 2              ◀────── 每个生成器的评价器迭代次数
MIN_CRITICS = 1
MAX_CRITICS = 10
CLIP = 3                 ◀────── 用于剪裁评价器权重的范围
MIN_CLIP = .005
MAX_CLIP = .1
LR = 4                   ◀────── 优化器学习率
MIN_LR = .00000001
MAX_LR = .0001
```

在代码清单 9-20 中，可以查看 DCGAN 类的 __init__ 函数，了解基因序列 i 如何定义模型中使用的每个超参数。首先，确保 image_shape 可以被 4 整除，并且能够拟合模型的卷积架构。然后，通过将浮点数映射到相应的空间，生成每个超参数的值。代码还会将权重初始化在接近零的位置，以更好地与剪裁函数对齐。最后，代码创建一个单一的优化器，然后构建各种模型。

代码清单 9-20　EDL_9_4_DCGAN_encoder.ipynb：初始化模型

```
class DCGAN:
  def __init__(self, i):
    assert image_shape[0] % 4 == 0, "Image shape must
    ⮑ be divisible by 4."              ◀── 确认图像大小能
                                            被 4 整除
    self.image_shape = image_shape
    self.z_size = (1, 1, latent_dim)

    self.n_filters = linespace_int(i[FILTERS],
    ⮑ MIN_FILTERS, MAX_FILTERS)
    self.alpha = linespace_int(i[ALPHA], MIN_ALPHA,
    ⮑ MAX_ALPHA)
    self.lr = linespace(i[LR], MIN_LR, MAX_LR)          将 float 转换为超
    self.clip_lower = -linespace(i[CLIP], MIN_CLIP,     参数
    ⮑ MAX_CLIP)
    self.clip_upper = linespace(i[CLIP], MIN_CLIP,
    ⮑ MAX_CLIP)
    self.critic_iters = linespace_int(i[CRITICS],
    ⮑ MAX_CRITICS, MIN_CRITICS)             初始化初始权重
    self.weight_init = RandomNormal(mean=0.,
    ⮑ stddev=0.02)
    self.optimizer = RMSprop(self.lr)      ◀── 创建一个优化器
```

```
self.critic = self.build_critic()
self.g = self.build_generator()      构建模型
self.gan = self.build_gan()
```

在训练函数中，我们看到了许多之前见过的代码，但应该特别强调一个更新的部分，如代码清单 9-21 所示。在 GAN 中，由于损失函数和模型性能的差异，比较模型的损失变得复杂。为了在不同的 GAN 之间比较损失，我们对损失进行了标准化。为此，追踪评价器和生成器的最小和最大损失，并使用 reverse_space 函数将其输出在 0 到 1 之间，使其在线性空间内。

代码清单 9-21　EDL_9_4_DCGAN_encoder.ipynb：对输出的损失进行标准化

```
min_g_loss = min(min_g_loss, g_loss)
min_fake_loss = min(min_fake_loss, c_loss[1])    跟踪最小损失
min_real_loss = min(min_real_loss, c_loss[0])

max_g_loss = max(max_g_loss, g_loss)
max_fake_loss = max(max_fake_loss, c_loss[1])    跟踪最大损失
max_real_loss = max(max_real_loss, c_loss[0])

loss = dict(
  Real = reverse_space(c_loss[0],min_real_loss,
  ➥ max_real_loss),
  Fake = reverse_space(c_loss[1],min_fake_loss,   将值标准化
  ➥ max_fake_loss),                                到0到1之间
  Gen = reverse_space(g_loss, min_g_loss, max_g_loss) )
```

通过将所有内容封装到一个类中，包括训练函数，我们可以使用已知的基因序列快速实例化 GAN 来测试结果。为此，如代码清单 9-22 所示，我们使用 reverse_space 函数将已知的超参数值转换为序列中嵌入的适当浮点值，称为个体。然后将该个体传入 DCGAN 构造以创建模型。之后，调用该类的 train 函数，使用 verbose=1 选项来显示训练结果。

代码清单 9-22　EDL_9_4_DCGAN_encoder.ipynb：测试编码和 GAN 训练

```
individual = np.random.random((5))    ◀── 创建一个随机个体
individual[FILTERS] = reverse_space(128, MIN_FILTERS, MAX_FILTERS)
individual[ALPHA] = reverse_space(.2, MIN_ALPHA, MAX_ALPHA)       将值转换为
individual[CLIP] = reverse_space(.01, MIN_CLIP, MAX_CLIP)         0 到 1 的空
individual[CRITICS] = reverse_space(5, MIN_CRITICS, MAX_CRITICS)  间当中
individual[LR] = reverse_space(.00005, MIN_LR, MAX_LR)
print(individual)

dcgan = DCGAN(individual)    ◀── 用个体创建模型
history = dcgan.train(train_images, verbose=1)    ◀── 训练模型并显示结果
```

图 9-12 展示了在 MNIST 手写数字数据集的一个提取类上，模型进行了 10 个周期

的训练后的结果。通过标准化损失，可以清楚地看到模型正在努力优化的目标。将这些结果与图 9-11 进行比较，可以明显看出在已知范围内识别优化目标的便利性。这对于后面讨论的使用遗传算法优化模型非常重要。

请尝试使用其他超参数值，看看它们如何影响模型的训练。你也可以尝试使用完全随机的基因序列，以查看模型生成的结果。

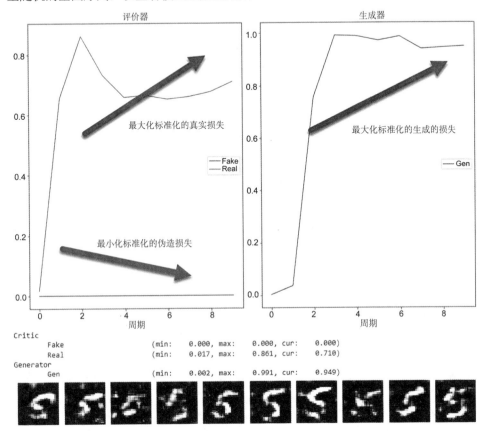

图 9-12　DCGAN 训练 10 个周期后的输出结果

练习

请使用以下练习提高你对 WGAN 的理解。

(1) 在代码清单 9-19 中增加或减少基因编码超参数，然后重新运行 notebook。

(2) 不要使用提取函数将数据集限制为单个类别，然后使用所有数据重新运行 notebook。

(3) 使用不同的数据集，比如 Fashion-MNIST，然后重新运行 notebook。

现在我们有了一个封装的类，代表了 GAN，并且可以传递一个代表性的基因序列来初始化模型，我们可以继续优化。在下一节中，将添加遗传算法代码来优化这个DCGAN模型。

9.5 使用遗传算法优化DCGAN

现在我们已经构建了用于复制DCGAN的遗传编码器，可以把所有东西整合起来。此时，优化封装的DCGAN类只需要添加DEAP库并定义进化所需的遗传算法参数。再次添加进化搜索提供了自我优化GAN网络的能力——这正是我们在下一个notebook中要完成的。

在Google Colab中打开notebook示例EDL_9_5_EVO_DCGAN.ipynb。通过选择菜单中的Runtime | Run All来运行整个notebook。

正如你可能注意到的，这个notebook安装了DEAP并添加了执行遗传算法进化所需的工具和运算符。不相关的代码单元格被隐藏了，但如果你想查看其内容，只需要点击"Show Code"链接或双击该单元格即可。我们之前已经见过大部分这些代码，因此在这里只提及相关的代码部分。

首先，看一下评估函数，如代码清单9-23所示，在其中评估模型的适应度。在函数的开头，我们将个体转换为字符串，以便用作训练字典中的索引。注意，将值四舍五入到小数点后一位。因此，一个起始值为[.2345868]会变成[.2]，这样简化了字典中的条目数量。这样做是为了将训练从无限探索空间简化为有限空间。准确地说，通过将值四舍五入为一个数字，并知道基因序列的长度为5，我们可以确定有$10 \times 10 \times 10 \times 10 \times 10 = 100\ 000$种可能的模型要测试。这样做的真正好处是允许更大规模的种群进化，而不需要重新评估类似的个体。如本节所示，评估每个模型需要相当长的时间。

代码清单9-23　EDL_9_5_EVO_DCGAN_encoder.ipynb：evaluate函数

```
trained = {}            ◀——┐ 用于保存评估历史的字典
generation = 0

def evaluate(individual):
  ind = str([round(i, 1) for i in individual])   ◀——┐ 对值进行四舍五入
  if ind in trained:
    return trained[ind],                              训练历史的字典
  print(f"Generarion {generation} individual {ind}")
  dcgan = DCGAN(individual)
  history = dcgan.train(train_images, verbose=0)
  min_loss_real = 1/loss(history, "Real")
  min_loss_gen = 1/loss(history, "Gen")      计算优化后的
  min_loss_fake = loss(history, "Fake")      损失
```

```
total = (min_loss_real + min_loss_gen +
➥ min_loss_fake)/3                    ◄─── 计算损失的平均值
print(f"Min Fitness {min_loss_real}/{min_loss_gen}:{total}")
trained[ind] = total ◄───
return total,                    训练历史的字典
```

```
toolbox.register("evaluate", evaluate)
```

优化 DCGAN 并不是简单地比较准确率。我们需要考虑模型的三个输出值或损失：真实损失、虚假损失和生成损失。每个损失需要以不同的方式进行优化，也就是说需要最小化。如果你参考代码清单 9-23，则可以看到如何提取每个损失，并且对于真实损失和生成损失，它们是被反转后用于生成部分适应度。总适应度是通过这三个派生损失或适应度值的平均值来计算的。

notebook 中的输出显示了优化 DCGAN 的部分结果。我们将其留给读者进一步运行此示例，并探索你可以生成的最佳潜在 GAN 模型。

最后一个 notebook 可能需要较长时间进行进化，但它是自动化的，并最终会产生良好的结果。对于 AutoML 解决方案来说，GAN 或其他复杂模型通常不是需要自动化优化的首选项。随着时间的推移和人工智能/机器学习领域的发展，像我们在这里介绍的这种方法很可能会变得更加主流化。

练习

请使用以下练习继续探索这个版本的 Evo DCGAN。

(1) 请花些时间进化一个 GAN 模型。然后，使用这个模型继续对数据集进行训练，看看你能生成多好的新输出。

(2) 将在一个数据集上进化的模型重新用于在新数据集上训练 GAN。这在数据集大小相似的情况下效果最好，比如 FashionMNIST 和 MNIST Handwritten Digits 数据集。

(3) 将这个 notebook 调整为使用进化策略和/或差分进化。评估这样做是否能够改善 GAN 训练超参数的进化效果。

9.6　本章小结

- 生成对抗网络(GAN)是一种生成模型，它采用双重网络——一个用于数据鉴别，另一个用于数据生成。
  - GAN 的工作原理是将真实样本输入鉴别器，同时允许生成器生成虚假样本。
  - 生成器通过从鉴别器获得反馈来学习生成更好的输出，而鉴别器则通过学习更好地对数据进行分类(真实或虚假)来改进。

- 使用 Python 和 Keras 可以简单地构建一个 GAN。
- GAN 被广泛认为是难以有效训练的。
  - 训练 GAN 的核心问题是使鉴别器和生成器的学习速度保持平衡。
  - 两个网络需要以相同的速度学习，以平衡它们之间的对抗性关系。
  - 当 GAN 失去平衡时，可能会出现许多常见的问题，比如无法收敛、模式坍塌和梯度消失。
  - 通过使用进化算法可以解决这个训练问题。
- Wasserstein 损失，或者称为地球移动距离，是一种损失度量方法，可以帮助 GAN 解决或最小化常见的训练问题。
- 通过将 GAN(DCGAN)封装为一个类，并接受基因编码的基因组表示形式，可以帮助平衡 GAN 的训练超参数，以进行进化优化。
- 遗传算法可以用于平衡 GAN 中鉴别器和生成器的训练。

第**10**章

NEAT：神经进化增强拓扑

本章主要内容
- 构建进化增强拓扑网络
- 可视化进化增强拓扑网络
- 执行神经进化增强拓扑的能力
- 使用神经进化增强拓扑对图像进行分类
- 揭示神经进化中物种分化的作用

在前面几章中，我们探索了生成对抗网络和自编码器网络的进化优化。在这些练习中，我们将进化优化包装在 DL 网络周围。在本章中，我们将摆脱 Python 中的分布式进化算法(DEAP)和 Keras，转而探索一种名为"NeuroEvolution of Augmenting Topologies"(NEAT)的神经进化框架。

NEAT 是由肯·斯坦利于 2002 年在德克萨斯大学奥斯汀分校开发的。当时，遗传算法(进化计算)和深度学习(高级神经网络)都被认为是人工智能领域的下一个重大突破。斯坦利的 NEAT 框架引起了许多人的关注，因为它将神经网络与进化相结合，不仅优化超参数、权重参数和架构，还优化了神经网络的实际连接方式。

图 10-1 显示了常规的深度学习网络与进化后的 NEAT 网络之间的比较。在图中，进化后的 NEAT 网络添加了新的连接并删除了一些连接，节点的位置也可能被删除或改变。注意，这与我们之前仅仅修改深度学习连接层中节点数量的做法不同。

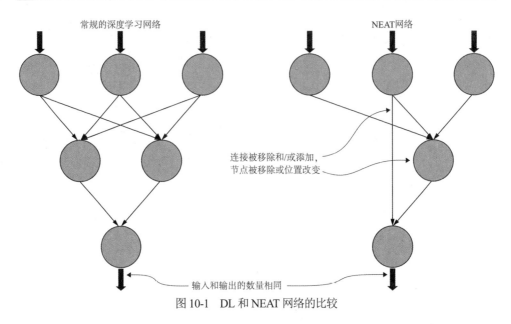

图 10-1 DL 和 NEAT 网络的比较

NEAT 将 DL 网络的进化概念推向极限，允许网络的神经连接和节点数量进化。由于 NEAT 还会内部进化每个节点的网络权重，因此可以消除使用微积分计算反向传播误差的复杂性。这使得 NEAT 网络能够进化成一些复杂的交织和相互连接的图形，甚至可以允许网络进化成递归连接，这将在下一章深入探讨 NEAT 时看到。

本章将探讨 NEAT 的基础知识，并深入研究名为 NEAT-Python 的 Python 实现。这个框架很好地抽象了进化和深度学习系统的细节设置。以下列表列出了 NEAT 的每个组成部分，其中包含了本书中使用的许多其他方法。

- 神经元的参数进化：在 NEAT 中，权重和参数作为系统的一部分被进化。在第 6 章中，我们使用进化来改变神经网络的权重。
- 架构的神经元进化：NEAT 通过进化演进网络层，结构本身也通过进化进行适应。有关该主题的更多信息，请参阅第 7 章，其中使用遗传算法神经进化架构。
- 超参数优化：NEAT 不使用学习率、优化器或其他标准的深度学习辅助参数。因此，它不需要优化这些参数。然而，正如我们将看到的，NEAT 引入了几个超参数来控制网络的进化。

在下一节中，我们从基础知识开始探索 NEAT。

10.1　使用 NEAT–Python 探索 NEAT

在本节中，我们首先查看一个 notebook，该 notebook 设置了一个 NEAT 网络来解决经典的一阶 XOR 问题。NEAT 提供了几个配置选项，这个练习展示了其中一些最重要的选项。请在你的 Web 浏览器中打开 notebook，我们开始查看代码吧。

在 Google Colab 中打开 notebook 示例 EDL_10_1_NEAT_XOR.ipynb。如果需要帮助，请参考附录 A。通过在菜单中选择 Runtime | Run All 来运行 notebook 中的所有单元格。

NEAT-Python 仍在积极开发中，在撰写本文时，最佳做法是直接从 GitHub 存储库中安装它，而不是使用 PyPi 软件包。notebook 中的第一个代码单元格使用 pip 在第一行中完成了这一点，如代码清单 10-1 所示。然后，下一行使用 import neat 导入了该软件包。

代码清单 10-1　EDL_10_1_NEAT_XOR.ipynb：安装 NEAT-Python

```
!pip install
  git+https://github.com/CodeReclaimers/neat-python.git    ◀──┐
                                                    从 GitHub 仓库
                                                    安装
#then import
import neat      ◀────── 导入软件包
```

向下滚动，接下来的单元格显示了数据的设置，分为 xor_inputs(X)和 xor_outputs(Y)，如代码清单 10-2 所示。

代码清单 10-2　EDL_10_1_NEAT_XOR.ipynb：数据设置

```
xor_inputs = [(0.0, 0.0), (0.0, 1.0), (1.0, 0.0),
  (1.0, 1.0)]                            ◀────── 输入：X
xor_outputs = [ (0.0,), (1.0,), (1.0,),
  (0.0,)]                               ◀────── 输出：Y
```

接下来，重复我们之前做过的事情，构建一个评估函数来计算进化的 NEAT 网络的适应度。你应该非常熟悉这里的概念，代码与以前的练习类似。与 DEAP 不同，评估函数采用一组称为基因组(genomes)的基因序列。该函数循环遍历基因组并计算每个基因组的适应度，首先分配一些最大适应度，如代码清单 10-3 所示。然后，它使用 FeedForwardNetwork.create 函数传递基因组和配置来创建经典前馈网络的新版本。之后使用 net.activate 函数并传递 X 或 xi 值之一来对所有数据执行构造的网络,并产生 Y 输出。激活每个输入后，输出与期望输出 xo 进行比较，从 genome.fitness 中减去均方误差(MSE)。最后，eval_genomes 函数的结果更新每个进化基因组的当前适应度。

代码清单 10-3 EDL_10_1_NEAT_XOR.ipynb：创建评估函数

```
def eval_genomes(genomes, config):        基因组中的循环
    for genome_id, genome in genomes:      分配最大的适应度
        genome.fitness = 4.0
        net = neat.nn.FeedForwardNetwork.create   从基因组创建一个
        ↪ (genome, config)                          NEAT 网络
        for xi, xo in zip(xor_inputs, xor_outputs):
            output = net.activate(xi)
            genome.fitness -= (output[0] - xo[0]) ** 2    计算均方误差(MSE)，然后从
                                                          适应性中减去均方误差
遍历数据
```

下一个单元格设置了我们用于配置和运行 NEAT 代码的配置文件。NEAT-Python(NP)主要由配置驱动，你可以调整或修改几个选项。为了保持简单，我们只讨论了代码清单 10-4 中的主要选项：前两个部分。配置文件首先设置了适应性标准、适应性阈值、种群大小和重置选项。接下来，设置了默认的基因组配置，首先是激活选项，在本例中简单地使用了 Sigmoid 函数。NEAT 允许你从多个激活函数中选择，用于内部互连节点和输出节点。

代码清单 10-4 EDL_10_1_NEAT_XOR.ipynb：配置设置

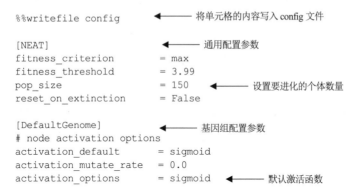

```
%%writefile config        ◄─── 将单元格的内容写入 config 文件

[NEAT]                     ◄─── 通用配置参数
fitness_criterion    = max
fitness_threshold    = 3.99
pop_size             = 150    ◄─── 设置要进化的个体数量
reset_on_extinction  = False

[DefaultGenome]            ◄─── 基因组配置参数
# node activation options
activation_default       = sigmoid
activation_mutate_rate   = 0.0
activation_options       = sigmoid    ◄─── 默认激活函数
```

notebook 中的最后一个单元格包含我们需要进化 NEAT 网络的所有代码。首先查看代码清单 10-5 中的前几行。代码首先加载配置并设置基因组类型、复制、物种形成和停滞的基本假设。我们在本节和下一节涵盖这些默认值。之后，根据配置创建基因组种群。然后，向种群对象添加报告者 StdOutReporter 以跟踪进化过程。注意，种群对象 p 如何成为进化的焦点以及它与 DEAP 的不同之处。

代码清单 10-5　EDL_10_1_NEAT_XOR.ipynb：设置 NEAT 进化

```
config = neat.Config(neat.DefaultGenome, neat.DefaultReproduction,
                     neat.DefaultSpeciesSet, neat.DefaultStagnation,
                     'config')
p = neat.Population(config)

p.add_reporter(neat.StdOutReporter(False))
```

创建种群

从配置文件中加载配置

添加一个 reporter 来查看进化的结果

运行种群的进化非常简单，只需要在种群对象上调用 run 函数，如代码清单 10-6 所示。完成进化后，代码打印出获胜者，即具有最佳适应度的基因组，并输出 XOR 输入的预测结果。

代码清单 10-6　EDL_10_1_NEAT_XOR.ipynb：进化种群

```
winner = p.run(eval_genomes)

print('\nBest genome:\n{!s}'.format(winner))

print('\nOutput:')
winner_net = neat.nn.FeedForwardNetwork.create(winner, config)
for xi, xo in zip(xor_inputs, xor_outputs):
    output = winner_net.activate(xi)
    print(" input {!r}, expected output {!r}, got {!r}".format(xi, xo,
    ➥ output))
```

进化种群

打印出最好的基因组

使用基因组进行 XOR 预测并显示结果

运行此示例的输出如图 10-2 所示。与 DEAP 不同，NP 使用适应度阈值来控制进化迭代。如果你回想起来，在配置设置中，我们将 fitness_threshold 设置为 3.99(见代码清单 10-4)。该图还显示了网络配置和权重的文本输出。当然，这不是容易可视化的内容，但我们将在后面的章节中进行介绍。在图的底部，你可以看到 XOR 输入的正确预测情况。

这个练习展示了如何快速设置 NEAT 进化，创建一个能够预测 XOR 函数的网络。正如你所见，代码中抽象了很多细节，但是希望在这个阶段，你已经了解了一些进化的内部工作原理。除了增强节点拓扑之外，我们之前用 DEAP 已经完成了所有内部操作。这个练习展示了如何快速设置 NEAT 进化，创建一个能够预测 XOR 函数的网络。正如你所见，代码中抽象了很多细节，但是希望在这个阶段，你已经了解了一些进化的内部工作原理。除了增强节点拓扑之外，我们之前已经用 DEAP 完成了所有内部操作。

```
****** Running generation 53 ******

Population's average fitness: 2.43254 stdev: 0.50393
Best fitness: 3.99818 - size: (2, 5) - species 6 - id 7700  ◄━━━  超过了3.99的最大适应度

Best individual in generation 53 meets fitness threshold - complexity: (2, 5)

Best genome:
Key: 7700
Fitness: 3.99817583108197
Nodes:
        0 DefaultNodeGene(key=0, bias=-1.4205106523656705, response=1.0, activation=sigmoid, aggregation=sum)
        321 DefaultNodeGene(key=321, bias=-1.897319643633109, response=1.0, activation=sigmoid, aggregation=sum)
Connections:
        DefaultConnectionGene(key=(-2, 0), weight=-1.421129174816354, enabled=True)
        DefaultConnectionGene(key=(-2, 321), weight=2.255678382048443, enabled=True)
        DefaultConnectionGene(key=(-1, 0), weight=2.07042241033656, enabled=True)        网络架构和权重摘要
        DefaultConnectionGene(key=(-1, 321), weight=-3.888509740443919, enabled=True)
        DefaultConnectionGene(key=(321, 0), weight=6.231066342700942, enabled=True)

Output:
  input (0.0, 0.0), expected output (0.0,), got [0.0008242682360126595]
  input (0.0, 1.0), expected output (1.0,), got [0.9999962603001374]       XOR输入的网络预测输出
  input (1.0, 0.0), expected output (1.0,), got [0.9626572551545072]
  input (1.0, 1.0), expected output (0.0,), got [0.020712529862966646]
```

图 10-2　在 XOR 上进化 NEAT 网络的最终输出

练习

通过以下练习更好地了解 NEAT。

(1) 修改代码清单 10-4 中的种群大小(pop_size)，然后重新运行 notebook。看看种群大小如何影响进化？

(2) 减小代码清单 10-4 中的 fitness_threshold，然后重新运行 notebook，观察对结果产生的影响。

(3) 更改输入或输出以匹配另一个函数，或编写一个函数来创建与代码清单 10-2 中相同的输出。然后，重新运行 notebook，查看逼近新函数的结果。

从这个基本介绍开始，我们将继续探索在下一节中演变的 NEAT 网络是什么样子的。

10.2　可视化进化的 NEAT 网络

既然我们已经了解了如何设置 NEAT-Python 的基础知识，现在可以开始添加一些有用的工具。可视化 NEAT 网络对于理解网络架构的形成非常有用。它还可以突出显示网络在解决问题时是否出现了过拟合或欠拟合的情况。

在本节中，我们将在之前的 notebook 示例中添加可视化进化的最佳基因组网络的功能。我们还会仔细查看如何开发评估适应性函数。

在 Google Colab 中打开 notebook 示例 EDL_10_2_NEAT_XOR_Visualized.ipynb。如果需要帮助，请参考附录 A。通过选择菜单中的 Runtime | Run All 来运行 notebook

中的所有单元格。

加载配置后跳到代码单元格开始。这些代码通常在种群类中处理，但我们只提取了一小段代码，如代码清单 10-7 所示，以突出构建评估函数。在 NP 中，所有基因组都需要一个键或唯一标识符，这里将使用 fred。然后，根据默认类型从配置创建基因组——在本例中为 DefaultGenome。之后，通过传递 genome_config 使用 genome.configure_new 配置基因组。最后，使用 FeedForwardNetwork.create 传递基因组和配置来创建一个新的 fred 1.0 随机网络。

代码清单 10-7　EDL_10_2_NEAT_XOR_Visualized.ipynb：创建基因组网络

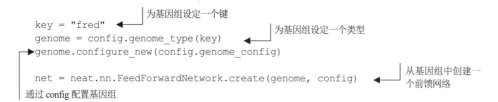

```
key = "fred"                                       ← 为基因组设定一个键
genome = config.genome_type(key)                   ← 为基因组设定一个类型
genome.configure_new(config.genome_config)

net = neat.nn.FeedForwardNetwork.create(genome, config)   ← 从基因组中创建一个前馈网络
通过 config 配置基因组
```

接着，通过 for 循环对数据进行迭代，并评估网络 net，累积计算 MSE 并从最大适应度中减去这个值，如代码清单 10-8 所示。需要回想的是，在代码清单 10-4 的实际评估函数中，代码还遍历了整个基因组的种群。为简单起见，我们只在此处评估基因组 fred。代码块的输出显示了网络的输入、输出以及总的适应度。

代码清单 10-8　EDL_10_2_NEAT_XOR_Visualized.ipynb：评估基因组

```
fitness = 4                        ← 为适应度指定最大值
for x, y in zip(X, Y):             ← 循环遍历 x 和 y 值
    output = net.activate(x)       ← 激活输入端的网络
    print(output, y)
    fitness -= (output[0]-y[0])**2    ← 计算 MSE，然后相减
print(fitness)
```

在设置了 fred 后，我们继续使用 draw_net 函数。这个函数直接来自 NEAT 的示例，并使用 Graphviz 绘制一个进化过的网络。你可以自行查看代码，我们不会在这里专注于细节的介绍。相反，我们想看看如何调用这个函数以及它生成的内容。

接下来展示了调用 draw_net 函数的过程；首先，用一个字典为输入和输出节点命名。然后，通过传递 config、genome 和主要节点(输入和输出)的名称来调用 draw_net 函数。我们传入 True 值以可视化输出，如代码清单 10-9 所示。

代码清单 10-9　EDL_10_2_NEAT_XOR_Visualized.ipynb：调用 draw_net 函数

```
node_names = {-1: 'X1', -2: 'X2', 0: 'Output'}     ← 为输入和输出节点命名
```

```
draw_net(config, genome, True, node_names=node_names)
```
调用该函数并传入 True 以查看结果

图 10-3 展示了我们称之为 fred 的基础和未进化的基因组的输出。如你所见，该网络是一个非常简单的单节点网络，有两个输入，标记为 X1 和 X2。

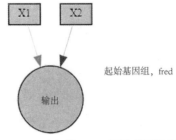

起始基因组，fred

图 10-3 一个初始 NEAT 网络的可视化展现

此时，NEAT 种群应该已经完成进化，我们可以再次调用 draw_net 函数，这次传入获胜的基因组 winner。在种群上调用 run 会输出获胜者或最佳基因组。然后，从获胜者创建网络以展示激活情况。接下来，再次调用 draw_net 函数，传入获胜者的基因组，以可视化网络，如代码清单 10-10 所示。

代码清单 10-10 EDL_10_2_NEAT_XOR_Visualized.ipynb：可视化获胜的基因组

```
winner = p.run(eval_genomes)          ← 进化获胜者(winner)基因组

print('\nBest genome:\n{!s}'.format(winner))      ← 输出获胜者的评分

print('\nOutput:')
winner_net = neat.nn.FeedForwardNetwork.create(winner, config)
for xi, xo in zip(X, Y):              ← 循环并显示激活情况
  output = winner_net.activate(xi)
  print(" input {!r}, expected output {!r}, got {!r}".format(xi, xo,
  ➥ output))
                                      绘制进化的获胜基因组
draw_net(config, winner, True, node_names=node_names)  ←
```

图 10-4 显示了获胜基因组网络的输出。这个网络显然不像常规的 DL 网络带有规则的层。相反，我们在这里看到的是一个经过优化的网络，能够有效地处理 XOR 问题。

能够可视化进化后的网络有助于理解 NEAT 的工作原理。同时，可视化进化中的网络也有助于查看和了解配置参数是否合适。正如我们在下一节中所看到的，NEAT 有许多参数需要我们理解，以开发解决更复杂问题的方案。

```
1    draw_net(config, winner, True, node_names=node_names)
```

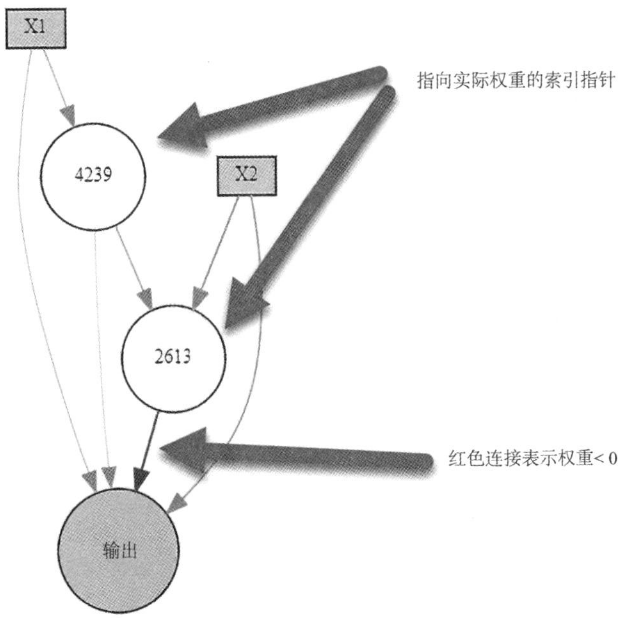

图 10-4　对获胜的基因组网络进行可视化显示

10.3　通过 NEAT 的功能进行练习

NEAT 及其在 NEAT-Python 中的实现是封装了我们在本书中练习的许多优化模式的工具。NEAT 结合了网络超参数、架构和参数优化以及拓扑增强。但它的效果如何？

在本节中，我们回顾了之前使用 sklearn 包创建示例数据集的有趣视觉分类示例。如果你还记得，在第 6 章中，我们展示了使用进化计算进行参数权重优化的例子。这不仅提供了一个很好的基准，还展示了 NEAT 的几个其他配置选项。

在 Google Colab 中打开 notebook 示例 EDL_10_3_NEAT_Circles.ipynb。如果需要帮助，请参阅附录 A。通过从菜单中选择 Runtime | Run，运行 notebook 中的所有单元格。

我们从"数据集参数"表单和图 10-5 中的输出开始。这是我们在之前的章节中使用的表单，用于生成各种形式的分类问题数据集。首先，使用"moons"问题生成一个简单的数据集。生成的输出显示了一个相对容易用简单网络进行分类的数据集。

由于我们现在处理的问题比 XOR 更复杂，因此希望修改 NEAT 配置文件中的配置选项。代码清单 10-11 仍然只是所有配置选项的部分视图，我们再次强调关键的选项，首先是将最大 fitness_threshold 减少到 4.0 的 75%，即 3.0。接着，增加或添加了一个中间节点层，因为在 NEAT 中，我们并不关心节点的层次结构，而只关注输入、输出以及中间节点的数量。如果这些中间节点恰好形成了层次结构，那只是一个偶然的巧合，而不是需要特意这样设计。接下来，我们遇到了几个选项，其中包括兼容性选项，这些选项与种群的特化有关，我们将在后面进行详细介绍。最后值得注意的是，我们更新了激活选项，增加了两个其他可能的激活函数(identity 和 relu)。

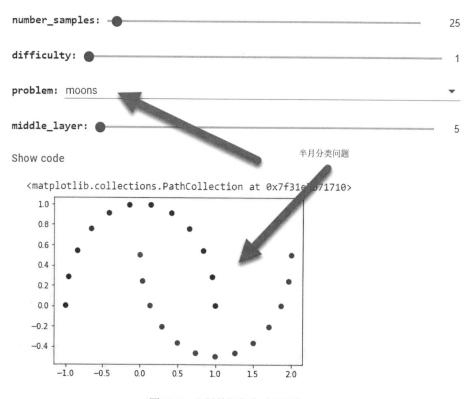

图 10-5　配置数据集生成的参数

代码清单 10-11　EDL_10_3_NEAT_Circles.ipynb：检查配置选项

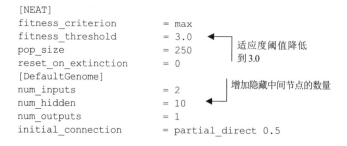

```
feed_forward                        = True
compatibility_disjoint_coefficient  = 1.0
compatibility_weight_coefficient    = 0.6     用于物种分类
conn_add_prob                       = 0.2
conn_delete_prob                    = 0.2
node_add_prob                       = 0.2
node_delete_prob                    = 0.2
activation_default                  = sigmoid
activation_options                  = sigmoid identity relu     扩展了激活选项
activation_mutate_rate              = 0.1
```

图 10-6 显示了一个初始基因组网络的输出，应用了新的配置选项。值得注意的是，并非所有节点都连接到输出，节点 10 没有连接到输入或输出。这允许网络消除不需要的节点，防止了过拟合或欠拟合的问题。

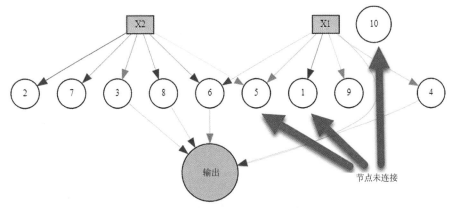

图 10-6　未经进化的随机网络输出

此时，请跳到 notebook 的底部，并查看进化代码，如代码清单 10-12 所示。大部分代码已经在之前进行了介绍，但注意这里将 CustomReporter 添加到种群 p，并使用 add_reporter 函数调用。添加此自定义的 reporter 将允许我们调整进化输出，并添加可视化效果。

代码清单 10-12　EDL_10_3_NEAT_Circles.ipynb：对网络进行进化

```
p = neat.Population(config)                    创建种群

p.add_reporter(CustomReporter(False))          添加 CustomReporter 以进行可视化

winner = p.run(eval_genomes)                   评估获胜者

print('\nBest genome:\n{!s}'.format(winner))

print('\nOutput:')
winner_net = neat.nn.FeedForwardNetwork.create(winner, config)     输出结果
show_predictions(winner_net, X, Y)
draw_net(config, winner, True, node_names=node_names)
```

请向上滚动到代码清单 10-13 中显示的 CustomReporter 类定义的部分。NEAT-Python 允许进行各种自定义，这个实现只是标准 reporter 的一个副本，增加了一小部分内容，用于对适应度进行可视化。在这个新的 reporter 类中，我们在 post_evaluate 函数中添加了自定义代码，该函数在评估完基因组后被调用。我们不希望此代码在每次迭代时都进行渲染，因此添加了一个模数检查，该检查由 init 函数中设置的新 self.gen_display 参数控制。如果代(generation)数等于显示代(generation)数，那么代码会从基因组创建一个网络，并在一个更新的 show_predictions 函数中对其进行评估。

代码清单 10-13 EDL_10_3_NEAT_Circles.ipynb：CustomReporter 类定义

```
from neat.math_util import mean, stdev
                                                    这个类的定义继承自
class CustomReporter(neat.reporting.BaseReporter):    BaseReporter
   "Uses 'print' to output information about the run; an example
reporter class."

   def __init__(self, show_species_detail,    init 函数的定义，仅供
      gen_display=100):                        参考
      #omitted

   def post_evaluate(self, config, population, species,
      best_genome):                   添加到 post_evaluate
         #omitted
         if (self.generation) % self.gen_display == 0 :    自定义代码的开始
            net = neat.nn.FeedForwardNetwork.create(best_genome, config)
            show_predictions(net, X, Y)
            time.sleep(5)
```

回忆一下第 6 章中我们是如何首次在 Keras 网络上使用 show_predictions 函数的。在 NEAT 中已经对这个函数进行了更新，可以在代码清单 10-14 中看到。与之前的代码相比，主要的改变是使用 net.activate 函数代替了 Keras 中的 model.predict 函数。

代码清单 10-14 EDL_10_3_NEAT_Circles.ipynb：updated show_predictions 函数

```
def show_predictions(net, X, Y, name=""):
  x_min, x_max = X[ :, 0].min() - 1, X[ :, 0].max() + 1
  y_min, y_max = X[:, 1].min() - 1, X[:, 1].max() + 1

         xx, yy = np.meshgrid(np.arange(x_min, x_max, 0.01),    创建输入和输出
            np.arange(y_min, y_max, 0.01))                     的网格
         X_temp = np.c_[xx.flatten(), yy.flatten()]
         Z = []
```

```
for x in X_temp:
  Z.append(net.activate(x))          激活网络并输出结果
Z = np.array(Z)
plt.figure("Predictions " + name)
plt.contourf(xx, yy, Z.reshape(xx.shape),
  cmap=plt.cm.Spectral)               使用光谱图绘制结果
plt.ylabel('x2')
显示输出  plt.xlabel('x1')
plt.scatter(X[:, 0], X[:, 1],c=Y, s=40, cmap=plt.cm.Spectral)
plt.show()
```

图 10-7 显示了通过 moons(半月)问题数据集进化的 NEAT 网络的结果。注意，大多数网络节点不会输出到输出节点。你的结果和网络可能会有所不同，但在图中，你可以看到只有两个节点与输出相关联。

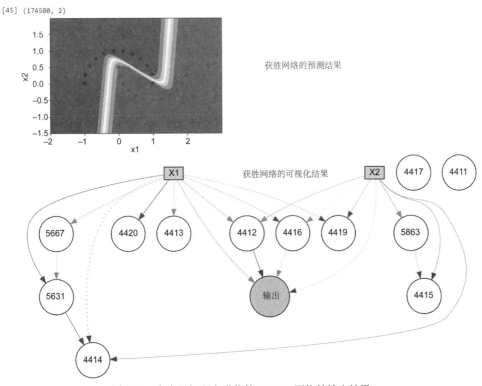

图 10-7　在半月问题上进化的 NEAT 网络的输出结果

如果你还记得，在第 6 章，我们最困难的问题是圆形(circles)问题。现在将问题切换到圆形问题，然后再次运行 notebook。根据经验，我们知道可以使用标准的 Keras网络解决这个问题。然而，根据当前的配置选项，找到一个解决方案是不太可能的。

练习

使用以下练习探索 NEAT 的功能。

(1) 改变图 10-5 中的数据样本数量。观察这对 NEAT 逼近的影响。

(2) 在图 10-5 中更改问题类型，然后重新运行 notebook。NEAT 在处理某些问题时是否有更好的表现？

(3) 在代码清单 10-11 中增加或减少隐藏节点的数量(num_hidden)。然后，尝试解决不同类型的问题。隐藏节点的数量对构建解决方案有什么影响？

在正式解决圆形(circles)问题之前，我们将在下一节中深入探讨使用 NEAT 的一个更实际的示例。

10.4 使用 NEAT 对图像进行分类

为了真正了解 NEAT 的限制和功能，本节中将进行一个实际的比较。一个众所周知的示例就是使用 MNIST 手写数字数据集进行图像分类。在接下来的练习中，我们将使用 NEAT 对 MNIST 数据集进行分类。

在 Google Colab 中打开 notebook 示例 EDL_10_4_NEAT_Images.ipynb。如果需要帮助，请参考附录 A。通过选择 Runtime | Run All 运行 notebook 中的所有单元格。

这个 notebook 加载了 MNIST 数据集，如图 10-8 所示。我们只使用数据集中的训练数据部分来评估基因组在一个批次样本上的适应度。数据加载后进行了标准化，并显示了一个样本数字。注意，我们使用了来自完整数据集的所有 10 个类别。

接下来，我们看一下 NEAT 配置选项的各种变化，如代码清单 10-15 所示。第一个变化是将适应度阈值设置为 0.25，或者说 25%。我们将更新适应性函数，以便根据准确性而不是误差来对进化中的网络进行评分。然后，注意输入已增加到 784，以匹配输入图像的 28×28 像素，这与 Keras 模型没有区别。在这个练习中，为了演示方便，将隐藏节点的数量设置为 10。然后，将初始连接选项更改为 full_direct。这实际上意味着我们开始时是一个完全连接的网络，类似于 Keras 的顺序模型。在显示的配置选项底部，可以看到设置了激活函数 identity 和 relu 的选项。最后，看到了一个新的聚合选项的使用。聚合是在节点或感知器内部发生的操作，默认情况下，我们总是假设它是求和。但是，使用 NEAT，可以改变节点使用的聚合函数，就像我们在这里所做的那样。

```
1   #@title Dataset Parameters  { run: "auto" }
2   mnist = tf.keras.datasets.mnist
3
4   (x_train, y_train), (x_test, y_test) = mnist.load_data()
5   X, Y = x_train / 255.0, y_train
6
7   plt.imshow(X[0])
8   print(Y[0])
```

加载训练数据集并进行标准化

对数字输出进行采样

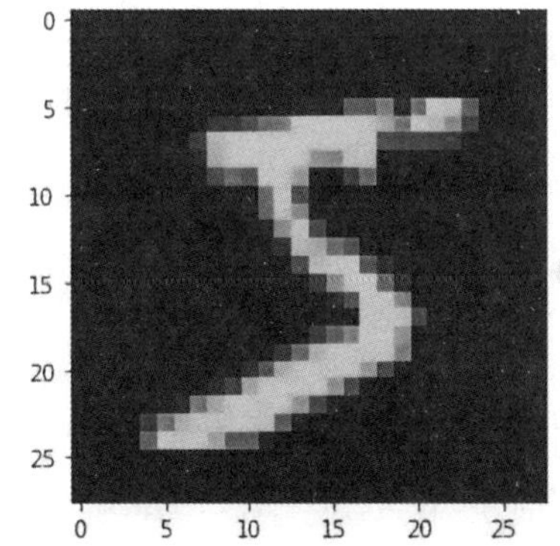

图 10-8　加载 MNIST 训练数据集

代码清单 10-15　EDL_10_4_NEAT_Images.ipynb：更新的配置选项

```
[NEAT]
fitness_criterion     = max
fitness_threshold     = .25          ◀──── 这里的适应度表现为准确度
pop_size              = 100
reset_on_extinction   = 1


[DefaultGenome]                       平展图像输入
num_inputs            = 784   ◀────
num_hidden            = 10    ◀──── 中间节点的最大数量
num_outputs           = 10
initial_connection    = full_direct  ◀──────── 始终从完全连接开始
feed_forward          = True
compatibility_disjoint_coefficient  = 1.0
compatibility_weight_coefficient    = 0.6
conn_add_prob         = 0.2
conn_delete_prob      = 0.2
node_add_prob         = 0.2
node_delete_prob      = 0.2
activation_default    = relu
activation_options    = identity relu  ◀────── 选择激活函数
activation_mutate_rate = 0.0
aggregation_default   = sum
aggregation_options   = sum mean product min max   修改节点聚合函数
     median                                    ◀──
aggregation_mutate_rate = 0.2  ◀────── 始终从完全连接开始
```

从配置选项中,我们跳到了更新评估函数的部分,如代码清单 10-16 所示。请记住,现在我们想使用准确率进行评分,因为我们的网络将对图像进行分类。这意味着我们希望对一组图像进行评分,通常是训练集。然而,评估整个训练图像集是不切实际的,所以取随机批次的图像来评估基因组。在这个 notebook 中,使用 256 这个值加快计算速度。这个批次大小用于生成一组随机索引,用于从训练集 X 和 Y 中获取数据。

代码清单 10-16　EDL_10_4_NEAT_Images.ipynb:随机批处理图像

```
BATCH_SIZE = 256          ◀━━ 设置常量
idx = np.random.randint(0, X.shape[0], BATCH_SIZE)   ◀━━━ 随机对索引进行抽样
xs, ys = X[idx], Y[idx]   ◀━━
                             从原始数据中提取批次
```

在提取了评估批次的图像和标签后,可以评估一个基因组网络的准确性,如代码清单 10-17 所示。代码遍历批次中的每个图像和标签,首先将二维的 28×28 图像展平为 784 个输入。然后激活网络并应用 SoftMax 和 np.argmax 函数以获取预测类别。类别预测被收集在 yis 变量中,稍后用于通过 balanced_accuracy_score 函数提取平衡准确性分数。关于平衡准确性的详细说明可以在 SciKit Learn 文档页面上找到,该页面涵盖了各种损失和指标类型:http://mng.bz/Q8G4。简而言之,平衡准确性可以平衡那些不平衡数据集的预测。由于我们用于评估的批次数据是随机的,因此不能假设预测是平衡的。使用平衡准确性可以克服任何偏见。

代码清单 10-17　EDL_10_4_NEAT_Images.ipynb:评估基因组适应度

```
from sklearn.metrics import balanced_accuracy_score
yis = []                        ◀━━ 通过批次数据进行循环
for x, y in zip(xs,ys):
    x = np.reshape(x, (784,))   ◀━━ 展平图像
    output = net.activate(x)
    class_ = softmax(output)         激活并按类别对输出进
    yis.append(np.argmax(class_))    行评分
print(ys, yis)
fitness = balanced_accuracy_score(ys, yis)   ◀━━ 评估基因组的平衡准确率
print(fitness)
```

向下滚动到下一个单元格,如代码清单 10-18 所示,可以看到 NEAT 进化将使用的最终评估函数。代码与我们刚刚查看的相同,但它展示了在基因组集评估函数中的用法。

代码清单 10-18　EDL_10_4_NEAT_Images.ipynb：评估适应度函数

```
def eval_genomes(genomes, config):
  for genome_id, genome in genomes:
    idx = np.random.randint(0, X.shape[0], BATCH_SIZE)      随机抽取一批数据
    xs, ys = X[idx], Y[idx]
    net = neat.nn.FeedForwardNetwork.create(genome, config)
    score = 0
    yis = []
    for x, y in zip(xs,ys):
    x = np.reshape(x, (784,))      ◄── 展平图像
    output = net.activate(x)
    output = softmax(output)
    class_ = np.argmax(output)      ◄── 获取预测的类别           评估所有预测结果
    yis.append(class_)
  genome.fitness = fitness = balanced_accuracy_score(ys, yis) ◄
```

运行进化的代码与前面显示的代码相同。即使添加了一些性能调整(例如，设置批量大小)，运行这段代码以达到 25% 的准确率也需要一些时间。这是当前 NEAT-Python 实现的一个不幸后果。DEAP 是我们在前面的示例中包装在 Keras/PyTorch 周围的框架，它提供了分布式计算选项。NEAT 作为一个更古老的框架，没有这个选项。

图 10-9 展示了训练至 25% 准确率的网络的预测准确性。这个图是通过之前 notebook 中展示的 plot_classify 函数生成的。如你所见，考虑到评估是在训练集上进行的，结果还可以接受。你的结果可能不太准确，这很大程度上取决于你设置的批处理大小。较大的批处理会提高准确性，但同时会将进化时间延长到几分钟甚至几小时。

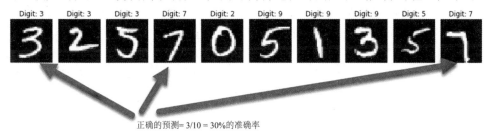

正确的预测= 3/10 = 30%的准确率

图 10-9　获胜网络的预测结果

最后，在此 notebook 中的最后一段代码使用了我们之前使用的 draw_net 函数来绘制获胜基因组的网络。但是，由于大量连接的存在，该网络的输出是难以理解的。在大多数情况下，使用所选择的配置选项进化的网络拥有 10 000 个或更多的连接。是的，你没有看错。

鉴于这个图像分类 notebook 的性能较差,使用 NEAT 这样的框架有什么好处呢?嗯,就像前几章中的几个进化示例一样,NEAT 在封闭形式的小数据集优化问题上表现最佳。正如后面将讨论的那样,这并不意味着进化拓扑不是 EDL 的一个可行应用,但它需要更多的微调。

练习

请使用以下练习进一步测试 NEAT 的限制。

(1) 将目标数据集从 MNIST 手写数字更换为 Fashion-MNIST。模型的表现是否有所提升?

(2) 增加或减少代码清单 10-15 中的隐藏节点数(num_hidden),然后重新运行 notebook。

(3) 尝试调整代码清单 10-15 中的超参数以改进结果。你能使进化的网络对数字或时尚物品(Fashion-MNIST)的分类有怎样的提升?

我们将在本书的最后一章中探索另一种进化拓扑框架。但是现在,我们将在下一节中介绍 NEAT 的一个有趣特性,它可以改进进化,称为种群细分(也称为物种化)。

10.5 揭示种群细分在进化拓扑中的作用

在下一个 notebook 中,我们将看到 NEAT 如何利用一种称为"种群细分(或称为物种化)"的功能来跟踪物种多样性。种群细分起源于生物学,它描述了类似生物如何演变出独有的特征而成为不同的物种。物种的概念最初由达尔文提出,它描述或分解了地球上生命的演化过程。

图 10-10 展示了生物学家如何在分类图表中识别狗的物种和亚种。分类学是生物学家用来展示或分类地球上生命演化的工具。在图的顶部,标识了狗的亚种,展示了生物学家如何定义普通家犬。

NEAT 使用将基因组分组到物种的相同概念进行优化和多样化。将基因组分组到物种中突出了多种网络如何进化。如果你还记得前面的章节,我们通常希望保持物种的多样性,以避免陷入某些局部最大值或最小值的陷阱。

不鼓励多样性往往会导致演化种群过于专一或固定在某些局部最小值或最大值上。在现实世界中,过度专业化且无法适应变化的生物会因为环境的不断变化而灭绝。

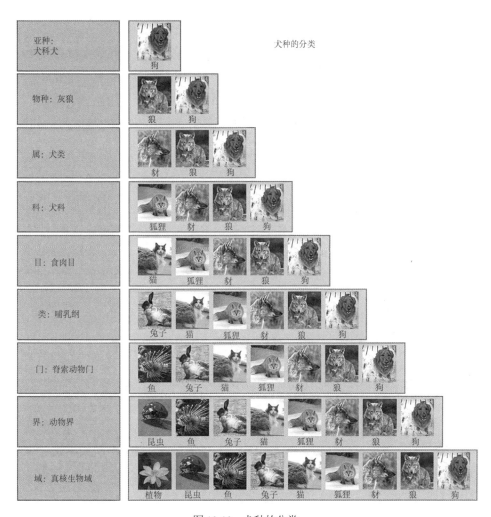

图 10-10　犬种的分类

灭绝偏差

在我们的世界中，通常将物种灭绝纯粹视为一种不好的事件。这当然是因为人类现在能够认识到我们自己的行为在全球数千种物种持续灭绝中所起的作用。然而，如果没有人类的干预，灭绝是地球上数十亿年来经历的一种自然过程。在进化计算中，灭绝也可能是一件好事，因为它鼓励多样性和更好的个体表现。

NEAT 也利用了灭绝的概念，强迫物种不断进化或灭绝。这样做可以防止物种变得停滞或过度专业化(也称为"种群细分"或"物种化")，并促进物种的多样性。在下一节中，我们将看到如何利用物种划分帮助 NEAT 解决复杂的问题。

10.5.1　调整 NEAT 的物种划分

下一个 notebook 将重新审视我们在之前 notebook 中探讨过的圆形问题集。这次，我们将对 notebook 进行一些小的改进，并且看看 NEAT 物种划分功能如何帮助我们。我们还将探索更多 NEAT 配置选项，其中有几个选项可供我们使用。

在 Google Colab 中打开 notebook 示例 EDL_10_5_NEAT_Speciation.ipynb。如果需要帮助，请参考附录 A。通过选择菜单中的 Runtime | Run All 来运行 notebook 中的所有单元格。

NEAT-Python 在很大程度上依赖于配置选项，可以控制基因组的进化过程，包括节点连接、节点、激活函数/聚合函数和权重。所有这些选项赋予 NEAT 强大的能力，但同时也使得在复杂问题上进化网络变得更加困难。为了解决圆形问题，我们需要更好地理解这些配置选项之间的相互影响。

向下滚动到 NEAT 配置选项部分，如代码清单 10-19 所示。对于此 notebook，我们已将适应度函数更新为产生最大适应度 1.0。因此，我们还更新了 fitness_threshold。中间节点的数量也增加到 25，以允许网络拓扑有成长的空间。根据经验，我们知道给定简单的几层架构，圆形问题是可解的。为了减少网络内部的拓扑变化次数，我们大大减少了连接和节点添加或删除的可能性。

代码清单 10-19　EDL_10_5_NEAT_Speciation.ipynb：NEAT 配置选项

```
[NEAT]
fitness_criterion     = max           修改后的适应度函数
fitness_threshold     = .85    ◀────  替换了阈值
pop_size              = 100
reset_on_extinction   = 1

[DefaultGenome]
num_inputs            = 2
num_hidden            = 25    ◀────   增加中间层
num_outputs           = 1
initial_connection    = partial_direct 0.5
feed_forward          = True
compatibility_disjoint_coefficient  = 1.0
compatibility_weight_coefficient    = 0.6
conn_add_prob         = 0.02
conn_delete_prob      = 0.02          减少了连接变化的速率
node_add_prob         = 0.02
node_delete_prob      = 0.02          减少了节点变化的速率
```

由于我们知道圆形问题只需要改变权重就可以解决，因此这里专注于最小化权重更改。这里的想法是允许基因组逐渐适应并慢慢调整权重。这与我们训练 DL 网络时减少学习率类似。在文件底部，我们还更新了两个选项来更好地控制物种形成(也称为"种群细分"或"物种化")，如代码清单 10-20 所示。第一个选项 compatibility_threshold

控制物种之间的距离——我们马上就会看到这意味着什么。第二个选项是 max_stagnation，它控制在检查物种灭绝之前等待的代(generation)数。

代码清单 10-20　EDL_10_5_NEAT_Speciation.ipynb：更多 NEAT 配置选项

```
weight_max_value      = 30
weight_min_value      = -30
weight_init_mean      = 0.0
weight_init_stdev     = 1.0        减少权重变异的概率
weight_mutate_rate    = 0.08   ◄
weight_replace_rate   = 0.01   ◄──── 减少权重替换的概率
weight_mutate_power   = 0.1    ◄
enabled_default       = True       减少权重突变的程度
enabled_mutate_rate   = 0.01

[DefaultSpeciesSet]
compatibility_threshold - 1.0   ◄──── 减少物种之间的兼容性

[DefaultStagnation]
species_fitness_func = max
max_stagnation = 25   ◄──── 增加物种停滞的代数
```

接下来，看一下如何更新适应度评估函数，以更好地评估二元分类问题。如果你还记得，之前使用 MSE 进行适应度评估。这一次，稍微修改了这个方法，以更好地考虑到错误的分类。虽然可以使用二元交叉熵等函数计算这里的误差，但我们选择了一种更简单的方法，即计算期望类别与实际输出类别之间的距离。因此，如果期望类别是 0，而网络输出为 0.9，则误差为-0.9。同样，如果类别是 1，而网络输出为 0.2，则误差为 0.8。对误差进行平方运算并将其添加到结果中去除了符号，并允许稍后使用 np.mean 提取平均误差。总体适应度是通过将最大适应度(现在为 1)从平均误差中减去得到的，如代码清单 10-21 所示。

代码清单 10-21　EDL_10_5_NEAT_Speciation.ipynb：更新适应度评估

```
results = []
for x, y in zip(X,Y):
  yi = net.activate(x)[0]   ◄──── 预测类别值在 0 和 1 之间
  if y < .5:
    error = yi - y     │ 计算类别 0 的误差
  else:
    error = y - yi   ◄──── 计算类别 1 的误差
  print(yi, error)
                              │ 追加平方误差
  results.append(error*error)   ◄
fitness = 1 - np.mean(results)   ◄
                              最大适应度(1)减去平均误差
print(fitness)
```

在 notebook 运行时，向下滚动到进化代码并查看结果。图 10-11 显示了在几代中对网络进行进化的结果。在图的左侧，早期的进化阶段，NEAT 仅跟踪了三个物种(群体)的网络。每个物种中的个体数量由之前看到的 compatibility_threshold 选项控制。兼容性是衡量网络之间相似性的指标，可能因连接数、连接权重、节点等而有所不同。减小 compatibility_threshold 会创建更多的物种，因为网络之间的兼容性/相似性差异较小。同样地，增加此阈值会减少物种的数量。

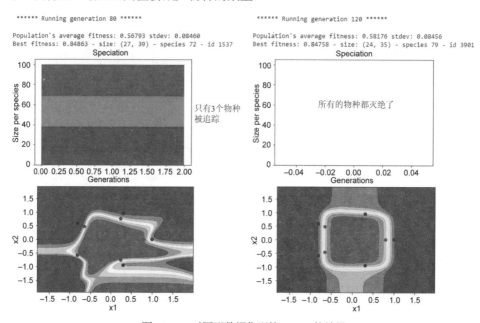

图 10-11　对圆形数据集训练 NEAT 的结果

NEAT 在进化过程中跟踪每个物种的历史。max_stagnation 选项控制在评估特定物种的进展之前要等待多少代(generation)。经过停滞期后，会评估物种是否有进展或改进。如果在此时，一个物种在停滞期间没有改变，它就会灭绝，并从种群中移除。在图 10-11 的右侧，所有物种都被标记为灭绝。这是因为物种停滞了，没有明显的改进适应度。从当前获胜基因组的结果来看，它似乎相对较好，这说明停滞期可能太短了。

现在该你回过头去探索各种配置选项了，看你是否可以用大于 0.95 的适应度解决圆形问题。继续更改配置文件，每次更改后，从菜单中选择 Runtime | Run All 来重新运行整个 notebook。

前往 NEAT-Python 配置选项文档(http://mng.bz/X58E)。该文档提供了许多有关可用选项的更多见解和详情。

物种形成不仅增加了物种的多样性,还展示了进化网络如何可能变得停滞或困顿。

因此，NEAT 成功解决复杂问题的关键在于平衡配置选项的调整。幸运的是，你对 NEAT 的使用经验越多，就越能理解如何调整这些参数以获得更好的结果，就像掌握任何技能一样。

10.5.2　练习

使用以下练习提高你对 NEAT 物种形成的理解。

(1) 增加或减少代码清单 10-20 中的 compatibility_threshold，然后重新运行 notebook，观察对物种数量的影响。

(2) 增加或减少代码清单 10-20 中的最大停滞代数(max_stagnation)，然后重新运行 notebook，查看结果。

(3) 增加或减少种群大小，观察对物种形成的影响。当使用非常小的种群时，会发生什么？

在下一章中，我们将花更多时间学习 NEAT(NEAT-Python)，并探索如何解决更有趣的问题。

10.6　本章小结

- 神经进化增广拓扑(NEAT)是一种采用了众多超参数优化和网络架构进化技术的进化框架。NEAT-Python 是一个优秀的框架，将所有这些复杂性封装成一个简单的基于配置的解决方案。NEAT 是一种用于深度学习网络的进化自适应架构。

- NEAT 在多代中适应和进化节点权重和网络架构。对 NEAT 网络进行可视化和检查，观察其拓扑结构的变化，可以更好地理解这个框架的工作原理。

- NEAT 可以解决各种问题，例如不连续函数逼近、其他复杂的分类问题，以及其他难解的问题。

- NEAT 可以用于执行图像分类任务，但结果有一定的限制。

- 物种形成是一种进化术语，指的是根据相似特征将个体划分为类别或子集。NEAT 利用物种形成来评估一组个体(物种)的表现，这些个体可能已经停滞不前。停滞不前的物种可以被淘汰并从种群中移除。灭绝允许在固定种群中建立新的个体组。

## 第 11 章

使用 NEAT 进行进化学习

本章主要内容
- 介绍强化学习
- 探索 OpenAI Gym 中的复杂问题
- 将 NEAT 作为一种智能体来解决强化学习问题
- 使用 NEAT 智能体解决 OpenAI Gym 中的月球着陆问题
- 使用深度 Q 网络解决 OpenAI Gym 中的月球着陆问题

在上一章中，我们探索了 NEAT 来解决在之前章节中探索的常见问题。在本章中，我们将研究“学习”本身的进化。首先，使用 NEAT 开发一个逐步进化的智能体程序，可以解决通常与强化学习相关的问题。然后，将研究更困难的强化学习问题，并提供一种适用于进化学习的 NEAT 解决方案。最后，将通过探讨本能学习这种心理模型，来进一步了解“学习”本身需要如何不断进化。

11.1 介绍强化学习

强化学习(RL)是一种基于动物行为和心理学的学习形式，试图复制生物体通过奖励来学习的方式。如果你曾经用奖励，如零食或表扬，训练过宠物做一个动作，那么你就能理解其基本原理。许多人认为强化学习为我们理解高级意识和学习过程提供了建模的基础。

图 11-1a 展示了本书涵盖的三种学习形式的比较：监督学习、表示学习(生成模型)和强化学习。这三种学习类型都有各种变体，从自监督学习到深度强化学习。

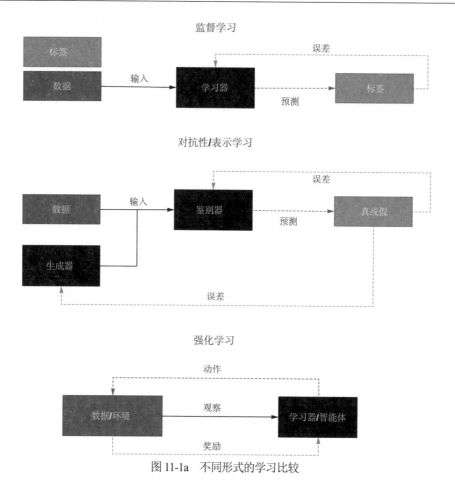

图 11-1a 不同形式的学习比较

　　强化学习通过智能体(或称为学习器)观察环境的状态来进行工作。智能体获取当前状态的观察值，并基于该状态进行预测或者采取动作。随后，根据该动作，环境为智能体提供相应的奖励。

　　这个观察环境和智能体执行动作的过程会持续进行，直到智能体要么解决问题，要么失败。智能体通过环境提供的奖励来学习，其中对于给定状态而言，通常可以产生较高奖励的动作被认为更有价值。

　　RL 智能体的学习过程通常是从随机动作开始的。智能体使用随机动作探测环境，以找到产生最大奖励的动作或动作序列。这种学习方法被称为试错或暴力搜索。

　　试错学习与执行控制

　　一个对强化学习(RL)的主要批评是它依赖试错法或蛮力式学习。这种学习方式是重复性的，成本可能很高。它通常要求智能体执行数百万次动作才能解决问题。虽然人类和其他动物也常用类似方式学习，但我们很少需要进行上百万次尝试才能掌握一项技能。

执行控制(Executive Function，EF)是大脑学习机制的一部分，它使我们能够规划和完成复杂的任务。虽然 RL 可以在智能体中模拟执行控制，但其机制实际上有很大不同。执行控制使我们能够处理以前从未完成过的复杂任务，并规划一系列动作以成功完成这些任务。目前正在进行研究，通过各种技术(包括进化优化)将执行控制引入RL 智能体中。

虽然 RL 并非没有缺点，但它提供了一种机制，让我们能够解决用监督学习或对抗学习无法解决的复杂问题。RL 还允许智能体与环境进行交互，并在允许的情况下对环境进行修改，这可能导致更复杂的问题。为了理解 RL 的工作原理，我们将在下一节中探讨并解决一个一阶问题。

11.1.1　冰冻湖面上的 Q-learning 智能体

现代强化学习是三种算法路径的组合：试错法、动态规划和蒙特卡洛模拟。在这个基础上，克里斯•沃特金斯于 1996 年提出了一种名为 Q-learning 的强化学习形式。Q-learning 已经成为强化学习的基本概念，并经常作为学生学习的第一步。

Q-learning 的工作原理是赋予智能体评估特定状态下行为质量的能力，如图 11-1b 所示。通过能够衡量特定行为的质量，智能体可以轻松选择一系列正确的行为来解决给定的问题。智能体仍然需要通过试错探索环境来获取这些行为或状态的质量。

为了了解实际运作方式，我们首先构建一个 Q-learning 智能体，可以解决 OpenAI Gym 中的一个基本问题，称为冰湖问题。OpenAI Gym(https://www.gymlibrary.dev/)是一个开源项目，涵盖了数百种不同的问题环境。这些环境涵盖从经典的 Atari 电子游戏到基本的控制问题。

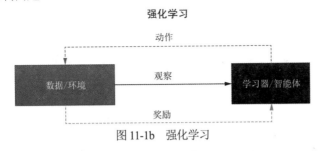

图 11-1b　强化学习

图 11-2 显示了我们为 Q 智能体开发的冰湖环境的图示。该环境是一个 4×4 的方格网格，代表一个冰冻的湖，湖的某些区域是冻实的，可以安全地穿越。而湖的其他区域是不稳定的，有冰洞会导致智能体坠入并丧命，从而结束它们的旅程或这一回合的游戏。

图 11-2　冰湖环境

冰湖问题的目标是让智能体通过使用上、下、左、右四种动作在网格上移动。当智能体到达右下角时，任务完成并获得奖励。如果智能体掉入湖中的冰洞里，旅程结束，并给予智能体负面奖励。

幸运的是，通过 OpenAI Gym 的开发，构建 RL 智能体和环境以进行测试变得更加容易。接下来，我们将深入研究加载环境并编写一个可工作的 Q 智能体的内容。

打开 Google Colab 中的 notebook 示例 EDL_11_1_FrozenLake.ipynb。如果需要帮助，请参考附录 A。通过选择菜单中的 Runtime | Run All 来运行 notebook 中的所有单元格。在代码清单 11-1 中，首先查看 OpenAI Gym 的安装和导入。

代码清单 11-1　EDL_11_1_FrozenLake.ipynb：安装 OpenAI Gym

```
!pip install gym          ◄——— 安装基本的 gym

import numpy as np
import gym                ◄——— 导入软件包
import random
```

接下来，我们将查看如何使用 Gym 创建环境。Gym 提供了数百个不同的环境可供选择，要创建一个环境，只需要将其名称传递给 gym.make 函数，如代码清单 11-2 所示。然后，我们查询环境以获取动作空间和状态空间的大小；这些数字表示可用的离散值数量。冰湖环境使用离散值表示动作空间和状态空间。在许多环境中，我们使用连续或范围值来表示动作空间、状态空间或它们两者。

代码清单 11-2 EDL_11_1_FrozenLake.ipynb：创建环境

```
env = gym.make("FrozenLake-v0")      ◀——— 创建环境

action_size = env.action_space.n     ◀——— 获取动作空间的大小
state_size = env.observation_space.n
print(action_size, state_size)        获取状态空间的大小
```

在 Q-learning 中，智能体或学习器通过一个名为 Q-table 的表格来封装其知识或学习成果。这个表格的维度、列和行由状态和可用的动作定义。代码中的下一步(见代码清单 11-3)是创建这个表格来表示智能体的知识。我们使用 np.zeros 创建一个大小由 action_size 和 state_size 值决定的数组。结果是一个数组(表格)，其中每一行表示状态，而每一行上的每一列表示该状态下动作的质量。

代码清单 11-3 EDL_11_1_FrozenLake.ipynb：构建 Q-table

```
Q = np.zeros((state_size, action_size))   ◀——— 创建一个值为 0 的数组
print(Q)

#========== printed Q table
[[0. 0. 0. 0.]     ◀——— 第一行表示第一个状态
 [0. 0. 0. 0.]
 [0. 0. 0. 0.]        每行四个动作
 [0. 0. 0. 0.]
 [0. 0. 0. 0.]
 [0. 0. 0. 0.]
 [0. 0. 0. 0.]
 [0. 0. 0. 0.]
 [0. 0. 0. 0.]
 [0. 0. 0. 0.]
 [0. 0. 0. 0.]
 [0. 0. 0. 0.]
 [0. 0. 0. 0.]
 [0. 0. 0. 0.]
 [0. 0. 0. 0.]
 [0. 0. 0. 0.]]
```

接下来，看一组 Q 学习器的标准超参数，如代码清单 11-4 所示。智能体在冰湖上每次移动被称为一次 episode(回合)。total_episodes 超参数设置了智能体将进行的总 episode 数，而 max_steps 值定义了智能体在一次 episode 中可以采取的最多步数。另外还有两个值：learning_rate 类似于深度学习中的学习率，gamma 是一个折扣因子，控制未来奖励对智能体的重要性。最后，底部一组超参数控制了智能体的探索策略。

代码清单 11-4　EDL_11_1_FrozenLake.ipynb：定义超参数

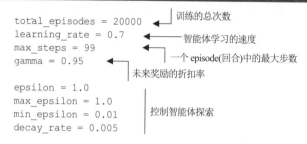

```
total_episodes = 20000        训练的总次数
learning_rate = 0.7           智能体学习的速度
max_steps = 99
gamma = 0.95                  一个 episode(回合)中的最大步数

                              未来奖励的折扣率
epsilon = 1.0
max_epsilon = 1.0
min_epsilon = 0.01            控制智能体探索
decay_rate = 0.005
```

Q-learning 的一个基本概念是在探索和利用(或者说是使用智能体已经获得的知识)之间取得平衡。当智能体刚开始训练时，它的知识很少，在 Q-table 中表示为全部为零的值。由于没有足够的知识，智能体经常会随机选择动作。随着知识的增加，智能体可以开始使用 Q-table 中的值来决定下一个最佳动作。然而，如果智能体的知识不完整，始终选择的最佳动作可能会导致失败。因此，我们引入一个称为 epsilon 的超参数来控制智能体进行探索的频率。

可以通过查看代码清单 11-5 中的 choose_action 函数来了解这种探索和利用的工作原理。在这个函数中，会生成一个随机均匀值，并与 epsilon 进行比较。如果该值小于 epsilon，则智能体会随机从动作空间中选择一个动作并返回。否则，智能体会选择当前状态下质量最高的动作并返回。随着智能体在环境中进行训练，epsilon 的值会随着时间的推移逐渐减小或衰减，以代表智能体对知识的积累以及对探索的倾向性降低。

代码清单 11-5　EDL_11_1_FrozenLake.ipynb：选择动作

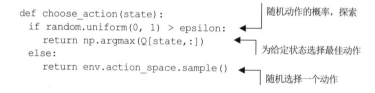

```
def choose_action(state):
  if random.uniform(0, 1) > epsilon:      随机动作的概率，探索
    return np.argmax(Q[state,:])          为给定状态选择最佳动作
  else:
    return env.action_space.sample()      随机选择一个动作
```

智能体通过 Q 函数的累积知识来学习。Q 函数的项代表当前的 Q 质量值、奖励和折扣因子 gamma 的应用。这种学习方法包含在 learn 函数中，该函数应用了 Q-learning 函数，如代码清单 11-6 所示。我们在这里不深入讨论该函数，因为我们的重点是 NEAT 如何在不使用 Q 函数的情况下解决相同的问题。

代码清单 11-6　EDL_11_1_FrozenLake.ipynb：learn 函数

```
def learn(reward, state, action, new_state):
  Q[state, action] = Q[state, action] + learning_rate
  ➥ * (reward + gamma * np.max(Q[new_state, :]) -        ← 根据状态/动作计算质量
  ➥ Q[state, action])
```

训练智能体的代码分为两个循环，第一个循环遍历每个 episode，第二个循环遍历每个 episode 中的步骤或动作。在每个步骤中，智能体使用 choose_action 函数选择下一个动作，然后通过调用 env.step(action) 执行该动作。调用 step 函数的输出用于通过调用 learn 函数更新智能体在 Q-table 中的知识。然后，检查确认该 episode 是完成还是未完成，并且智能体是否掉入了冰洞或者到达了终点。当智能体遍历所有 episode 时，epsilon 值会逐渐减小，代表智能体在随着时间的推移而减少探索的需要，如代码清单 11-7 所示。

代码清单 11-7　EDL_11_1_FrozenLake.ipynb：训练函数

```
rewards = []
for episode in range(total_episodes):        ← 重置环境
    state = env.reset()
    step = 0
    done = False
    total_rewards = 0

    for step in range(max_steps):
        action = choose_action(state)
                                                 选择一个操作并
        new_state, reward, done, info = env.step(action)    在环境上执行

        learn(reward, state, action, new_state)  ←
                                                 学习并更新 Q-table
        total_rewards += reward
        state = new_state                        如果到达终点，并且 episode 已
                                                 经完成，那么它会中断循环
        if done == True:  ←

            break
                                                 随着时间的推移，逐渐减少 epsilon 探索
    epsilon = min_epsilon  ←
```

```
    + (max_epsilon - min_epsilon)*np.exp(-decay_rate*episode)
      rewards.append(total_rewards)

print ("Score over time: " + str(sum(rewards)/total_episodes))
print(Q)
```

在这个例子中，我们训练智能体运行一定数量的 episode，而不考虑性能的改进。在智能体训练完毕后，通过在环境中模拟一次 episode 来测试它的学习效果，如代码清单 11-8 所示。

代码清单 11-8   EDL_11_1_FrozenLake.ipynb：运行智能体进行测试

```
for episode in range(5):   ◀——— 循环运行五个 episode(回合)
    state = env.reset()
    step = 0
    done = False
    print("****************************************************")
    print("EPISODE ", episode)

    for step in range(max_steps):              采取/执行状态的最优动作
        action = np.argmax(Q[state,:])
        new_state, reward, done, info = env.step(action)  ┐
                                                           │
        if done:                                           ┘
            env.render()   ◀——— 渲染环境
            if new_state == 15:
                print("Goal reached ♟")
            else:
                print("Aaaah 💀")

            print("Number of steps", step)
            break
        state = new_state
env.close()
```

图 11-3 显示了在五个 episode(回合)内运行经过训练的智能体的输出。从结果中可以看出，智能体通常能够在最大允许的步数(99)内完成任务。如果你想尝试提高智能体的表现，可以修改超参数，然后重新运行 notebook。接下来的内容将展示一些学习练习，可以帮助你更好地了解强化学习。

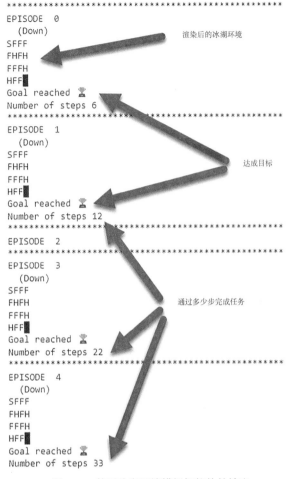

```
**************************************************
EPISODE  0
  (Down)
SFFF
FHFH                              渲染后的冰湖环境
FFFH
HFF█
Goal reached  🏆
Number of steps 6
**************************************************
EPISODE  1
  (Down)
SFFF
FHFH                              达成目标
FFFH
HFF█
Goal reached  🏆
Number of steps 12
**************************************************
EPISODE  2
**************************************************
EPISODE  3
  (Down)
SFFF
FHFH                              通过多少步完成任务
FFFH
HFF█
Goal reached  🏆
Number of steps 22
**************************************************
EPISODE  4
  (Down)
SFFF
FHFH
FFFH
HFF█
Goal reached  🏆
Number of steps 33
```

图 11-3　使用冰湖环境模拟智能体的输出

11.1.2　练习

使用以下练习加深你对主题内容的了解。

(1) 修改代码清单 11-4 中的 learning_rate 和 gamma 超参数。观察它们对智能体学习的影响。

(2) 修改代码清单 11-4 中的探索衰减率 decay_rate。观察它对智能体训练的影响。

(3) 改变训练的 EPISODE(回合)数量。观察它对智能体表现的影响。

当然，在这个阶段，我们可以编写一个进化优化器来调整超参数，就像之前做过的一样。然而，通过使用 NEAT，我们可以做得更好，事实上，可以替代使用强化学习解决这些类型的问题。不过，在进行这方面的探讨之前，我们将在下一节中加载更复杂的 OpenAI Gym 环境。

11.2 探索 OpenAI Gym 中的复杂问题

OpenAI Gym 提供了大量的训练环境，旨在改进强化学习。在我们将 NEAT 应用于其中一些环境之前，还需要进行一些额外的准备工作，以便在 Colab 上使用。在本节和下一节中，我们将探索各种 Gym 环境，如下所示。

- Mountain car 环境：该环境的目标是将一辆汽车从两个山坡的谷底移动到目标山坡的顶部。为了实现这一目标，汽车需要前后摇摆，直到获得足够的动力爬上较高的山坡顶部。
- Pendulum 环境：该问题的目标是对摆臂施加力，使其保持竖直位置。这需要根据摆臂的位置决定何时施加力。
- Cart Pole 环境：这个经典的 Gym 问题需要在移动的小车上平衡一根杆子。同样，这个任务需要智能体学习控制小车的位置和速度，以及杆子的角度和角速度，从而实现杆子的平衡。
- 月球着陆器环境：这个环境复制自一款旧的视频游戏，其目标是将月球着陆器降落在平坦的着陆表面上。其中的技巧是着陆器的着陆速度必须足够低，以避免损坏着陆器和失败。

在接下来的 notebook 中，我们将设置并探索上述列表中的各种 Gym 环境。

在 Google Colab 中打开 notebook 示例 EDL_11_2_Gym_Setup.ipynb。如果需要帮助，请参考附录 A。然后通过选择菜单中的 Runtime | Run All 运行 notebook 中的所有单元格。

由于 Colab 是一个服务器端运行的 notebook，通常不需要提供 UI 输出。为了渲染一些更漂亮的 Gym 环境，需要安装一些虚拟界面驱动程序和相关的帮助程序，如代码清单 11-9 所示。我们还安装一些工具来渲染我们的环境输出，并以视频形式进行回放，这样可以使我们的实验更有趣。

代码清单 11-9　EDL_11_2_Gym_Setup.ipynb：安装所需的软件包

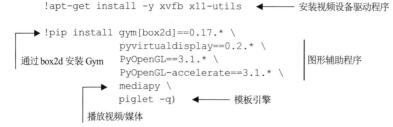

```
!apt-get install -y xvfb x11-utils    ◄── 安装视频设备驱动程序

!pip install gym[box2d]==0.17.* \
             pyvirtualdisplay==0.2.* \
通过 box2d 安装 Gym  PyOpenGL==3.1.* \                     图形辅助程序
             PyOpenGL-accelerate==3.1.* \
             mediapy \
             piglet -q)    ◄── 模板引擎
播放视频/媒体
```

我们需要创建一个虚拟显示器并启动它。只需要几行简单的代码，如代码清单 11-10

所示。

```
from pyvirtualdisplay import Display          ◄──── 创建虚拟显示器
display = Display(visible=0, size=(1400, 900))
display.start()
                    └──── 启动虚拟显示器
```

导入需要的库之后，我们可以创建一个环境并渲染出一个帧到单元格的输出中。
这个单元格使用 Colab 提供的一个表单来选择不同的环境。我们的目标是能够用 NEAT
方法构建智能体来解决每一个环境。可以通过 env.render 函数并传入模式 rgb_array 来
将环境本身可视化输出为一个 2D 数组。然后可以用 plt.imshow 渲染这个数组，如代
码清单 11-11 所示。

```
#@title Setup Environment { run: "auto" }              环境名称的列表
ENVIRONMENT = "CartPole-v1" #@param ["CartPole-v1", "Acrobot-v1",
➡ "CubeCrash-v0", "MountainCar-v0", "LunarLander-v2"]        ◄────

env = gym.make(ENVIRONMENT)          ◄──── 创建环境

state = env.reset()
plt.imshow(env.render(mode='rgb_array'))    ◄──── 渲染一个框架并绘制它

print("action space: {0!r}".format(env.action_space))
print("observation space: {0!r}".format
➡ (env.observation_space))                        打印动作/状态空间
```

渲染单帧是可以的，但是我们真正想要的是看环境的运行或播放。我们在下一个
单元格(如代码清单 11-12 所示)中看到的，通过创建一个环境然后在环境中运行一个智
能体来做到这一点。随着模拟的运行，环境将每一帧渲染到一个列表中。然后将帧列
表转换为视频并在单元格下方输出。图 11-4 显示了月球着陆器环境渲染到 Colab
notebook 中的视频输出。

```
env = gym.make(ENVIRONMENT)

fitnesses = []
frames = []                                    运行 n 次模拟

for run in range(SIMULATION_RUNS):    ◄────
  state = env.reset()
  fitness = 0                              表示每次运行的最大步数
  for I in range(SIMULATION_ITERATIONS):    ◄────
```

```
                action = env.action_space.sample()
如果完成了,      state, reward, done, info = env.step        选择最大的动作并执行
则停止模拟  ➥    (np.argmax(action))
运行            frames.append(env.render(mode='rgb_array'))  ◄
         ┌     fitness += reward                            将渲染的帧添加到列表中
         └►    if done:
                    fitnesses.append(fitness)
                    break
                                                  将帧集合渲染为视频
        mediapy.show_video(frames, fps=30)  ◄
```

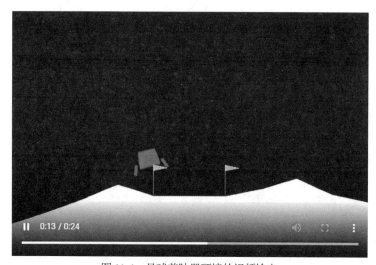

图 11-4 月球着陆器环境的视频输出

请继续运行其他环境选项,以查看我们所探索的其他可能性。所有这些环境都是类似,因为状态空间是连续的,动作空间是离散的。我们通过可能状态的数量来衡量环境的复杂性。

图 11-5 显示了每个环境的动作空间和状态空间大小,以及它们的相对复杂度。每个环境的相对复杂度通过将状态空间的大小作为底数,将动作空间的大小作为指数来计算的,计算公式如下:

$$相对复杂度= size\_state\_space^{size\_action\_space}$$

举个例子,山地车问题的一个版本,其中状态空间 state_space = 2,动作空间 action_space = 3。则相对复杂度可表示为:相对复杂度 $= 2^3 = 2 \times 2 \times 2 = 8$。

通常,图 11-5 所示的 Box2D 环境子类是使用深度强化学习(DRL)解决的。DRL 是 RL 的扩展,它使用 DL 解决 Q 方程或其他 RL 函数。本质上,DL 用神经网络替代了状态或 Q-table 的需求。

图 11-6 展示了 Q-learning 和 Deep Q-learning 或深度 Q 网络(DQN)之间的比较。

DQN 模型已被证明是非常灵活的，并且能够解决各种各样的强化学习问题，从经典的 Atari 游戏到平衡杆和登月器问题。

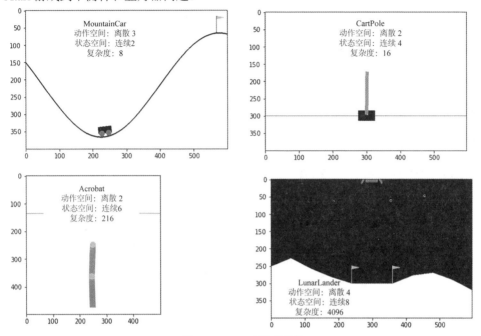

图 11-5 Gym 环境的比较

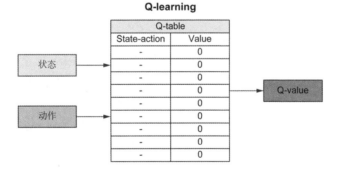

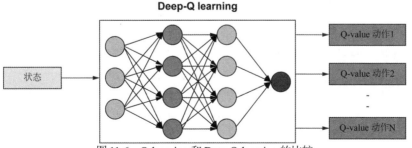

图 11-6 Q-learning 和 Deep Q-learning 的比较

Deep Q-learning 通过使用我们之前介绍的 Q-learning 函数作为网络训练的检查器或监督器来工作。这意味着在内部，DQN 模型通过监督训练来学习，这种监督训练以 Q-learning 方程的形式提供。接下来的练习可以帮助巩固你在本节学到的知识。

练习

请完成以下练习，以提高你对本节概念的理解。

(1) 打开并运行 notebook 中提供的所有仿真环境。熟悉每个环境的动作和观察/状态空间。

(2) 请搜索并探索其他 OpenAI Gym 环境，这些环境可能是原始环境的一部分，也可能是由其他人扩展的。OpenAI Gym 提供了数百种环境供你探索。

(3) 在 notebook 中添加一个新环境，并演示一个智能体如何在这个新环境中随机运行。

自从 DQN 的开发以来，已经出现了许多变体和方法来将强化学习与深度学习网络结合起来。在所有情况下，学习的基础都是强化学习，采用了 Q 或其他派生的学习方程。在接下来的部分中，我们将演示如何超越派生的强化学习方程，让解决方案自行进化。

11.3　使用 NEAT 解决强化学习问题

在本节中，我们使用 NEAT 解决刚刚看过的一些复杂的 RL Gym 问题。然而，重要的是要强调我们用来推导网络和解决未知方程的方法不是 RL，而是进化和 NEAT。虽然我们确实使用了 RL 环境，并以 RL 的方式训练智能体，但底层的方法并不是 RL。

使用 NEAT 和进化种群的 NEAT 智能体相对简单，我们将在下一个 notebook 中看到。打开 Google Colab 中的 notebook 示例 EDL_11_3_NEAT_Gym.ipynb。如果需要帮助，请参考附录 A。通过选择 Runtime | Run All 来运行 notebook 中的所有单元格。

我们刚刚查看了设置代码，因此可以直接跳转到 NEAT 配置部分。配置与之前看到的类似，但现在我们将网络的 num_inputs 定义为等于状态或观察空间的大小，将 num_outputs 定义为等于动作空间的大小。这意味着输入到 NEAT 智能体的是状态/观察值，而输出是动作，如代码清单 11-13 所示。

代码清单 11-13　EDL_11_3_NEAT_Gyms.ipynb：NEAT 配置

```
inputs = env.observation_space.shape[0]    ◀──── 状态空间的大小
outputs = env.action_space.n    ◀──
                            │
                            └──  动作空间的大小
```

```
config = f'''
[NEAT]
fitness_criterion     = max
fitness_threshold     = 175.0          ◀── 定义适应度阈值
pop_size              = 250
reset_on_extinction   = 0

[DefaultGenome]
num_inputs                 = {inputs}   ◀── 将状态空间映射到输入
num_hidden                 = 1
num_outputs                = {outputs}  ◀── 将动作空间映射到输出
```

接下来，再次回顾我们的测试基因组 fred，以了解如何评估个体的适应性。可以看到 fred 是如何从基因组配置创建的，然后实例化为一个网络 net。通过传入任意环境状态来测试此网络，并输出一个动作集。为了执行动作，我们使用 np.argmax(action) 提取动作索引，然后调用 env.step 来执行动作，如代码清单 11-14 所示。

代码清单 11-14　EDL_11_3_NEAT_Gyms.ipynb：基因组和环境

```
env = gym.make(ENVIRONMENT)   ◀── 创建环境
state = env.reset()
print(state)

key = "fred"
fred = config.genome_type(key)                    配置初始随机基因组
fred.configure_new(config.genome_config)

net = neat.nn.FeedForwardNetwork.create(fred, config)   ◀── 从基因组构建一
action = net.activate(state)   ◀──                          个网络
print(action)                    输入状态然后输出动作

state, reward, done, info = env.step(np.argmax(action))   ◀──
print(state, reward, done, info)                               执行动作
```

和之前一样，可以使用 fred 衍生基本的基因组评估函数。代码清单 11-15 模拟了我们已经设置的样本视频演示代码。这一次，基因组的适应性是根据累积奖励来计算的。这意味着——这个微小的差异很重要——基因组的适应性是奖励的总和，但智能体在任何时候都不会训练/学习如何使用或消耗这些奖励。进化过程使用奖励来评估具有最佳适应性的智能体——那个可以累积最多奖励的智能体。

代码清单 11-15　EDL_11_3_NEAT_Gyms.ipynb：评估基因组适应度

```
#@title Simulation Options { run: "auto" }
SIMULATION_ITERATIONS = 200                          用于模拟参数的 Colab
SIMULATION_RUNS = 10 #@param {type:"slider", min:1,  表单
➥   max:10, step:1}

frames = []
fitnesses = []
```

```
for run in range(SIMULATION_RUNS):
  state = env.reset()
  fitness = 0
  for i in range(SIMULATION_ITERATIONS):          将状态传递给网络以
    action = net.activate(state)         ◄────── 激活动作
    state, reward, done, info = env.step
    ➥ (np.argmax(action))              ◄────── 在环境中执行该步骤
    frames.append(env.render(mode='rgb_array'))
    fitness += reward        ◄──────
    if done:                          将奖励添加到适应度中
      fitnesses.append(fitness)
      break

print(fitnesses)
mediapy.show_video(frames, fps=30)    ◄────── 重新播放模拟运行
```

这段简单的代码可以轻松地转换为一组 eval_genomes 和 eval_genome 函数，其中
eval_genomes 是父函数，传递基因组(population)的集合，而对于每个个体基因组的评
估则在 eval_genome 函数中完成。内部代码与我们之前在代码清单 11-15 中看到的代
码相同，只是去掉了视频帧捕获的部分。毕竟，我们并不需要为每个基因组模拟捕获
视频，见代码清单 11-16。

代码清单 11-16　EDL_11_3_NEAT_Gyms.ipynb：评估基因组适应度

```
def eval_genome(genome, config):
  net = neat.nn.FeedForwardNetwork.create
  ➥ (genome, config)        ◄────── 从基因组创建网络
  fitnesses = []
  for run in range(SIMULATION_RUNS):
    state = env.reset()
    fitness = 0
    for I in range(SIMULATION_ITERATIONS):
      action = net.activate(state)            将状态传递给网络以激活
      state, reward, done, info = env.step    动作
      ➥ (np.argmax(action))
      fitness += reward
      if done:
        fitnesses.append(fitness)
        break
  return -9999.99 if len(fitnesses) <      返回最小适应度
  ➥ 1 else min(fitnesses)

def eval_genomes(genomes, config):
  for genome_id, genome in genomes:              在基因组中循环
    genome.fitness = eval_genome(genome, config)
print(eval_genome(fred, config))      ◄────── 在 fred 上测试函数
```

现在，进化种群的代码变得非常简单而优雅。首先创建种群 pop，然后添加默认
的统计和输出报告器，用于生成进程中的信息。之后，使用了一个名为

neat.ParallelEvaluator 的新特性，它提供了内部多线程处理进化的功能。在免费版本的 Colab 上，该功能被限制使用。但如果你有一台性能强大的计算机，可以尝试在本地运行此代码以获得更好的性能。最后一行调用 pop.run 来运行进化并生成获胜的基因组，如代码清单 11-17 所示。图 11-7 显示了进化一群 NEAT 智能体以解决 Cart Pole Gym 环境的输出结果。

代码清单 11-17　EDL_11_3_NEAT_Gyms.ipynb：进化种群

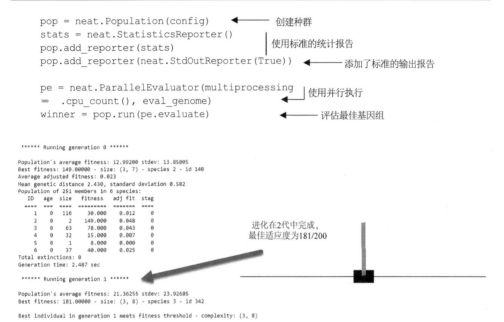

图 11-7　NEAT 智能体的输出

尽管智能体的适应度与其获得的最大奖励相关，但重要的是强调我们并不是在训练强化学习智能体。相反，进化的网络正在逐渐形成自己的内部功能，以积累奖励并提高适应度。适应度与奖励的相关性只是一个有用的衡量标准，用于描述个体表现的好坏。

练习

请使用以下练习巩固对本节内容的理解。

(1) 尝试使用 NEAT 智能体来运行其他环境，看看是否能够解决问题，以及解决问题的速度如何。

(2) 修改 SIMULATION_RUNS 和 SIMULATION_ITERATIONS 的数值，然后重新评估 NEAT 智能体。

(3) 修改 NEAT 配置中的隐藏神经元数量 num_hidden(来自代码清单 11-13)。观察在重新运行各个环境时产生的影响。

这种学习或进化的类型被称为 NEAT。它是一种进化算法,通过在多个代际中添加或删除连接以及节点来进化神经网络。在接下来的章节中,我们将探讨更多相关的理论和观点。不过,现在我们的目标是改进 NEAT 智能体的进化过程,以应对更具挑战性的问题。

11.4　使用 NEAT 智能体解决 Gym 中的月球着陆器问题

如果你在之前的 notebook 中尝试了其他强化学习环境,可能会发现我们的方法只在较简单的环境中有效。然而,当面对更复杂的环境,比如月球着陆器问题时,使用奖励来进化 NEAT 智能体/网络几乎没有任何进展。这是因为仅仅使用奖励来进化 NEAT 智能体/网络的复杂度是不够的。

在第 12 章中,我们将探讨一组进一步的策略,帮助我们解决月球着陆器问题,但现在,看一个 NEAT-Python 代码库示例中的解决方案。NEAT-Python 代码库中有一系列很好的示例,旨在在不使用 notebook 的情况下运行。为了方便起见,我们将月球着陆器示例转换为 Colab notebook,以演示改进的 NEAT 求解器。

注意 | 这个示例中的代码展示了一种可能的解决方案,用于进化 NEAT 网络来解决更复杂的强化学习问题。这个解决方案经过了大量定制,并使用了复杂的数学概念来改进适应度评估。正如之前所述,我们将在下一章中探讨更加简洁高效的解决方案,但是请随时查看这个 notebook 以了解当前演示的解决方案。

在 Google Colab 中打开 notebook 示例 EDL_11_4_NEAT_LunarLander.ipynb。如果需要帮助,请参考附录 A。通过在菜单中选择 Runtime | Run All ,运行 notebook 中的所有单元格。和之前的示例一样,这个 notebook 是在前面的基础上进行扩展的,它们共享一个共同的代码基础。在这个 notebook 中,我们重点关注改进适应度评估和基因操作符的关键部分。

我们开始查看对基因操作符和专门的 LanderGenome 类的改进,如代码清单 11-18 所示。这个类的核心是引入了一个新的参数——折扣因子(discount)。折扣因子的设定是引入一个因子,随着时间的推移降低奖励。在强化学习中,折扣因子用于逐渐减少未来或过去奖励的影响,这是一个常见的概念。在这个解决方案中,折扣因子不直接影响智能体的动作，而是用来更好地评估它们的适应度。

代码清单 11-18　EDL_11_4_NEAT_LunarLander.ipynb：自定义基因组配置

```
class LanderGenome(neat.DefaultGenome):
  def __init__(self, key):
    super().__init__(key)
    self.discount = None          ◄── 创建 discount 参数

  def configure_new(self, config):
    super().configure_new(config)
    self.discount = 0.01 + 0.98 * random.random()   ◄── 设定折扣因子的值

  def configure_crossover(self, genome1, genome2, config):
    super().configure_crossover(genome1, genome2, config)
    self.discount = random.choice((genome1
    ➡ .discount, genome2.discount))   ◄── 对折扣参数进行交叉操作

  def mutate(self, config):
    super().mutate(config)
    self.discount += random.gauss(0.0, 0.05)
    self.discount = max(0.01, min(0.99, self
    ➡ .discount))          ◄── 对折扣因子进行变异

  def distance(self, other, config):
    dist = super().distance(other, config)
    disc_diff = abs(self.discount - other.discount)

  return dist + disc_diff          ◄── 计算基因组之间的距离
    def __str__(self):
    return f"Reward discount: {self.discount}\n{super().__str__()}"
```

　　智能体的适应度现在通过一个名为 compute_fitness 的函数进行评估，该函数不再直接在环境中模拟智能体，而是使用记录的动作历史，如代码清单 11-19 所示。这些历史记录的步骤会被逐个回放，其中智能体内的折扣因子被用于评估与先前智能体动作相关的重要性。实质上，智能体的适应度是根据其与先前智能体在奖励上的标准化和折扣差异来计算的。虽然我们不能将这个解决方案归类为强化学习，但它确实利用了先前智能体奖励与未来进化智能体之间的标准化和折扣差异来计算适应度。

代码清单 11-19　EDL_11_4_NEAT_LunarLander.ipynb：计算适应度

```
def compute_fitness(genome, net, episodes, min_reward, max_reward):
  m = int(round(np.log(0.01) / np.log(genome.discount)))
  discount_function = [genome.discount ** (m - i)
  ➡ for I in range(m + 1)]          ◄── 创建了用于折扣的函数

  reward_error = []
  for score, data in episodes:          ◄── 循环遍历智能体的 episode(回合)
    # Compute normalized discounted reward.
    dr = np.convolve(data[:, -1], discount_function)[m:]
```

```
dr = 2 * (dr-- min_reward) / (max_reward-- min_reward)-- 1.0
dr = np.clip(dr, -1.0, 1.0)
```
← 根据函数对奖励进行折扣

```
for row, dr in zip(data, dr):        ← 循环遍历每个回合步骤
    observation = row[:8]
    action = int(row[8])
    output = net.activate(observation)
    reward_error.append(float((output[action]-- dr)
    ➡  ** 2))      ← 计算奖励误差的差异
return reward_error
```

在这个 notebook 中，有很多与智能体环境交互、记录以及对整个基因组群体进行评估的代码。接下来，我们要看的关键元素是运行模拟的代码：在 PooledErrorCompute 类中找到的 simulate 函数。与之前的 notebook 不同，运行模拟的智能体代码(见代码清单 11-20)会根据当前步骤进行简单的探索，从而给模拟添加探索性步骤。每次模拟运行都会被记录下来并进行评分，然后从中提取出累积奖励最高的样本。在此过程中，成功的衡量标准仍然是累积奖励的总量。

代码清单 11-20 EDL_11_4_NEAT_LunarLander.ipynb：模拟运行

```
def simulate(self, nets):
    scores = []
    for genome, net in nets:        ← 基因组网络上的循环
        observation = env.reset()
        step = 0
        data = []
        while 1:
            step += 1
            if step < 200 and random.random() < 0.2:   ← 决定是否进行探索或者
                action = env.action_space.sample()           利用已有的知识
            else:
                output = net.activate(observation)
                action = np.argmax(output)
            observation, reward, done, info = env.step(action)
            data.append(np.hstack((observation,
            ➡  action, reward)))

            if done:
                break

        data = np.array(data)
        score = np.sum(data[:, -1])      ← 对最佳模拟运行进行评分
        self.episode_score.append(score)
        scores.append(score)
        self.episode_length.append(step)

        self.test_episodes.append((score, data))   ← 将结果添加到测试回合
```

将步骤输出添加到数据中

这个解决方案借鉴了强化学习的过程，并尝试用奖励衡量误差。这里的总奖励误

差直接影响个体的适应度。

继续自行查看剩余的代码,因为这个 notebook 将会运行相当长的时间。该 notebook 可能需要 8 小时以上的时间进行进化,甚至可能仍然无法解决问题。

在这个 notebook 进行训练时,我们会看到初始阶段适应度会迅速收敛,但随后进展会变得很缓慢。实际上,在进化的过程中,可能会在很长一段时间内(运行了 1000 代以上)没有显著的正面奖励或适应度改进。然而,如果你有耐心,最终可能会通过进化得到一个能够解决月球着陆环境的 NEAT 智能体。

虽然 NEAT 智能体借鉴了强化学习环境和一些技巧来帮助解决问题,但实际的进化过程并不是我们所谓的深度强化学习(DRL)。相反,我们需要考虑其他描述智能体如何自我进化其学习能力的进化概念或思想。实质上,我们已经进化出了一个能够自我学习或自我进化其学习系统的智能体。

尽管进化后的内部学习函数可能与 Q-learning 方程式不相似,但我们可以确认它能够解决复杂的强化学习环境。最令人感兴趣和强大的概念是这种学习函数的进化过程,而我们将在下一章中深入探讨。

练习

完成以下练习将有助于你回顾和提高对内容的理解。

(1) 比较运行此 notebook 和上一节中探索的标准 NEAT Gym 练习的结果。在每个 notebook 运行相同数量的代(generation)数后,智能体的表现如何? 是否符合你的预期?

(2) 向 notebook 添加一个不同的环境,以查看改进的适应度评估如何增加或降低 NEAT 智能体的表现。

(3) 实现一种不同的探索方法。目前,这个 notebook 使用固定的探索率。通过实现一个衰减的探索率来增加一些变化,就像之前的例子中所见到的那样。

这一节展示了 NEAT 的强大之处,它可以进化出一个能够在内部复制 Q-learning 强化学习过程的个体。在下一节中,我们将介绍一个基本的深度强化学习(DRL)实现,即 DQN,并将其与我们在 NEAT 方面所做的工作进行比较。

11.5　使用 DQN 解决 Gym 中的登月器问题

深度强化学习(DRL)首次引起人们的关注是因为它展示了深度 Q 学习模型仅使用观察状态作为输入,就可以解决经典的 Atari 游戏。这是一个重大的突破,自那时以来,DRL 已经被证明可以比人类更好地解决许多复杂的任务。在本节的 notebook 中,我们将看到 DQN 的经典实现，作为解决登月器问题的另一种选择。

> **DQN 在 Atari 上的应用**
>
> 使用 DQN 解决经典的 Atari 游戏取得了成功，但需要进行大量的迭代训练。即使对于像 Breakout 这样的基本 Atari 环境，所需的训练周期可能达到数百万个。随着强化学习方法的改进，训练周期的数量有所下降。但总体来说，深度强化学习是一项计算量很大的工作。幸运的是，与进化计算相比，深度强化学习受益于深度学习所带来的计算能力的大幅提升。

在 Google Colab 中打开 notebook 示例 EDL_11_5_DQN_LunarLander.ipynb。如果需要帮助，请参考附录 A。通过在菜单中选择 Runtime | Run All 来运行 notebook 中的所有单元格。

这个 notebook 的设置与之前的环境相同，但是删除了进化的代码和库。现在，我们的重点是 DQN 模型在 Gym 问题上的运行方式。这意味着我们从 DQNAgent 类定义开始，如代码清单 11-21 所示。init 函数设置了基本的超参数并保存了动作和观察空间的大小。它还添加了一个 memory 属性，用于存储来自模拟的经验以及智能体的大脑或模型。

代码清单 11-21　EDL_11_5_DQN_Gyms.ipynb：DQN 智能体

```
import tensorflow.keras as k          导入深度学习包
import tensorflow.keras.layers as kl


class DQNAgent():
    def __init__(self, state_size, action_size, episodes=100):
        self.weight_backup      = "backup_weights.h5"
        self.state_size         = state_size            保存动作和观测
        self.action_size        = action_size          的尺寸大小
        self.memory             = deque(maxlen=2000)
        self.learning_rate      = 0.001
        self.gamma              = 0.95
        self.exploration_rate   = 1.0                   设置超参数
        self.exploration_min    = 0.1
        self.exploration_decay  =
        (self.exploration_rate-self.exploration_min) / episodes
        self.brain              = self._build_model()
```

创建一个用于存储经验的空间 → self.memory

创建智能体的模型或大脑 → self.brain

接下来，在 build_model 函数中定义了智能体的深度学习模型或大脑。在这个函数中，代码创建了一个三层的模型，将状态空间作为输入，并将动作空间作为输出。模型使用均方误差(mse)作为损失函数，并使用 Adam 优化器进行编译。在这个示例中，这个模型具有一个独特的功能，即能够加载包含之前训练过的模型权重的文件。这意味着我们可以在模型中加载预训练的权重，从而利用之前学到的知识来加速训练或者继续训练已有的模型。如代码清单 11-22 所示。

```
def _build_model(self):
    model = k.Sequential()          ◄──── 从基本模型开始
    model.add(kl.Dense(24, input_dim=self.state_size, activation='relu'))
    model.add(kl.Dense(24, activation='relu'))   ◄─
    model.add(kl.Dense(self.action_size,
    ➥   activation='linear'))                     向模型添加层
    model.compile(loss='mse',          ◄─
                                       输出层与动作大小匹配
  optimizer=k.optimizers.Adam(learning_rate=self
  ➥ .learning_rate))     ◄─
                          将模型用均方误差(MSE)作
                          为损失函数进行编译

    if os.path.isfile(self.weight_backup):   ◄─
        model.load_weights(self.weight_backup)     如果可能，加载之
        self.exploration_rate = self.exploration_min   前的模型权重
    return model
```

在继续介绍 DQNAgent 的其余部分之前，让我们先回顾训练代码。该代码在代码
清单 11-23 中显示，首先设置了 BATCH_SIZE 和 EPISODES 这两个主要的超参数，然
后通过循环执行一定数量的 episode(回合)，对智能体进行模拟，直到在每个 episode
中调用 env.step 输出 done 等于 True。如果智能体未结束，将当前状态输入 agent.act
函数中，从而输出一个动作预测，然后将该动作应用到 env.step 函数中，输出下一个
state、reward 和 done。接下来，调用 agent.remember 将动作和结果添加到智能体的记
忆中。在每个 episode 结束时，当 done == True 时，调用 agent.remember，回放所有已
记忆的动作，并使用结果来训练模型。

```
BATCH_SIZE = 256 #@param {type:"slider", min:32,     设置主要的超参数
➥   max:256, step:2}                            ◄─
EPISODES = 1000 #@param {type:"slider", min:10, max:1000, step:1}

state_size = env.observation_space.shape[0]
action_size = env.action_space.n
agent = DQNAgent(state_size, action_size, episodes=EPISODES)

groups = { "reward" : {"total", "max", "avg"},
           "agent" : {"explore_rate", "mem_usage"}}
plotlosses = PlotLosses(groups=groups)
total_rewards = 0
for ep in nb.tqdm(range(EPISODES)):
  rewards = []
  state = env.reset()
```

```
                    state = np.reshape(state, [1, state_size])

                    done = False
                    index = 0
                    while not done:
                        action = agent.act(state)
                        next_state, reward, done, _ = env.step(action)
                        rewards.append(reward)
                        next_state = np.reshape(next_state,
                        ➥ [1, state_size])
                        agent.remember(state, action, reward, next_state,
                        ➥ done)
                    state = next_state
                    agent.replay(BATCH_SIZE)
                    total_rewards += sum(rewards)
                    plotlosses.update({'total': sum(rewards),
                                        'max': max(rewards),
                                        "avg" : total_rewards/(ep+1),
                                        "explore_rate" : agent.exploration_rate,
                                        "mem_usage" : agent.mem_usage(),
                                        })
                    plotlosses.send()
```

重塑模型的状态

预测并
执行动作

记住动作和结果

重播动作并训练
智能体

现在，我们回到 DQNAgent 的定义并检查 act、remember 和 replay 函数，如代码清单 11-24 所示。act 函数评估探索的机会，并根据情况返回随机动作(如果在探索阶段)或预测的动作(如果不在探索阶段)。remember 函数将智能体在模拟过程中的经验存储起来。这里使用的"记忆"是一个 deque 类，使用固定大小，在"记忆"满时会自动删除最旧的经验。replay 函数从智能体的"记忆"中提取一个批次的经验，如果有足够的经验。这个批次的经验被用来重播智能体的动作，并评估每个之前执行的动作(随机的或者预测的)的质量。一个动作的质量目标是使用 Q-learning 方程的一种形式来计算的。这个计算出的值然后被用来更新模型，使用 fit 函数在单个周期上进行。最后，在 replay 函数的末尾，如果需要，探索的机会，即 exploration_rate，会通过 exploration_decay 进行更新。

代码清单 11-24　EDL_11_5_DQN_Gyms.ipynb：act、remember 和 replay 函数

```
def act(self, state):
    if np.random.rand() <= self.exploration_rate:
        return random.randrange(self.action_size)
    act_values = self.brain.predict(state)
    return np.argmax(act_values[0])

def remember(self, state, action, reward, next_state, done):
    self.memory.append((state, action, reward,
    ➥ next_state, done))

def replay(self, batch_size):
    if len(self.memory) < batch_size:
```

选择一个随机或
预测的动作

添加到双端队列"记忆"中

检查"记忆"是否大于批次大小

```
        return
    sample_batch = random.sample(self.memory,          从 "记忆" 中提取经验并进行训练
 ⇒    batch_size)
    for state, action, reward, next_state, done in sample_batch:
        target = reward
        if not done:
            target = reward + self.gamma *
    np.amax(self.brain.predict(next_state)[0])          评估来自 Q-learning 函数的目标预测
        target_f = self.brain.predict(state)
        target_f[0][action] = target
        self.brain.fit(state, target_f, epochs=1, verbose=0)
    if self.exploration_rate > self.exploration_min:
        self.exploration_rate -= self.exploration_decay
```

图 11-8 显示了在月球着陆环境上对 DQN 智能体进行了 1000 个迭代周期的训练结果。从图中可以看出，智能体逐渐累积奖励，学会掌握环境。

DQN 和 DRL 是人工智能和机器学习领域的重要进步，展示了数字智能在某些任务上比人类更优越的潜力。然而，DRL 仍然面临一些关键挑战，包括多任务学习或广义学习。在下一章中，我们将探讨如何利用进化算法实现潜在的广义学习形式，比如 DRL。

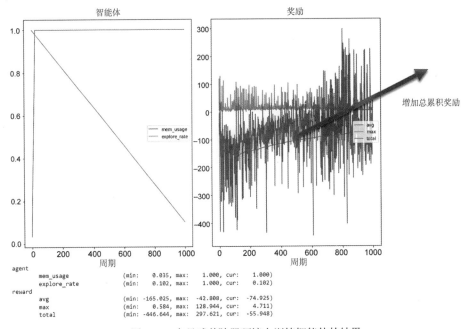

图 11-8　在月球着陆器环境上训练智能体的结果

11.6 本章小结

- 强化学习是另一种动态学习的形式，它使用奖励强化在当前状态下选择最合适的行为。
- Q-learning 是强化学习的一种实现方式，它使用状态或动作查找表或策略来提供一个决策，即智能体应该采取的下一个最佳行动。
- 重要的是能够区分不同形式的学习，包括生成式学习、监督式学习和强化学习。
- OpenAI Gym 是一个用于评估和探索各种 RL 或其他奖励/决策解决模型实现的框架和工具包。
- 在 Colab notebook 中运行 OpenAI Gym 可以帮助我们探索各种复杂度的环境，这非常有帮助。
- OpenAI Gym 是一种常见的强化学习算法基准和探索工具。
- 通过应用典型的强化学习方法，NEAT 可以用来解决各种样本 RL Gym 环境的问题。
- 通过采样和回放技术，可以开发一个 NEAT 智能体来解决更复杂的强化学习问题。
- Deep Q-learning 是强化学习的高级形式，它使用深度学习代替 Q-table 或策略。Deep Q-networks 已被用于解决复杂的问题，例如月球着陆游戏。

第 *12* 章

进化机器学习及其拓展领域

本章主要内容

- 进化机器学习与基因表达式编程
- 再次探讨使用 Geppy 的强化学习
- 本能学习
- 使用遗传编程进行泛化学习
- 进化机器学习的未来
- 本能深度学习和深度强化学习的泛化能力

在上一章中,我们深入探讨了像 NEAT 这样的进化算法如何应用于解决强化学习问题。在本章中,我们将继续研究一些相同的概念,同时也回顾进化算法如何应用于扩展我们对机器学习的理解。具体来说,我们将探讨进化搜索在发展泛化机器学习方面所起的作用。

深度学习(DL)专注于函数逼近和优化,通常被设计用于解决特定的问题。在本书中,我们已经探讨了通过改进超参数搜索、优化网络架构和进行神经进化等方式来增强或改进 DL 的方法。

泛化机器学习(也称泛化人工智能)

泛化机器学习,又称泛化人工智能,是一种专注于构建可以解决多个任务的模型的领域。通常情况下,在机器学习中,我们开发的模型用于对单一数据源进行分类或回归,通过迭代训练模型并使用类似的数据验证性能。泛化机器学习的目标是开发出可以在多种不同形式的数据或环境中进行预测的模型。在数据科学领域,你可能会听到这个问题被称为跨领域或多模态问题,这意味着我们正在构建一个可以解决不同领域问题的模型。

在本章中，我们将把注意力从深度学习转向使用进化方法帮助泛化解决机器学习问题。首先探讨了进化函数，然后进一步发展更加通用的函数，可以解决多个问题。接着，将深入探讨泛化的概念，并介绍一种试图实现泛化函数学习的理念，称之为本能学习。

从泛化本能学习出发，接着介绍一个有趣的示例，使用遗传编程来训练一个蚂蚁智能体。然后，探索如何通过进一步的进化使特定的智能体实现泛化。最后，在本书的最后一章中，将讨论进化在机器学习中的未来发展。在下一节中，将开始探讨机器学习的核心——函数，以及如何使用基因表达编程(Gene Expression Programming，GEP)对其进行进化。

12.1 基因表达编程中的进化和机器学习

在任何机器学习算法中，函数或函数逼近器都是核心。这个函数的作用是接收输入数据并输出结果或预测。图 12-1 展示了我们在本书中涵盖的各种学习形式，其中使用深度学习作为针对每种类型学习的函数或函数逼近器。

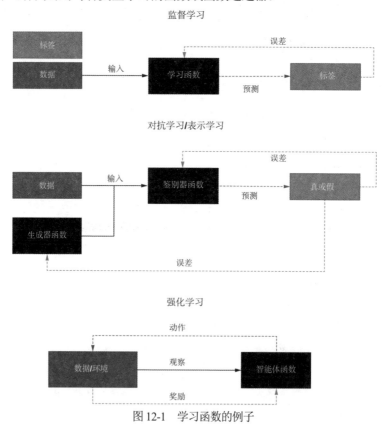

图 12-1 学习函数的例子

在本节中，将查看一个 notebook，用进化构建实际的函数，而不是使用逼近方法。这里的好处在于进化过程中消除了在学习过程中使用损失或误差函数的需求。图 12-2 展示了这种类型的学习方式。如果回顾第 11 章，这与我们使用 NEAT 作为函数逼近器时执行的过程相同，取代了传统的深度学习。

在 Google Colab 中打开 notebook 示例 EDL_12_1_GEPPY.ipynb。如果需要帮助，请参考附录 A。通过选择菜单中的 Runtime | RunAll，运行 notebook 中的所有单元格。

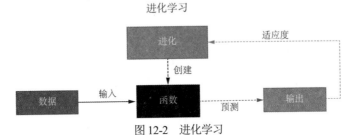

图 12-2　进化学习

由于 Geppy 是 DEAP 的扩展，因此大部分代码看起来与之前介绍的内容非常相似；我们在此仅介绍新特性。代码清单 12-1 介绍了目标函数，这是一个简单的线性函数，希望通过进化复制它。

代码清单 12-1　EDL_12_1_GEPPY.ipynb：定义目标函数

```
def f(x1):
        return 6 * x1 + 22          ◀——— 基准真值函数
```

这个 notebook 使用一组基本表达式操作符来生成表达式树，如代码清单 12-2 所示。

代码清单 12-2　EDL_12_1_GEPPY.ipynb：添加表达式操作符

```
import operator

pset = gep.PrimitiveSet('Main', input_names=['x1'])   ◀——— 构建操作符集合
pset.add_function(operator.add, 2)
pset.add_function(operator.sub, 2)      添加标准数学操作符
pset.add_function(operator.mul, 2)
pset.add_function(protected_div, 2)
pset.add_ephemeral_terminal(name='enc', gen=lambda:   ◀
➡   random.randint(-10, 10))                          添加用于除法的特殊
                                                      操作符
                        添加一个常量/临时
                        操作符
```

接下来，介绍评估函数，它展示了如何确定种群中每个个体的适应度。toolbox.compile 函数从个体基因序列生成函数。然后，输出由样本 X1 输入生成。之后，

通过计算平均绝对误差返回适应度，如代码清单 12-3 所示。

代码清单 12-3 EDL_12_1_GEPPY.ipynb：evaluate 函数

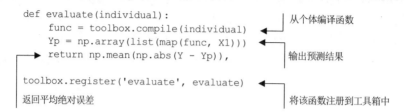

```
def evaluate(individual):                          从个体编译函数
    func = toolbox.compile(individual)
    Yp = np.array(list(map(func, X1)))
    return np.mean(np.abs(Y - Yp)),                输出预测结果

toolbox.register('evaluate', evaluate)
返回平均绝对误差                                     将该函数注册到工具箱中
```

使用 Geppy 相较于 DEAP 的基本基因表达式库的好处在于，可以访问几个有用的扩展和操作符，这些扩展和操作符与这种形式的进化相关。这些新的操作符通过微调突变和交叉遗传操作来帮助 GEP 进化，如代码清单 12-4 所示。额外的突变操作符以 mut_为前缀，允许对函数进行反转和转置。接下来，额外的交叉操作符以 cx_为前缀，提供了两点交叉和基因交叉。两点交叉允许将基因序列在基因序列上的两个位置进行划分。基因交叉的过程允许每个基因染色体进行交叉。

代码清单 12-4 EDL_12_1_GEPPY.ipynb：注册自定义操作符

```
toolbox.register('mut_uniform', gep.mutate_uniform,
⇒   pset=pset, ind_pb=0.05, pb=1)
toolbox.register('mut_invert', gep.invert, pb=0.1)
toolbox.register('mut_is_transpose', gep.is_transpose,
⇒   pb=0.1)
toolbox.register('mut_ris_transpose',              添加突变
⇒   gep.ris_transpose, pb=0.1)
toolbox.register('mut_gene_transpose',
⇒   gep.gene_transpose, pb=0.1)

toolbox.register('cx_1p', gep.crossover_one_point,
⇒   pb=0.4)
toolbox.register('cx_2p', gep.crossover_two_point,  添加交叉操作
⇒   pb=0.2)
toolbox.register('cx_gene', gep.crossover_gene, pb=0.1)

toolbox.register('mut_ephemeral', gep.mutate_
⇒   uniform_ephemeral, ind_pb='1p')
toolbox.pbs['mut_ephemeral'] = 1    处理常数/临时操作符
```

在先前的实例中，通常将遗传编码表示为单一基因序列。Geppy 通过将基因序列分解成组件或染色体来工作。这样拆分基因序列可以将复杂的基因序列分解成有用的部分。然后，在进化过程中，这些部分可以在交叉操作期间进行交换，从而保留有用的特征。

可以通过查看基因的注册来看到如何定义基因染色体，如代码清单 12-5 所示。参

数 h 表示染色体的数量，参数 n_genes 表示每个染色体中基因的数量。染色体模板和
基因序列被注册在 toolbox 中，就像我们之前看到的那样。

代码清单 12-5　EDL_12_1_GEPPY.ipynb：定义基因、头部和染色体

```
h = 7                    ◀── 设置头部长度
n_genes = 2              ◀──
                              染色体中的基因数量
toolbox = gep.Toolbox()
toolbox.register('gene_gen', gep.Gene, pset=pset,        注册基因序列
  ➥ head_length=h)                                  ◀──
toolbox.register('individual',creator.Individual,gene_gen=toolbox.gene_gen,
        ➥ n_genes=n_genes,
        ➥ linker=operator.add) ◀──  注册基因染色体
toolbox.register("population", tools.initRepeat, list,
  ➥ toolbox.individual)  ◀──
```

进化函数的代码如代码清单 12-6 所示，只有几行代码。首先创建种群，并使用
HallOfFame 类设置要跟踪的最佳个体数量。然后，只需要调用 gep_simple 函数，在
n_gen generations 中进化解决方案。

代码清单 12-6　EDL_12_1_GEPPY.ipynb：进化函数

```
n_pop = 100   │ 用于种群和世代的参数
n_gen = 100   │

pop = toolbox.population(n=n_pop)  ◀── 创建种群
hof = tools.HallOfFame(3)          ◀── 设置最佳个体的最大数量

pop, log = gep.gep_simple(pop, toolbox, n_generations=n_gen, n_elites=1,
                          stats=stats, hall_of_fame=
                          ➥ hof, verbose=True)◀── 进化
```

由于大多数原始进化出的函数可能包含冗余的项或操作符，因此 Geppy 提供了一
个有用的功能：简化。通过调用 gep.simplify 函数并使用最佳个体，可以生成经过简化
的函数。从代码清单 12-7 所示的结果中可以看出，最终的函数与代码清单 12-1 中的
目标函数完全相符。

代码清单 12-7　EDL_12_1_GEPPY.ipynb：简化后的进化函数

```
best_ind = hof[0]                        ◀── 获取最佳解决方案
symplified_best = gep.simplify(best_ind) ◀──
print('Symplified best individual: ')        提取简化视图
print(symplified_best) ◀──

# output                     显示输出
Symplified best individual: ◀──
6*x1 + 22
```

　　notebook 的最后一个单元格(见代码清单 12-8)使用 Geppy 的另一个有用功能来呈现原始的、未简化的函数。调用 gep.export_expression_tree 函数将函数呈现为图 12-3 中显示的图形。注意，你看到的图形可能与它不同，但结果——简化的表达式，应该是相同的。

代码清单 12-8　EDL_12_1_GEPPY.ipynb：显示进化方程

```
rename_labels = {'add': '+', 'sub': '-', 'mul': '*', 'protected_div': '/'}
gep.export_expression_tree(best_ind, rename_labels,
    'data/numerical_expression_tree.png')          生成表达式树的图像

from IPython.display import Image
Image(filename='data/numerical_expression_tree.png')
                                                    在 notebook 中显示树
```

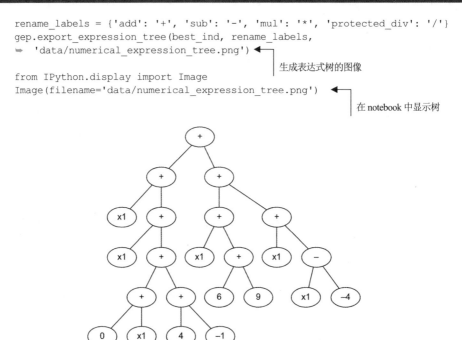

图 12-3　一个进化的方程表达式树

　　这个 notebook 的目的是展示一个有用的工具，可以导出显式函数。在这个例子中，得到的函数与目标函数完全相同，但并不总是如此。在许多情况下，得到的函数可以提供对数据关系的理解，这些关系之前未被理解，我们在后面的章节中会看到。在那之前，让我们完成如下练习。

练习

　　使用这些练习帮助你提高对内容的理解。

　　(1) 更改代码清单 12-1 中的目标函数，然后重新运行 notebook。进化的效果如何？

　　(2) 通过修改代码清单 12-5 中的头部(h)和基因数(n_genes)参数，修改染色体。然后重新运行 notebook，观察这对进化过程产生的影响。

　　(3) 在代码清单 12-2 中添加或移除表达式操作符。例如，可以添加 cos 或 sin 等操

作符，只需要查阅 DEAP 文档即可找到相关说明。同时，请确保更新代码清单 12-8
中的标签。

在下一节中，将不再使用简单的例子，转向经典的控制问题，重新回顾 OpenAI
Gym。

12.2　重新审视使用 Geppy 的强化学习

为了展示 Geppy 在进化方程式上的有效性，通过 OpenAI Gym 了解一个控制问题。
其思想是让 Geppy 进化出一个方程式，该方程式能够驱动 OpenAI Gym 中一些最复杂
的环境。这个例子与第 11 章中我们用 NEAT 做的事情类似，如果你需要复习一些内
容，可以参考那些 notebook。

在 Google Colab 中打开 notebook 示例 EDL_12_2_GEPPY_Gym.ipynb。如有需要，
请参考附录 A。在菜单中通过 Runtime | Run All 运行 notebook 中的所有单元格。

> **潜在的不稳定情况**
>
> 如在第 11 章中所提到的，由于虚拟驱动程序设置和其他自定义安装的组件的原
> 因，这些 notebook 容易崩溃。如果 notebook 在执行过程中崩溃，请断开连接并删除运
> 行时，然后重新启动和重新运行。从菜单中选择 Runtime | Disconnect and Delete
> Runtime，然后再选择 Runtime | Run All。

在此 notebook 中，我们尝试解决两个连续控制问题：山地车(连续)和倒立摆(连续)。
连续这个词用来定义环境的动作和观察(状态)空间。巧合并且有点令人困惑的是，连
续还可以指代智能体在每一步接收连续的奖励。也就是说，在每一步，环境会产生负
面或正面的奖励。设置 notebook 并渲染它们的动作或观察空间非常简单，如代码清
单 12-9 所示。

代码清单 12-9　EDL_12_2_GEPPY_Gym.ipynb：渲染环境空间

```
ENVIRONMENT = "MountainCarContinuous-v0" #@param ['Pendulum-v0',
➥   'MountainCarContinuous-v0']                    ← Colab 表单的环境选项

env = gym.make(ENVIRONMENT)  ←                     创建环境

env.reset()
plt.imshow(env.render(mode='rgb_array'))  ←        渲染环境的图像

print("action space: {0!r}".format(env.action_space))
print("observation space: {0!r}".format          展示动作空间和
➥   (env.observation_space))                      观察空间
```

图 12-4 展示了尝试进化解决方程的两个环境。这两个环境都使用连续动作空间，而在第 11 章中探索的 Gym 环境使用离散动作空间。连续动作意味着动作现在可以是给定范围内的实数值：倒立摆环境为-2 到 +2，山地车(mountain car)环境为-1 到 +1。这非常适合，因为我们得出的方程现在可以直接输出该范围内的值。

每个环境的观测空间都不同，因此我们必须稍微更改定义 PrimitiveSet 的方式，如代码清单 12-10 所示。由于这两个环境使用不同的观测空间，因此在设置基本输入时需要考虑这些变化。对于倒立摆环境，观测空间是倒立摆的 x 和 y 坐标。而对于山地车环境，观测空间是车辆的 x 和 y 坐标以及速度。这意味着倒立摆的函数是 f(x, y)，而山地车的函数是 f(x, y, velocity)。

```
action space: Box(-2.0, 2.0, (1,), float32)
observation space: Box(-8.0, 8.0, (3,), float32)
```

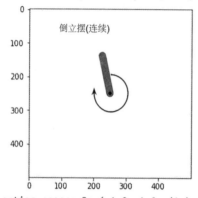

```
action space: Box(-1.0, 1.0, (1,), float32)
observation space: Box(-1.2000000476837158, 0.6000000238418579, (2,), float32)
```

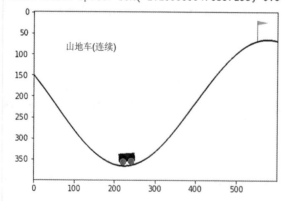

图 12-4 渲染环境和空间

代码清单 12-10 EDL_12_2_GEPPY_Gym.ipynb：设置原始集合

```
if ENVIRONMENT == "Pendulum-v0":
  pset = gep.PrimitiveSet('Main', input_names=
```

```
        ['x', 'y', 'velocity'])                    ◄———— 设置倒立摆
elif ENVIRONMENT == "MountainCarContinuous-v0":
    pset = gep.PrimitiveSet('Main', input_names=
        ['x', 'y'])           ◄———— 设置山地车

pset.add_function(operator.add, 2)    ◄
pset.add_function(operator.sub, 2)             创建剩余集合，与之前相同
pset.add_function(operator.mul, 2)
pset.add_function(protected_div, 2)
pset.add_ephemeral_terminal(name='enc', gen=lambda: random.randint(-10, 10))
```

与第 11 章类似，我们根据个体累积奖励的能力确定其适应度。不过，这次我们不使用 NEAT 网络预测动作，而是使用进化得到的函数/方程计算动作。在代码块中，如代码清单 12-11 所示，为每个环境编写了两个简单的函数。这些示例仅用于测试，不代表内部最终进化的解决方案。在调用 func 函数时，使用展开操作符*将观察状态展开为函数的参数。然后，函数的输出(可能是任意值)通过 convert_to_action 和 clamp 函数转换为适当的环境动作空间的值。

代码清单 12-11　EDL_12_2_GEPPY_Gym.ipynb：确定个体适应度

```
if ENVIRONMENT == "Pendulum-v0":
    def func(x, y, velocity):            ◄
        return x * y / velocity                   样本函数
elif ENVIRONMENT == "MountainCarContinuous-v0":
    def func(x, y):                      ◄
        return x * y

                                  将值限制在范围内
def clamp(minv, maxv, val):       ◄
    return min(max(minv, val), maxv)

                                              将计算的值转换为环境中的动作
def convert_to_action(act, env):                  ◄
    return clamp(env.action_space.low, env.action_space.high, act)

frames = []
fitness = 0

state = env.reset()
for i in range(SIMULATION_STEPS):                   计算/转换为输出动作
    action = convert_to_action(func(*state), env)  ◄
    state, reward, done, info = env.step([action])
    fitness += reward # reward for each step     ◄
    frames.append(env.render(mode='rgb_array'))
    if done:                                        将奖励值添加到总适应度中
        break
```

现在，可以从代码清单 12-11 中编写出真正的评估函数，如代码清单 12-12 所示。

代码清单 12-12　EDL_12_2_GEPPY_Gym.ipynb：真正的评估函数

```
def evaluate(individual):
    func = toolbox.compile(individual)      ◄─── 从个体编译函数
    fitness = 0
    for run in range(SIMULATION_RUNS):
      state = env.reset()
      actions=[]
      for i in range(SIMULATION_STEPS):                    ◄─── 计算/转换动作
        action = convert_to_action(func(*state), env)
        state, reward, done, info = env.step([action])     ◄─── 执行一步

        fitness += reward     ◄───┐ 将奖励添加到总适
        if done:                  │ 应度
          break

    return fitness,

toolbox.register('evaluate', evaluate)     ◄─── 注册函数
```

运行进化的代码非常简单，如代码清单 12-13 所示。

代码清单 12-13　EDL_12_2_GEPPY_Gym.ipynb：进化解决方案

```
POPULATION = 250 #@param {type:"slider", min:10,
➥   max:1000, step:5}                                   ┐
GENERATIONS = 25 #@param {type:"slider", min:10,         │ 进化超参数
➥   max:250, step:1}

pop = toolbox.population(n=POPULATION)
hof = tools.HallOfFame(3)

for gen in range(GENERATIONS):
  pop, log = gep.gep_simple(pop, toolbox, n_generations=1, n_elites=1,
                            stats=stats, hall_of_fame=
                        ➥  hof, verbose=True)  ◄─── 进化一代
  clear_output()
  print(f"GENERATION: {gen}")
  best = hof[0]         ┐ 展示最佳个体的表现
  show_best(best)   ◄───┘
```

在每一代后，我们调用 show_best 函数以通过模拟运行个体并将其渲染为视频，
如代码清单 12-14 所示。

代码清单 12-14　EDL_12_2_GEPPY_Gym.ipynb：显示适应度

```
def show_best(best):
    func = toolbox.compile(best)      ◄─── 编译为函数
    frames = []
    fitness = 0
    state = env.reset()
    for i in range(SIMULATION_STEPS):     ◄─── 对函数进行一次运行的模拟
```

```
    action = convert_to_action(func(*state), env)
    state, reward, done, info = env.step([action])
    frames.append(env.render(mode='rgb_array'))
    fitness += reward
    if done:
      break

mediapy.show_video(frames, fps=30)    ◄──────── 将记录的模拟渲染成视频
try:
  symplified_best = gep.simplify(best)
  print(f'Symplified best individual: {fitness}')  ┐ 展示函数的简化形式
  print(symplified_best)                           ┘
except:
  pass
```

　　图 12-5 展示了使用简化方程式解决山地车问题的结果。结果输出显示，从不同的环境中获得良好奖励所使用的派生方程式。值得注意的是，尽管任务和输入相似，但每个方程式的差异非常显著。这反映了深度学习中模型学习到的不同表示和策略，以适应不同的环境和任务。

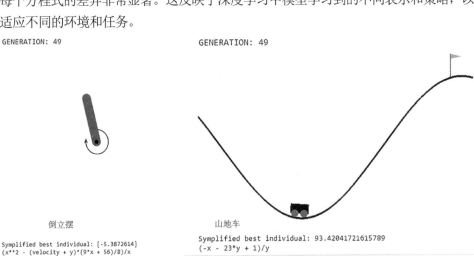

图 12-5　在不同环境中进化方程式的结果

　　使用 Geppy 进化方程的能力令人印象深刻。它展示了进化在克服控制问题方面的有效性。然而，本章的目标是探讨如何进化更广义的学习解决方案。我们将在下一节中更深入地讨论这一点，但现在，让我们开始一些学习任务，以加强本节的概念。

练习

　　使用这些练习复习学过的内容。

　　(1) 在互联网上搜索其他可能使用这种技术解决的 OpenAI Gym 环境。

　　(2) 将新的表达式操作符(比如 cos 或 sin)添加到集合中。重新运行 notebook，看看这些操作符在得到的导出方程中是如何被使用的。

(3) 尝试在倒立摆(pendulum)或山地车(mountain car)环境中获得最佳适应度。可以通过多种方式实现,包括增加种群数量,增加初始的世代数,以及引入新的表达式。

在接下来的部分,我们将进一步扩展对使用进化来进化更通用解决方案的理解。

12.3 介绍本能学习

本书的作者提出了本能学习(Instinctual Learning,IL)的概念,试图将特征或函数的进化和学习进行泛化。它基于对人类和其他生物的生物学观察,并借鉴了强化学习(RL)和其他行为学习方法的概念。在接下来的 notebook 中,将运用一些 IL 的概念,试图对上一节的例子进化出更通用的解决方案。不过,在此之前,让我们更深入地了解什么是 IL。

12.3.1 本能学习的基础知识

本能学习(IL)是一个抽象的思维模型,旨在引导使用进化来发展更通用的机器学习(ML)。IL 的初衷是,如果进化可以发展出人类的泛化能力,同样也可以发展出数字生命的泛化能力。当然,进化某种形式的通用数字生命并非易事,因此 IL 试图描述一些基本模式来达成这一目标。

在自然界中,我们观察到许多生物拥有我们所称的本能,它描述了某种形式的学习或进化行为。对于许多物种来说,区分学习的本能和进化的本能可能是显而易见的。一个很好的例子是狗,某些品种与特定的自然行为相关联;然而,狗也可以学习新的行为,这些行为可能变成本能。

狗通常通过行为学习,例如强化或基于奖励的学习,来掌握本能。最初,训练狗完成某个任务需要不断重复的试错过程,但在经过一定训练后,狗会“自然而然地知道”该如何完成任务。这只狗刚刚掌握任务的阶段就是我们所谓的本能的转变。在深入探讨这个转变如何发生之前,让我们在下一节中对生物心智的一般理论进行更深入的探讨。

思维的双过程理论

思维的双过程理论描述了生物生命中高阶思维过程的理论。这个理论认为我们的大脑中有两个运作的过程:一个是低层次的过程,称为系统 1;另一个是更加有意识的过程,称为系统 2。图 12-6 展示了这两个过程之间的主要差异。

这两个思维过程通常被认为是独立的。但是,通过足够的训练和练习,系统 2 的思想或行为可以转化为系统 1。因此,有意识地强化学习行为是一个系统 2 经过足够的试错后转化为系统 1 的过程。我们可以将这个过渡过程称为条件化，这个概念源自巴甫洛夫的条件反射。

巴甫洛夫的狗和巴甫洛夫式条件反射

伊万·巴甫洛夫(1849—1936)是一位心理学家，他通过基于奖励的强化学习，展示了狗可以在听到铃声时产生唾液分泌的条件反射。这种条件反射或学习行为展示了从系统 2 到系统 1 的转变。通过持续的训练，狗会本能地在听到铃声时流口水。

思维的双过程理论

系统1
快速、自动、本能和情感性地

- 冲动和驱动力(饥饿)
- 习惯(早晨喝咖啡)
- 信念(道德观念)

系统2
缓慢、费力、有意识和逻辑性地

- 反思(内省)
- 规划(执行功能)
- 问题解决(泛化)

图 12-6 双过程理论

图 12-7 以 IL 的角度描述了双过程理论。从进化中，生物体获得某些遗传特征或本能。根据双过程理论，生物体可以思考并潜在地将思想和行为转化为本能。

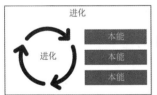

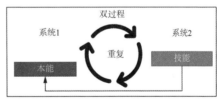

图 12-7 双过程理论和本能学习

假设双过程理论是准确的，我们还可以假设进化发展了这个过程以提高效率。换句话说，我们假设在高等生物的进化过程中，进化从建立硬编码的本能转变为让生物体发展自己的本能。这意味着，在某个时刻，某种生物体进化出了后来成为我们现在所称的双过程理论的本能。

IL 是寻找进化中导致双过程或系统 2 本能产生的基础。它关注的是在生命的进化过程中本能如何变成了思维。因此，强化学习是双过程理论的一个简单形式，而 IL

是对强化学习起源的探索。在接下来的部分中，我们所看到的 notebook 示例展示了进化通用本能(函数)的效率是多么低下。

12.3.2 发展通用本能

接下来的 notebook 将演示生物体为何从仅仅发展本能转向更高级的思维形式。在接下来的 notebook 中，将仅使用进化，尝试开发一个单一方程(本能)，用于解决 OpenAI Gym 的两个问题。在强化学习中，这被称为多任务强化学习，被许多人认为是一个困难的问题。

在 Google Colab 中打开 notebook 示例 EDL_12_3_GEPPY_Instinctual.ipynb。如果需要帮助，请参考附录 A。通过选择菜单中的 Runtime | Run All 运行 notebook 中的所有单元格。

在这个 notebook 中，我们将研究潜在的学习本能在上一个练习中是如何进化的，并且如何用于泛化学习。首先，将探讨之前开发的本能(也称为方程式或函数)如何被重新利用，具体如代码清单 12-15 所示。instinct1 函数是从在倒立摆环境下运行 EDL_12_2_GEPPY_Gyms.ipynb 时进化而来的。同样地，instinct2 是从同一 notebook 在山地车环境下进化而来的。如果需要对生成的方程式进行复习，请参考图 12-5。

代码清单 12-15　EDL_12_3_GEPPY_Instinctual.ipynb：添加本能

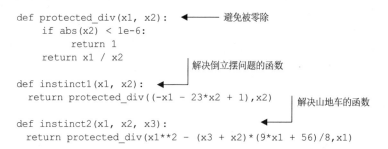

```
def protected_div(x1, x2):          ←———— 避免被零除
    if abs(x2) < 1e-6:
        return 1
    return x1 / x2
                                    解决倒立摆问题的函数
def instinct1(x1, x2):  ←
 return protected_div((-x1 - 23*x2 + 1),x2)
                                    解决山地车的函数
def instinct2(x1, x2, x3):  ←
 return protected_div(x1**2 - (x3 + x2)*(9*x1 + 56)/8,x1)
```

迁移学习中的一个主要概念是本能或函数是逐渐发展或添加的。这个 notebook 试图证明成功完成两个不同任务的模拟有机体可以组合在一起，生成第三个进化有机体，该有机体能够进化出第三级或更高级的本能，以泛化解决这两个环境的问题。

接下来，看看这些新定义的本能是如何被添加到原始集合中的，如代码清单 12-16 所示。在 PrimitiveSet 的定义中，将输入设置为包括 x、y 和 velocity，以及一个新的输入 e，表示环境。然后，简化可能的函数操作符，只包括 add、sub 和 mul，以及新的本能操作符。临时常量操作符被移除了，因为基本级别的本能应该包含所需的常量。

代码清单 12-16　EDL_12_3_GEPPY_Instinctual.ipynb：完成原始集合的定义

```
pset = gep.PrimitiveSet('Main', input_names=        泛化的输入和环境
⮡  ['e', 'x', 'y', 'velocity'])

   pset.add_function(operator.add, 2)
   pset.add_function(operator.sub, 2)               简化函数集合
   pset.add_function(operator.mul, 2)
   #pset.add_function(protected_div, 2)             添加两个操作符
   pset.add_function(instinct1, 2)
   pset.add_function(instinct2, 3)                  添加三个操作符
   #pset.add_ephemeral_terminal…
                                                    消除了常量
```

与之前的 notebook 不同，这次我们会让一个智能体同时解决两个环境。为了实现
这个目标，我们创建了一个环境列表，用于在其中对智能体进行进化，如代码清单 12-17
所示。

代码清单 12-17　EDL_12_3_GEPPY_Instinctual.ipynb：创建环境

```
environments = [gym.make("MountainCarContinuous-v0"),    用于评估的环境列表
⮡  gym.make("Pendulum-v0")]
print(str(environments[1]))
                                            在打印前转换为字符串
```

接下来，看一下代码清单 12-18 中的下一个单元格。它包含了 evaluate 函数。这
次，函数会循环遍历 environments 列表，并为每个环境运行一组模拟。输入 e 简单地
表示环境的索引，并作为目标函数的第一个参数传递。由于每个环境具有不同的观测
状态，在只使用两个状态运行倒立摆问题时，我们会将一个 0 添加到状态空间中，以
表示第三个输入：velocity。在函数的末尾，对两个环境的适应度值进行平均，并将平
均值作为结果返回。

代码清单 12-18　EDL_12_3_GEPPY_Instinctual.ipynb：构建 evaluate 函数

```
def evaluate(individual):
    func = toolbox.compile(individual)
    total_fitness = 0                           循环遍历环境
    for env in environments:
       fitness = []
       e = environments.index(env)              根据环境索引填充 e
       for run in range(SIMULATION_RUNS):
         state = env.reset()
         actions=[]
         for i in range(SIMULATION_STEPS):
            if len(state) < 3:                              如果需要的话，将新的状态追
              state = np.append(state, 0)                   加到状态空间中
            state = np.insert(state, 0, e)
            action = convert_to_action(func(*state), env)   将状态转换
                                                            为动作
```

```
                  state, reward, done, info = env.step([action])
                  fitness.append(reward)
返回平均       if done:
适应度值           break
            total_fitness += sum(fitness)/len(fitness)
        return total_fitness/2,

toolbox.register('evaluate', evaluate)
```

接下来，我们要看的是更新后的 show_best 函数，现在它将智能体在两个环境中的模拟运行合并成一个单一的视频。这次，函数会循环遍历环境，并在每个环境中模拟智能体。由于每个环境呈现的窗口大小不同，我们使用 cv2.resize 函数使所有帧的大小相同，如代码清单 12-19 所示。这样做是为了将所有帧合并成一个单一的视频。在函数的末尾，表达式树将被保存到文件中，以供后续查看。可以通过在左侧打开系统文件夹，在 data 文件夹中找到该文件，然后双击它以查看表达式树的演化过程。

代码清单 12-19　EDL_12_3_GEPPY_Instinctual.ipynb：更新 show_best 函数

```
rename_labels = {'add' : '+',
                 'sub': '-',
                 'mul': '*',
                 'protected_div': '/',
                 'instinct1': 'I1',
                 'instinct2': 'I2'}        为本能函数添加标签

def show_best(best):
    func = toolbox.compile(best)
    frames = []
    fitness = 0
    for env in environments:       循环遍历环境
      e = environments.index(env)
      state = env.reset()
      for i in range(SIMULATION_STEPS):
        if len(state) < 3:
          state = np.append(state, 0)
        state = np.insert(state, 0, e)
        action = convert_to_action(func(*state), env)
        state, reward, done, info = env.step([action])
        frame = env.render(mode='rgb_array')
        frame = cv2.resize(frame, dsize=(600, 400),       调整捕获的帧的大小
                           interpolation=cv2.INTER_CUBIC)
        frames.append(frame)
        fitness += reward
        if done:
          break

mediapy.show_video(frames, fps=30)       渲染视频
gep.export_expression_tree(best, rename_labels,
    'data/numerical_expression_tree.png'))       保存表达式树的输出
```

图 12-8 显示了在演化过程中运行 250 代，使用 1 000 个个体所生成视频的捕获输

出。你可能会看到智能体在一个或两个环境中较早地解决问题。

图 12-9 展示了最终演化的表达式树。如果你运行这个 notebook，可能会看到一个不同的树结构，但总体上，它可能是相似的。这个表达式树有趣的地方在于 instinct1 和 instinct2 函数的重用和链接。

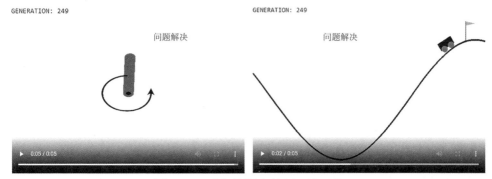

图 12-8　一个智能体同时解决两个环境

事实上，它们成了方程中的主要操作符，但它们的使用方式却与我们预期的完全不同。注意，大多数情况下，输入甚至与本能函数的原始输入并不对应。

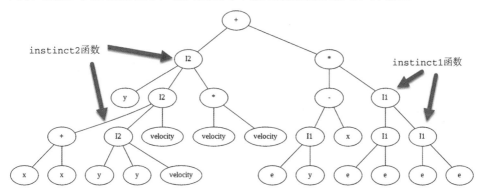

图 12-9　最终进化的表达式树

此时，你可能会想知道是否可以让智能体仅演化一个函数，而不添加本能的操作符。这是一个合理的问题，让我们在下一节看看它是如何实现的。

12.3.3　进化出不带本能的通用解决方案

在接下来的 notebook 中，我们采取了与上一个练习相反的方法，不使用本能和增强学习的任何假设。这意味着我们允许智能体通过进化来解决两个环境的问题，并得到一个不包含本能操作符的单一方程。

在 Google Colab 中打开 notebook 示例 EDL_12_3_GEPPY_Generalize.ipynb。如果

需要帮助，请参考附录 A。通过选择菜单中的 Runtime | Run All 来运行 notebook 中的所有单元格。

这个 notebook 唯一的变化是用于构建表达式树的原语集的定义，如代码清单 12-20 所示。与 IL 示例相比的主要变化是省略了本能操作符，并增加了 protected_div 和 ephemeral 常数。除了额外的输入之外，这组操作符与我们在单一环境中用于基本功能的生成相同。

代码清单 12-20　EDL_12_3_GEPPY_Generalize.ipynb：设置原语集

```
pset = gep.PrimitiveSet('Main', input_names=          ┌─── 使用相同的输入
⮱    ['e', 'x', 'y', ''elocit'']) ◄──────────────────┘
pset.add_function(operator.add, 2)
pset.add_function(operator.sub, 2)
pset.add_function(operator.mul, 2)                     ┌─── 包含复杂操作符
pset.add_function(protected_div, 2) ◄─────────────────┘
#pset.add_function(instinct1, 2)    ┌─── 不包括本能操作符
#pset.add_function(instinct2, 3) ◄──┘
pset.add_ephemeral_terminal(name='enc', gen=lambda:
⮱    random.randint(-10, 10)) ◄──── 添加常数
```

notebook 的其余部分与我们之前看到的相同，所以仔细观察进化的过程——或者，也许是进化的缺失。实际上，通过在多个环境中运行这个示例，你会发现，充其量，智能体只能收敛到接近解决单个环境的程度。图 12-10 显示了一个视频输出示例，展示了这个失败的情况。

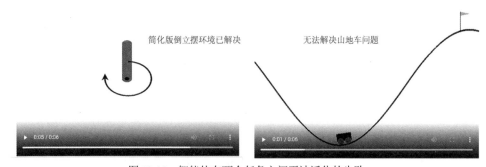

简化版倒立摆环境已解决　　　　　无法解决山地车问题

图 12-10　智能体在两个任务之间无法泛化的失败

发生了什么？为什么将先前开发的函数或本能作为新函数推导中的操作符进行重用比推导出新的方程更成功？这个问题的简单答案是限制复杂性和选择。通过在新函数的推导中重用已有的本能，可以减少复杂性和选择的难题。

这种重用和开发可重复使用的代码和函数的概念是当今软件开发最佳实践的基石。如今，编程人员通过使用许多先前开发的组件或函数来构建应用程序。在软件行业中所发展的内容，很可能只是在模仿数百万年前形成的进化最佳实践。

图 12-11 展示了本能如何随着时间的推移而进化，以章鱼的进化为例。早期，生物体可能发展出了预先训练的模型或固定的权重参数，类似于我们在 EDL_12_2_GEPPY_Gyms.ipynb 中所使用的。在另一个进化阶段，生物体可能进化出第三类本能，允许其同时使用两种不同模型或参数组合。最后，在进化的最后阶段，乌贼发展出一种新型本能：系统 2 本能，或者一种允许其进行推理和决策的本能。

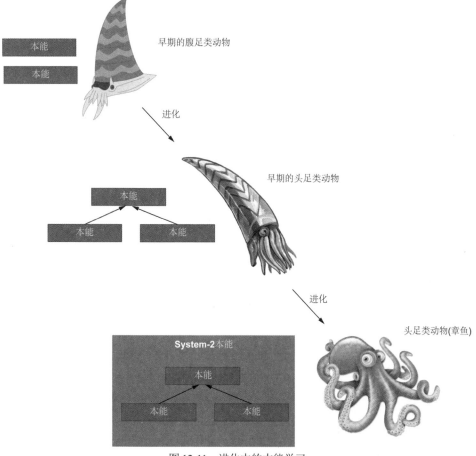

图 12-11　进化中的本能学习

在接下来的部分，我们将探讨一种可能的方法来对双过程系统中的二级本能进行建模、开发和进化。不过，在此之前，让我们先看一些有益的学习示例，以帮助你回顾相关内容。

头足类(章鱼)进化

章鱼是一种令人难以置信的生物，展现出高度智能，表现在使用工具和有意识的行为上。章鱼之所以特别，是因为其进化路径与我们通常认为的高等生物的发展大不相同。并且它没有中枢神经系统或大脑，其许多认知过程可能是分布在全身。对章鱼进化的深入理解可能为我们提供重要的洞察，不仅有助于验证强化学习的有效性，还可能揭示所有意识思维的演化方式。

12.3.4 练习

利用以下练习提高你对内容的理解，或许甚至可以自行发展新的技巧和方法。

(1) 从 notebook 示例 EDL_12_3_GEPPY_Instinctual.ipynb 的原始本能集中移除一个基本本能，然后再次运行练习。你是否在只使用一个本能时得到类似的结果？

(2) 重新运行 notebook 示例 EDL_12_2_GEPPY_Gyms.ipynb，以推导使用不同操作符的新方程。尝试添加新的操作符，如 cos 或 sin。接下来，将这些方程式用于 EDL_12_3_GEPPY_Instinctual.ipynb 中，观察结果。

(3) 在 EDL_12_3_GEPPY_Instinctual.ipynb 中添加更多操作符，包括本能，然后观察这对智能体泛化能力产生的影响。

在接下来的部分，我们将继续探讨通过另一种方法发展双过程系统-2 本能，以实现学习的泛化。

12.4　遗传编程中的泛化学习

遗传编程是我们一直在用 GEPPY 探索的 GEP 技术的基础。通过遗传编程，可以开发结构化的代码，能够用布尔逻辑模拟决策过程。遗传编程不仅是一种功能强大的机器学习技术，能够开发有趣的解决方案，而且还能揭示系统-2 思维过程或本能的演化过程。

在本节中，我们将了解一个经典的遗传编程示例：遗传蚂蚁。在这个示例中，一个蚂蚁智能体通过进化来在环境中搜索并消耗食物。这个示例源自标准的 DEAP 示例，在这里进行了修改以展示重要概念，并展示蚂蚁如何被泛化以适应在多个不同的环境中觅食。

在 Google Colab 中打开 notebook 示例 EDL_12_4_DEAP_Ant.ipynb。如果需要帮助，请参考附录 A。通过选择菜单中的 Runtime | Run All 运行 notebook 中的所有单元格。

这个 notebook 使用了 DEAP 中的 GP 组件，因此，这个示例有些不同，但很多代码与之前多次见过的代码是相同的。GP 与 GEP 非常相似，都使用原始集合来定义主要的函数集合，如代码清单 12-21 所示。与 GEPPY 中的 GEP 不同，GP 中的函数不是表达式树，而是实际的代码实现。如果向下滚动到原始集合的设置部分，可以看到基本函数是如何被添加的。注意，PrimitiveSet 被构建为不接受任何输入。这是因为生成的代码在运行时会自动提取所需的输入。接下来，看到添加了三个原始的二元或三元操作符，然后是终端节点函数。这些函数在执行 GP 表达式树或代码例程时被执行。

代码清单 12-21　EDL_12_4_DEAP_Ant.ipynb：设置原语集

```
ant = AntSimulator(600)        ◄──── 代表智能体或环境

pset = gp.PrimitiveSet("MAIN", 0)  ◄──── 一个没有输入的新集合
pset.addPrimitive(ant.if_food_ahead, 2)
pset.addPrimitive(prog2, 2)          定义基本的原始操作符
pset.addPrimitive(prog3, 3)
pset.addTerminal(ant.move_forward)
pset.addTerminal(ant.turn_left)      定义终端或执行函数
pset.addTerminal(ant.turn_right)
```

现在，可以看一下定义用于定义蚂蚁智能体逻辑的原始操作符。这些函数的设置使用了 partial 函数，它是一个辅助函数，允许封装基本函数，并公开可变输入参数。蚂蚁智能体使用了三个操作符：prog2、prog3 和 if_then_else。注意，每个函数在内部执行传递给它的终端输入，就像下面的示例中所展示的一样(见代码清单 12-22)。这意味着更高级的操作符使用布尔逻辑进行操作。因此，我们即将看到的终端函数将会返回 True 或 False。

代码清单 12-22　EDL_12_4_DEAP_Ant.ipynb：设置逻辑函数

```
def progn(*args):      ◄──── 基本的 partial 函数
    for arg in args:
        arg()

def prog2(out1, out2):   ◄──── 这个操作符接受两个输入
    return partial(progn,out1,out2)

def prog3(out1, out2, out3):   ◄──── 这个操作符接受三个输入
    return partial(progn,out1,out2,out3)

def if_then_else(condition, out1, out2):  ◄──── 条件操作符
    out1() if condition() else out2()
```

终端函数写入了 AntSimulator 类中，如代码清单 12-23 所示。不要过于关注每个函数内部的实际代码。这些代码处理了蚂蚁智能体在网格环境中的位置、移动和朝向。值得注意的是，这些终端函数不接收也不输出任何值。

代码清单 12-23　EDL_12_4_DEAP_Ant.ipynb：终端函数

```
def turn_left(self):       ◄──── 将蚂蚁朝左转 90°
    if self.moves < self.max_moves:
```

```
        self.moves += 1
        self.dir = (self.dir - 1) % 4

    def turn_right(self):          ◄──────  将蚂蚁朝右转 90°
        if self.moves < self.max_moves:
            self.moves += 1
            self.dir = (self.dir + 1) % 4

    def move_forward(self):        ◄──────  使蚂蚁向前移动并消耗食物
        if self.moves < self.max_moves:
            self.moves += 1
            self.row = (self.row + self.dir_row[self.dir]) % self.matrix_row
            self.col = (self.col + self.dir_col[self.dir]) % self.matrix_col
            if self.matrix_exc[self.row][self.col] == "food":
                self.eaten += 1
                self.matrix_exc[self.row][self.col] = "empty"
            self.matrix_exc[self.row][self.col] = "passed"
```

接下来，查看蚂蚁实现的单操作符自定义函数。再次强调，函数内部的代码检查网格，以确定蚂蚁是否在面前探测到食物，以及它所面对的方向。以下是 sense_food 函数的示例，用于检测蚂蚁当前是否面对食物(见代码清单 12-24)。

代码清单 12-24　EDL_12_4_DEAP_Ant.ipynb：自定义操作符函数

```
    def sense_food(self):          ◄──┐ 自定义操作符函数
        ahead_row = (self.row + self.dir_row[self.dir]) % self.matrix_row
        ahead_col = (self.col + self.dir_col[self.dir]) % self.matrix_col
        return self.matrix_exc[ahead_row][ahead_col] == "food"

    def if_food_ahead(self, out1, out2):   ◄──┐ 内部终端辅助函数
  ┌──►    return partial(if_then_else, self.sense_food, out1, out2)
  │
使用预定义的操作符函数 if_then_else
```

用于确定个体适应度的 evaluate 函数，在这里称为 evalArtificialAnt，非常简单。它首先通过 gp.compile 将个体的基因序列转换为编译后的 Python 代码。然后，通过 AntSimulator 的 run 函数运行输出例程。之后，根据蚂蚁所消耗的食物方块数量输出蚂蚁的适应度，如代码清单 12-25 所示。

代码清单 12-25　EDL_12_4_DEAP_Ant.ipynb：适应度评估函数

```
    def evalArtificialAnt(individual):
        routine = gp.compile(individual, pset)   ◄──────  编译成 Python 代码
  ┌──►  ant.run(routine)
  │     return ant.eaten,    ◄──────  根据食物摄取情况返回适应度
运行脚本例程
```

AntSimulator 的 run 函数用于执行生成的表达式代码树。在执行之前，环境会被重置，这是一个典型的做法。然后，如果蚂蚁智能体还有剩余的移动步数，它会通过调

用生成或演化的例程函数来执行移动，如代码清单 12-26 所示。可以把这看作某种形式的意识决策过程，描述为双过程理论中的系统 2。

代码清单 12-26　EDL_12_4_DEAP_Ant.ipynb：运行例程

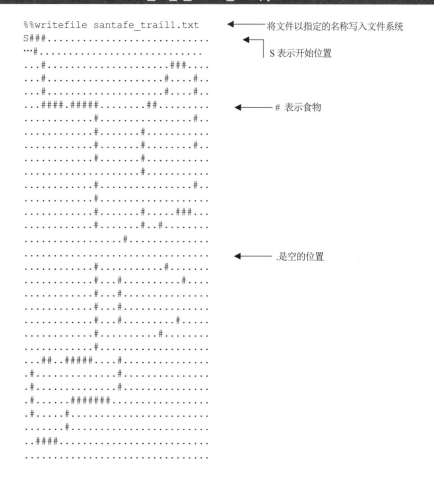

```
def run(self,routine):
    self._reset()          ◄─── 重置模拟环境
    while self.moves < self.max_moves:    ◄─── 检查是否还有剩余的移动步数
        routine()
```
执行遗传编程的代码

与我们之前查看的 Gym 环境不同，AntSimulator 可以加载任意描述的环境，如下面的示例所示(见代码清单 12-27)。首先尝试在原始 DEAP 示例中为蚂蚁进化一个成功的环境。

代码清单 12-27　EDL_12_4_DEAP_Ant.ipynb：定义环境

```
%%writefile santafe_trail1.txt      ◄─── 将文件以指定的名称写入文件系统
S###........................
...#.........................      ◄─── S 表示开始位置
...#.....................###....
...#.....................#....#..
...#.....................#....#..
...####.#####........##.........      ◄─── # 表示食物
..........#.............#..
..........#.............#
..........#....#
..........#....#
..........#....#........###...
..........#....#.#......
..........#....#.#
..........#....#
..........#.#
..........#                            ◄─── .是空的位置
..........#
..........#..#.........#.
..........#..#
..........#..#
..............#..#
..............#
...##..#####....#.........
.#............#
.#............#
.#......#######.......
.#....#
......#
..####......................
............................
```

这个例子运行非常迅速，等它完成后，你将实时观察到最优的蚂蚁在环境中移动，如图 12-12 所示。当你观察这只蚂蚁时，注意它是如何在网格空间中移动的。

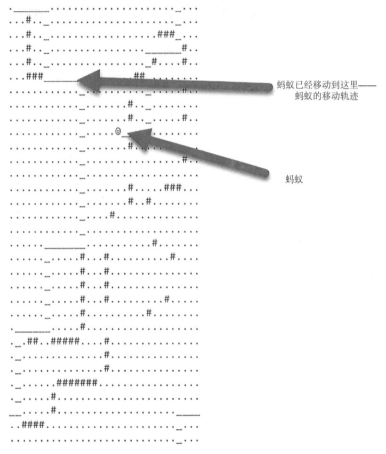

图 12-12　蚂蚁在环境中移动

这是一个有趣的例子，可以运行和探索。它还展示了遗传编程在创建代码方面的强大功能，但更重要的是，它揭示了创建本能系统的二级思维过程的方法。为了进一步展示这种能力，让我们继续使用同一个 notebook。

继续在 Google Colab 中使用 notebook 示例 EDL_12_4_DEAP_Ant.ipynb。假设 notebook 已经执行完毕，我们只需要查看剩余的单元格，以查看如何让一只蚂蚁在不同环境中进行进化泛化。图 12-13 显示了我们加载到 AntSimulator 中的两个额外环境，希望进化后的蚂蚁能够在不同环境中进行泛化。接下来，介绍如何将这些环境添加到蚂蚁模拟器中的代码，如代码清单 12-28 所示。

```
1   %%writefile santafe_trail2.txt
2   S###.........................
3   ...#............第二个环境.........
4   ...#.........................
5   ...#.........................
6   ...#.........................
7   ...##########................
8   ..........#..................
9   ..........#..................
10  ..........#..................
11  ..........#..................
12  ..........#..................
13  ..........#..................
14  ..........#..................
15  ..........#..................
16  .......#########.............
17  .......#########.............
18  .......#########.............
19  .......#########.............
20  ..........#..................
21  ..........#..................
22  ..........#..................
23  ..........#..................
24  ..........#..................
25  ..........#..................
26  ......######.................
27  ......#......................
28  ......#......................
29  ......########...............
30  .............................
31  .............................
32  .............................
33  .............................
```

```
1   %%writefile santafe_trail3.txt
2   S............................
3   ...............第三个环境.......
4   .............................
5   .............................
6   .............................
7   .............................
8   .............................
9   ..........##############.....
10  ..........###############....
11  ..........###############....
12  ..........#..................
13  ..........########...........
14  ..........#..................
15  ..........#..................
16  .......###############.......
17  .......###############.......
18  ......#........###...........
19  .......###############.......
20  ..........#..................
21  ..........#..................
22  ..........#..................
23  ..........#..................
24  ..........#..................
25  ..........#..................
26  .............................
27  .............................
28  .............................
29  .............................
30  .............................
31  .............................
32  .............................
33  .............................
```

图 12-13　添加两个环境

代码清单 12-28　EDL_12_4_DEAP_Ant.ipynb：向模拟器添加环境

```
ant.clear_matrix()                          ◄──── 清晰的现有环境
with open("santafe_trail2.txt") as trail_file:
  ant.add_matrix(trail_file)  ◄─┐
                                └─ 添加环境 2

with open("santafe_trail3.txt") as trail_file:
  ant.add_matrix(trail_file)  ◄─┐
                                └─ 添加环境 3
```

在进行任何进一步的进化之前，可以通过简单地运行 visual_run 函数，在这些新环境中测试当前最优的蚂蚁，如代码清单 12-29 所示。从在这两个新环境中运行蚂蚁的结果可以看出，它们的表现不是很好。可以通过同时在这三个环境中进化蚂蚁来改进这一点。

代码清单 12-29　EDL_12_4_DEAP_Ant.ipynb：测试蚂蚁

```
ant.visualize_run(routine)   ◄────── 在新环境中对蚂蚁进行可视化
```

现在，让蚂蚁在所有三个环境中进化只需将这些特定环境添加到模拟器中并重新运行进化。在内部，蚂蚁在调用重置函数时会被随机放置到一个环境中。由于蚂蚁现在会随机切换到不同的环境，因此生成的代码程序必须更好地考虑搜索食物的策略，正如代码清单 12-30 所示。

代码清单 12-30　EDL_12_4_DEAP_Ant.ipynb：对蚂蚁进行泛化

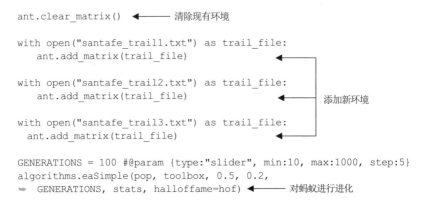

```
ant.clear_matrix()   ◄────── 清除现有环境

with open("santafe_trail1.txt") as trail_file:
    ant.add_matrix(trail_file)

with open("santafe_trail2.txt") as trail_file:
    ant.add_matrix(trail_file)            添加新环境

with open("santafe_trail3.txt") as trail_file:
  ant.add_matrix(trail_file)

GENERATIONS = 100 #@param {type:"slider", min:10, max:1000, step:5}
algorithms.eaSimple(pop, toolbox, 0.5, 0.2,
➥   GENERATIONS, stats, halloffame=hof)  ◄────── 对蚂蚁进行进化
```

进化完成后，可以通过再次运行 ant.visualize_run 函数对蚂蚁的表现进行可视化。这个练习展示了遗传编程在如何使一个智能体在多个环境中进行泛化解决方案方面的优秀表现。它通过将低级终端函数(或者可以称之为活动或本能)与更高级的布尔逻辑(代表思维)分离来实现。因此，蚂蚁智能体不仅得出一个单一的核心函数或表达式树，而是形成了两个不同的操作或思考系统。

因此，遗传编程是在寻找描述双过程系统的二级思维的本能或过程方面的一个潜在途径。但请记住，一个思维系统可能不会与其他系统相似，目前仍需要确定这是否能够导致更高层次的泛化和人工智能意识的产生。我们将在接下来的部分更深入地讨论进化以及寻找更高级别的人工智能和机器学习的内容。在此之前，让我们先进行一些练习。

练习

通过以下练习扩展你对遗传编程和遗传蚂蚁问题的了解。

(1) 增加一些新的环境，供蚂蚁探索和进化。确保这些新环境大致有相同数量的食物方块。

(2) 思考如何修改或添加终端函数。也许可以添加一个跳跃或飞行函数，让蚂蚁朝着它面对的方向移动几个空间。

(3) 请添加一个新的感知函数，例如 sense_food，用于感知蚂蚁周围的食物或其他物体。这个函数可以让蚂蚁在一定距离内感知到周围的情况。

遗传编程为我们提供了一个潜在的基础，有可能找到更高级别、双过程系统的二级功能或本能。我们将在本书的下一节中讨论增强学习和演化深度学习的潜在未来。

12.5　进化机器学习的未来

在本节中，我们展望进化搜索在改进机器学习(ML)和深度学习(DL)应用方面的未来。虽然本书的重点是深度学习，但进化搜索在其他形式的机器学习中也有广泛的应用。进化搜索潜在地可以帮助我们探索新的学习形式或子学习方法，例如增强学习(IL)。在接下来的一节中，我们将探讨进化搜索带来的可能性，同时也讨论进化本身是否可能存在缺陷。

12.5.1　进化是否出现了问题

近年来，我们对进化过程的理解受到了严格的审查。对进化进行审查并不是什么新鲜事，但这一次批评者却是进化论者自己。进化论者声称我们目前对进化过程的理解不能解释我们在进化的各个步骤中看到的巨大变化。

达尔文本人对自己的进化论理论提出了类似的质疑长达 20 年。他曾经对突变这一进化变化的基石产生过不安，认为它无法创造像人类眼睛这样复杂的器官。然而，随着时间的推移和大量的统计和化石证据，由突变驱动的进化逐渐被广泛接受。

如果你在本书中进行了许多长期运行的练习，可能也对进化产生了类似的感觉。其中一些练习通过模拟基于突变的进化，在数千个个体上进行了数千代的演化，却只产生了非常微小的变化。对于突变是否是主要的变化驱动因素，这样的疑问是很容易产生的，但另外还可能有其他的因素吗？

12.5.2　进化可塑性

进化可塑性，源自于表型可塑性的概念，试图描述在没有突变的情况下可能发生的遗传变化。基本概念是，在一个生物体的一生中可能发生遗传变化，然后这些变化会传递给后代。这些变化不像突变那样是随机的，而是直接与其他生物体和环境的相互作用产生的结果。

现代 DNA 研究和对我们自身以及其他物种基因组的理解的快速创新，改变了我们对可能性的理解。我们不再需要通过选择性繁殖来强制推动遗传变化，而是可以直接修改基因组，让这些修改传递给后代。这也表明进行这些变化的便捷性，从而让我们对进化的理解产生了质疑。

> **CRISPR 技术**
>
> CRISPR(Clustered Regularly Interspaced Short Palindromic Repeats)是一项非常新的技术，它使人类能够通过基本的基因剪接来修改自身和其他物种的基因。在某些情况下，这意味着删除有害基因；而在其他情况下，它只是简单地替换基因以产生一些新的效果，比如使生物发光。这项技术之所以如此令人印象深刻，是因为它为改变物种的基因组提供了一种简单的方法。实际上，你甚至可以在互联网上购买 CRISPR 试剂盒，用于修改细菌甚至蛙类的 DNA。

因此，现在的问题是，基因组是否可以通过非常具体的环境变化来改变，以及我们如何在进化过程中解释这样的变化。对于传统的进化学者来说，这可能只是另一种突变形式，而突变已足够有效地描述这些变化。然而，对于数字进化学家来说，这为其他形式的模拟提供了一些有趣的机会。

无论如何，进化可塑性很可能表明我们对进化的理解可能会发生改变，以及数字进化搜索的应用也会因此而改变。在数字进化搜索中，我们不再通过缓慢而罕见的突变来推动进化，而是使用其他基因操作符，以提供更快速、有选择性的变化。接下来的部分中，我们将看一下最后一个 notebook，其中展示了具有可塑性的进化过程。

12.5.3　利用可塑性改进进化过程

在本节的 notebook 中，我们重新审视一个例子，该例子展示了遗传算法试图复制像《蒙娜丽莎》这样的画像。我们在这里做了一个单一而简单的改变，引入了一个新的可塑性操作符，用于增强数字进化过程。这个操作符的实现只是对可塑性操作符可能的功能的一种解释。

打开 notebook 示例 EDL_12_5_Genetic_Plasticity.ipynb 和 EDL_2_6_Genetic_Algorithms.ipynb，进行比较。然后，通过菜单中的 Runtime | Run All 运行这两个 notebook。

请仔细查阅这两个 notebook 的代码。我们只关注可塑性操作符的实现部分。在生物学中，可塑性假设任何环境变化对生物体都是积极的。为了模拟可塑性操作符，我们首先确定每个个体的适应度作为基准，具体实现如代码清单 12-31 所示。然后，强制对一个新个体进行 100% 的突变，并计算变异后的适应度。如果变异后的适应度得到提升，则返回变异后的个体；否则，我们保留原始个体。

代码清单 12-31　EDL_12_5_Genetic_Plasticity.ipynb：遗传可塑性操作符

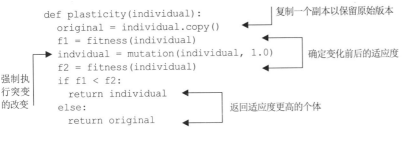

```
def plasticity(individual):              复制一个副本以保留原始版本
  original = individual.copy()
  f1 = fitness(individual)
indvidual = mutation(individual, 1.0)    确定变化前后的适应度
  f2 = fitness(individual)
  if f1 < f2:
    return individual                    返回适应度更高的个体
  else:
    return original

plasticity(pop[parents[0]])
```

强制执行突变的改变

图 12-14 展示了来自第 2 章原始遗传操作符示例和包含可塑性的新遗传操作符示例的进化结果。这些输出是通过在两个 notebook 中对 300 个个体进行了 10 000 代的演化所生成的。

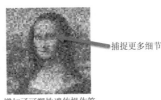

捕捉更多细节

原始图像　　　标准遗传算法和操作符　增加了可塑性遗传操作符

图 12-14　使用遗传可塑性操作符的结果

在计算上，实现这种形式的可塑性是昂贵的。如果你同时运行这两个 notebook，你会清楚地注意到这种差异。然而，尽管存在计算上的差异，显而易见的是，这个新的可塑性操作符在细节方面有很大的改进。有趣的是，改进的 notebook 中，眼睛是第一个明显可识别的特征。

为这个示例开发的可塑性操作符是进化过程中如何通过略微修改的突变形式来改进的一个例子。正如我们在这个独立示例中所看到的，这个新的操作符表现得更好。由于增加了计算开销，并且可塑性理论尚未被证实，因此在本书的示例中没有使用它。然而，它确实提出了一个有趣的问题，即关于生物和数字进化的未来。不过，这个例子确实展示了在使用进化搜索时计算的限制，这是我们在下一节要探讨的内容。

12.5.4　计算与进化搜索

在优化深度学习(DL)或机器学习(ML)时，使用进化搜索的一个可能的主要限制因素是计算的额外成本。在本书的几个示例中，我们目睹并努力适应了这一点。同时，这也成为实际应用进化搜索时的一个主要限制因素。

深度学习(DL)已经通过游戏产业的进步受益，使其能够利用快速的 GPU 大大降低计算成本。正是由于这些计算进步，DL 有望成为未来关键的人工智能和机器学习技术。但是，如果我们能够在计算上对进化搜索进行改进，例如利用分布式计算或者甚至是量子计算机呢？这可能会带来更大的潜力和优势。

在本书中，DEAP 已经应用于 Google Colab，但该平台限制了框架的分布式计算能力。然而，对于任何重要的项目，采用分布式计算可能会显著减少额外的计算成本。不过，目前在这个领域还没有进行很多探索，因此这种方法的有效性还有待进一步验证。

然而，如果进化搜索的成本或时间可以降低，那么这将进一步为更昂贵的探索提供可能性。像模仿学习(Imitation Learning，IL)这样的技术，或者使用进化来搜索新的学习方法，可能会更加实用。研究人员不再需要花费数小时来开发新的算法，而可以通过进化进行搜索。在本书的下一节中，我们将探索一种结合了 IL 和 DL 的技术。

12.6　利用本能深度学习和深度强化学习进行泛化

在最后的部分，我们将展示一个 notebook，其中演示了在深度强化学习(DRL)中应用模仿学习(IL)来使智能体在多个环境中实现泛化。这个实例类似于我们之前开发的 IL 泛化示例，但这次是通过 DRL 实现的。DRL 网络，例如我们在 DQN 示例中使用的网络，非常简单，为 IL 的应用提供了良好的基础。

图 12-15 展示了如何使用一对 DQN DRL 网络解决两个不同的环境。然而，每个网络的中间层被分成了三个不同的可共享本能插槽。为了在两个网络中实现学习的泛化，目标是找到一组共享的基本本能，即本能池。

从图 12-15 中还可以看到，共享的本能并不一定要在两个网络中处于相同的位置。就像我们在 Geppy 的练习中看到的那样，被重用的本能函数操作符经常被混合使用来处理两个环境。然而，与 Geppy 不同的是，我们严格限制了这些本能的位置和操作方式，甚至进一步允许每个网络的顶层和底层专门针对环境进行训练。

打开 notebook 示例 EDL_12_6_Instinctual_DQN_GYMS.ipynb。从菜单中选择 Runtime | Run All 来运行 notebook。这个 notebook 是从 EDL_11_5_DQN_GYMS.ipynb 扩展而来的，所以如果你需要复习 DQN 或 DRL，可以参考第 11.5 节。

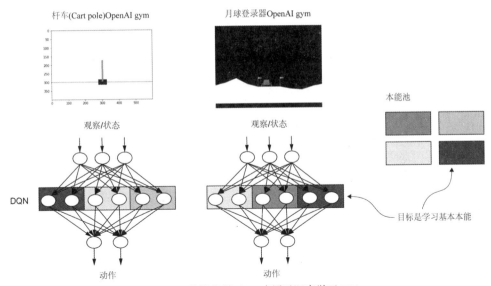

图 12-15 将模仿学习(IL)应用于深度学习(DL)

我们首先要看的是对 DQNAgent 类的_build_model 函数进行的修改,如代码清单 12-32 所示。为了将网络分割为功能块(本能),我们使用 Keras 的函数式 API,该 API 允许使用函数来描述 DL 网络。这也意味着每个层次部分都可以被视为一个函数。因此,我们不再使用静态的层次或函数定义来构建模型,而是在 instincts 列表中传入一系列层次。该列表的第一个和最后一个元素是专门为环境定义的层,而中间的层次或函数则是可重复使用的本能。图 12-16 解释了如何将_build_model 函数从标准的 DL 网络转换为本能型网络。

代码清单 12-32 EDL_12_6_Instinctual_DQN_GYMS.ipynb:构建模型

```
def _build_model(self, instincts):            切换到 Keras 的函数式 API
    inputs = k.Input(shape=(self.state_size,))
    dense_in = instincts[0]
    dense1 = instincts[1]
    dense2 = instincts[2]            加载了层次/本能
    dense3 = instincts[3]
    dense_out = instincts[4]

    x = dense_in(inputs)
    x1 = dense1(x)            执行前向传递

    x2 = dense2(x)
    x3 = dense3(x)            对本能进行连接
    x = kl.concatenate([x1, x2, x3])
    outputs = dense_out(x)            构建/编译并返回模型
    model = k.Model(inputs=inputs, outputs=outputs)
    model.compile(loss='mse',
```

```
        optimizer=k.optimizers.Adam(learning_rate=self.learning_rate))
    return model
```

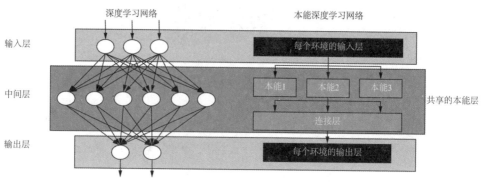

图 12-16 转换为本能学习

notebook 中包含了几个示例代码块,演示了如何填充 instincts 层列表,并使用它们创建 DQNAgent。在这里,我们关注如何为多个环境中的训练或本能发现创建 instinct 层次,如代码清单 12-33 所示。这段代码创建了共享层池中的基本本能集合,本例中使用标准的 Dense 层,具有八个节点,并使用 ReLU 激活函数。然后,我们为每个环境创建特定于环境的输入和输出层,以及一个记忆队列(也称为记忆缓冲区)。在这个示例中,我们只使用了两个环境,因此一个包含四个层次的池就足够了。如果你将这个技术应用到超过两个环境,则可能需要增加共享池的大小。

代码清单 12-33 EDL_12_6_Instinctual_DQN_GYMS.ipynb:创建层次

```
ENVIRONMENTS = len(environments)        ← 获取环境的数量

LAYERS = [
        kl.Dense(8, activation="relu"),
创建本能池    kl.Dense(8, activation="relu"),
        kl.Dense(8, activation="relu"),
        kl.Dense(8, activation="relu"),
]
                                            创建针对输入环
input_layers = [kl.Dense(24, activation="relu")   境的特定层
➥ for e in environments]
                                            创建针对输出环境的特定层
output_layers = [kl.Dense(e.action_space.n,
➥ activation="linear") for e in environments]    创建一个用于存储环
memories = [ deque(maxlen=2000) for e in environments]    境记忆的容器
```

现在,为了同时解决两个环境并找出如何共享和重复使用基本本能(函数层),我们当然会使用演化搜索,回归到我们的老朋友:DEAP 中的遗传算法。由于每个环境只使用三个本能,因此可以通过每个环境中的三个基因构建一个简单的基因序列,其中每个基因表示一个指向共享本能层池的索引。图 12-17 显示了基因序列的构造方式,

每个环境模型描述了一组索引，这些索引链接回共享层池。

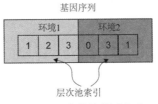

图 12-17　个体的基因序列

在 evaluate 函数中，可以看到所有这些部分是如何结合在一起的。代码首先循环遍历每个环境，并将基因序列转换为层索引。然后构建特定环境和共享层的集合，以传递给模型。接着，为每个环境构建并评估一个新的智能体模型。注意，在代码清单 12-34 中，训练被阻塞，直到 evaluate 函数被以 train=True 的参数调用——我们很快会解释为什么这样做。

代码清单 12-34　EDL_12_6_Instinctual_DQN_GYMS.ipynb：evaluate 函数

```
def evaluate(individual, train=False):
  total = 0
  for i, env in enumerate(environments):
    rewards = 0
    layer1 = convert_layer(individual[i*3])          从基因序列中提
    layer2 = convert_layer(individual[i*3+1])        取层索引
    layer3 = convert_layer(individual[i*3+2])

    instincts = [input_layers[i],
                 LAYERS[layer1],
                 LAYERS[layer2],
                 LAYERS[layer3],                      为模型设置层
                 output_layers[i],
                 ]
    state_size = env.observation_space.shape[0]
    action_size = env.action_space.n                 为这些层创建一个
    agent = DQNAgent(instincts, state_size,          智能体包装器
      action_size, memories[i])
    state = env.reset()
    state = np.reshape(state, [1, state_size])

    done=False
    while not done:
      action = agent.act(state)
      next_state, reward, done, _ = env.step(action)
      rewards += reward                              在环境上评估智能
      next_state = np.reshape(next_state, [1, state_size])  体模型
      agent.remember(state, action, reward, next_state,
        done)
      state = next_state
    total += rewards
    if train:
```

```
        agent.replay(32)      ◀────  仅在需要时进行训练

    print(total/len(environments))
    return total/len(environments),  ◀────  返回平均适应度
```

我们不为每个个体训练派生模型、特定和共享层的原因是，这可能会导致内部冲突或二义性。我们在尝试在两个环境中训练单个模型而不使用本能时就看到了这一点。相反，我们的目标是只训练每一代中最优秀的智能体模型。这意味着所有层只在每一代的最佳个体上进行一次训练或更新。如果我们试图坚持严格的演化搜索，则将永远不会这样做。但是，如果我们采用之前介绍过的可塑性的概念，则可以接受这种训练过程是对环境的一种反应性改进或突变。

这意味着在演化环境时，现在对当前最优秀的个体执行 DL 层的训练，如代码清单 12-35 所示。注意，不会进行其他训练，这意味着模型的权重更新或调整是针对模型的本能进行的，而这些本能可能会有所不同。由于我们的 DQN 智能体几乎是随机的，因此取消了训练中的任何探索或随机性。如果你查看 DQNAgent.act 函数，则可以看到这一点。

代码清单 12-35　EDL_12_6_Instinctual_DQN_GYMS.ipynb：对本能进行进化

```
for g in range(NGEN):
  pop, logbook = algorithms.eaSimple(pop, toolbox,   ◀──── 完成了一代进化
              cxpb=CXPB, mutpb=MUTPB, ngen=RGEN, stats=stats, halloffame=hof,
  ⮑ verbose=False)
  best = hof[0]                                         ◀──── 对最佳个体运行评
  best_fit = evaluate(best, train=True)                       估，并进行训练
```

现在，这个例子在适当的情况下已经为了解释而简化，而不是追求性能。它可以生成一组通用的本能，可以用来解决两个环境，但演化和训练需要时间。一个更加健壮的本能深度学习器可能会使用更小、更多的本能，甚至可能在输入和输出层之间共享本能。

IL 的主要目标是找到可以在不同任务中重复使用的基本本能或函数，以实现模型的泛化。这个目标是允许重用函数(本能)以优秀的方式泛化学习系统。IL 的次要目标是寻找一种能够根据过程或思维动态重新组织这些本能的函数(本能)。

目前，IL 仍处于早期发展阶段，但它已经接近实现其主要目标。在应用 IL 时，仍有许多可选的深度学习网络类型、应用场景以及演化搜索方法。我希望研究人员和学生们能够积极探索寻找在网络之间共享的基本本能函数的方法。

12.7　本章小结

- 进化算法可以应用于许多其他形式的机器学习，并为扩展我们的知识提供新的机会。

- 遗传编程和基因表达编程是遗传算法的扩展，它们通过编写一致性的代码或函数来工作。Geppy 可以是用于生成可读性高的函数，特别适用于复杂函数逼近问题。

- Geppy 可以应用于深度强化学习问题的进化搜索，作为一个函数逼近工具，用于生成单一可读的函数。生成的函数可以用于应用和解决来自 OpenAI Gym 工具包的复杂控制环境。

- 在 IL 中，本能是模型或生物的核心学习行为，是其基本特征：
  - 在自然界中，生物的生命发展出本能来解决任务，例如进食或行走。本能的数量、大小和复杂性往往随着生命形式的复杂度而减少。
  - 相反，生命形式通常需要学习控制其基本本能来完成基本或复杂的任务。

- 进化的概念和我们对进化的理解本身可能会适应或变异，以便让我们进一步发展机器学习和深度学习。像进化可塑性这样的理论概念——即生物体能够在繁殖之外进行进化——在 EC 和 EDL 中可能具有有趣的应用。

- IL 的基本前提可以通过将 DQN 智能体网络分解为本能，然后让智能体训练这些本能在多个任务中展示。使用 IL 能够泛化到多个任务的智能体可以被证明能够接近跨任务更一般化的模型。

- 基于本能学习(IL)的基本前提可以通过将 DQN 智能体网络拆分成本能，然后让智能体训练这些本能以应对多个任务来进行演示。使用 IL 可以泛化到多个任务的智能体可以显示出在各个任务中逼近更加通用的模型。

获取和运行代码

A.1 访问源代码

本书源代码位于 https://github.com/cxbxmxcx/EvolutionaryDeepLearning。你不需要将任何代码下载到本地计算机；所有代码都将在 Google Colaboratory(或简称为 Colab)上运行。要打开第一个 notebook，请按照以下步骤操作。

(1) 导航至 https://github.com/cxbxmxcx/EvolutionaryDeepLearning，通过点击图 A-1 中显示的链接打开其中一个示例 notebook。

图 A-1 点击存储库代码视图中的 notebook 链接

(2) 这将打开 notebook 的视图。顶部将有一个 Colab 徽章(见图 A-2)。单击徽章，在 Colab 中打开 notebook。

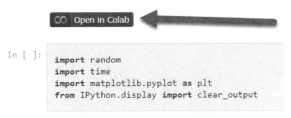

图 A-2 打开 notebook 的示例

(3) 一旦打开 notebook，就可以进行本书的其余练习。

Google Colab Pro

多年来，Colab 已从一个出色的免费平台变成了更商业化的工具。虽然它仍然是一个出色的平台，但现在免费用户获取 GPU 资源的途径是有限的。因此，如果你发现自己大量使用 Colab，那么可能获得 Colab Pro 许可证会对你有帮助。

A.2　在其他平台上运行代码

Colab 还可以连接到第二个 Jupyter 运行时，可以是本地主机或其他云资源。这只有在你配置了计算/ GPU 资源并能够镜像 Colab 设置的情况下才有益。可以通过点击位于右上角菜单栏的运行时下拉菜单(见图 A-3)来访问此选项和进一步的说明。

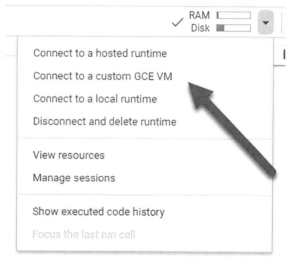

图 A-3　Google Colab 运行时菜单

当然，另一种选择是将代码转换为 Python 并在 notebook 之外运行。为此，只需要在 Colab 中使用下载 notebook 文件为 Python 文件的功能。可以通过在菜单中导航到 File | Download | Download .py 来访问此功能，如图 A-4 所示。

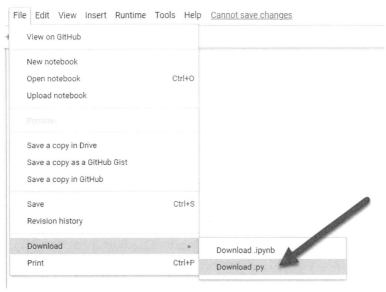

图 A-4 下载 notebook 为 Python 文件